6G 新技术丛书

面向 6G 的无线协作通信

陈正川 著

电子工业出版社
Publishing House of Electronics Industry
北京·BEIJING

内容简介

本书聚焦于优化无线协作通信系统传输设计，通过创新混合双工传输方案、融合全双工与半双工模式优势，巧妙制定双工选择准则，探索混合双工传输新协议，并针对全双工自干扰问题提出有效的资源分配策略，以提升协作通信系统效能。本书不仅能为无线协作通信系统性能的提升提供新思路，也能为通信技术持续发展提供技术基础，有助于应对6G在数据传输效率与服务质量要求方面的双重挑战。

本书不仅适合移动通信系统广大研发人员阅读和参考，也适合高校相关专业的教师和研究生阅读和参考。

未经许可，不得以任何方式复制或抄袭本书之部分或全部内容。
版权所有，侵权必究。

图书在版编目（CIP）数据

面向6G的无线协作通信 / 陈正川著. -- 北京：电子工业出版社，2025.7. -- （6G新技术丛书）. -- ISBN 978-7-121-50600-0
Ⅰ.TN92
中国国家版本馆CIP数据核字第2025V8D049号

责任编辑：李树林　　文字编辑：赵　娜
印　　刷：中煤（北京）印务有限公司
装　　订：中煤（北京）印务有限公司
出版发行：电子工业出版社
　　　　　北京市海淀区万寿路173信箱　邮编：100036
开　　本：720×1000　1/16　印张：15.25　字数：268千字
版　　次：2025年7月第1版
印　　次：2025年7月第1次印刷
定　　价：88.00元

凡所购买电子工业出版社图书有缺损问题，请向购买书店调换。若书店售缺，请与本社发行部联系，联系及邮购电话：（010）88254888，88258888。
质量投诉请发邮件至zlts@phei.com.cn，盗版侵权举报请发邮件至dbqq@phei.com.cn。
本书咨询和投稿联系方式：（010）88254463，lisl@phei.com.cn。

前言 Preface

随着无线通信技术的广泛应用普及，用户对提升通信效率和容量展开了持续追求。协作通信技术通过利用一个或多个节点共同协作完成信号的传输，可以实现更高效、更可靠的通信性能。中继通信理论作为协作通信技术的基础，对无线通信系统性能的提升至关重要。本书以第六代移动通信技术（6G）为背景，详细介绍了中继技术的相关原理、传输策略，并分析其系统性能。

本书旨在深入探讨中继通信系统的基本传输方案、关键技术与应用场景，从中继传输协议、方案设计与性能优化出发，深入挖掘中继通信系统在提升通信效率方面的潜能，以满足新兴垂直行业应用对未来无线通信系统传输性能的高要求。

全书共 9 章，从无线通信技术的发展背景与第六代移动通信关键技术出发，首先介绍了中继通信系统的基础理论；其次分别介绍了基于解码转发的混合双工通信、基于压缩转发的全双工中继通信、全双工中继信道资源配置优化、半双工中继系统联合功率分配与策略选择、全双工中继信道的频谱效率和中继能效，并对存在自干扰的全双工中继信道进行了相干信号传输设计；最后对异构组网中继方案组合与资源分配进行了阐述。

本书由重庆大学微电子与通信工程学院陈正川教授撰写。在本书的撰写和出版过程中，得到了重庆大学微电子与通信工程学院的大力支持，特别感谢学院领导及同仁的帮助；还要感谢清华大学樊平毅教授、重庆邮电大学王敏副教授及重庆大学田中老师等在本书出版过程中提出的宝贵意见与专业建议；博士研究生段建新为全书撰写提供了重要帮助，硕士研究生刘思伶和向全伟分别为撰写本书第 3 章和第 4 章提供了重要支持和帮助，在此也向他们表示感谢。

本书的出版得到了国家重点研发计划项目（编号 2023YFB2904100）、国家自然科学基金项目（编号 62271092、61901066）、重庆市自然科学基金项目（编号 CSTB2023NSCQ-MSX0933）、中央高校基本科研业务费项目（编号 2023CDJKYJH044）、重庆市高等教育教学改革项目（编号 243008）、重庆市高等教育考试招生研究课题项目（编号 CQZSKS2024057）和小米青年学者项目的大力支持，在此表示感谢。

本书涉及 6G 无线通信前沿技术及多个学科领域，鉴于无线通信技术发展迅速、多学科知识广泛融合、作者个人认知水平有限及写作时间仓促，书中难免存在疏漏与不足。在此，我们恳请无线通信领域的专家、学者及广大读者，能够不吝赐教，就本书中的错误、遗漏或需完善之处提出宝贵意见，作者将不胜感激。

目 录

第1章 绪 论 /1

1.1 无线通信概述 /2
    1.1.1 无线通信发展历程 /2
    1.1.2 无线通信面临的挑战 /3
    1.1.3 无线通信发展方向 /5

1.2 6G 移动通信网络关键技术 /8
    1.2.1 接入回传一体化 /9
    1.2.2 全双工技术 /10
    1.2.3 无线协作通信 /11

1.3 中继通信系统研究现状 /13
    1.3.1 中继传输策略研究现状 /14
    1.3.2 混合双工中继方案 /18

1.4 后续内容安排 /20

第2章 中继通信系统基础理论 /24

2.1 熵与信道容量 /24
    2.1.1 熵与互信息 /24
    2.1.2 信道容量 /26

2.2 中继信道模型和中继转发协议 /27
    2.2.1 中继信道模型 /27
    2.2.2 中继转发协议 /28

2.3 全双工中继信道容量界 /30
    2.3.1 全双工中继信道容量上界 /30
    2.3.2 DF 协议的可达速率 /31
    2.3.3 CF 协议的可达速率 /32
    2.3.4 AF 协议的可达速率 /34

第3章 基于解码转发的混合双工中继通信 / 35

3.1 引言 / 35
3.2 基于解码转发的混合双工中继系统传输模型 / 37
    3.2.1 网络传输模型 / 38
    3.2.2 传输信号模型 / 40
    3.2.3 传输速率分析 / 41
3.3 基于解码转发的混合双工中继系统性能 / 43
    3.3.1 最大化传输速率建模 / 43
    3.3.2 最大化传输速率分析 / 44
    3.3.3 最大化传输速率 / 49
3.4 仿真结果与分析 / 53
本章附录 / 56

第4章 基于压缩转发的全双工中继通信 / 60

4.1 传输方案概述 / 60
4.2 传输信号模型 / 61
4.3 系统传输速率 / 67
    4.3.1 传输速率表征 / 67
    4.3.2 率失真函数 / 70
    4.3.3 量化噪声功率 / 71
4.4 最大可达速率分析 / 72
4.5 功率调整受限下的传输方案性能 / 73
    4.5.1 中继"仅传输"功能失效 / 73
    4.5.2 中继"仅接收"功能失效 / 78
    4.5.3 可达速率的优化 / 82
4.6 多种混合双工中继方案的性能比较 / 82
    4.6.1 最大可达速率比较 / 82
    4.6.2 复杂度比较 / 83
4.7 仿真结果及分析 / 84
本章附录 / 90

第5章 全双工中继信道资源配置优化 / 93

5.1 引言 / 93

5.2 全双工中继信道模型及叠加编码 / 96

5.3 信噪比分解及其传输速率 / 98
    5.3.1 选择策略传输速率的非凸性 / 98
    5.3.2 信噪比分解法传输速率分析 / 101
    5.3.3 信噪比分解法的近似逼近 / 105
    5.3.4 信噪比分解法的推广 / 107

5.4 信噪比分解法的应用 / 107
    5.4.1 大尺度角度：策略选择图 / 108
    5.4.2 小尺度角度：准静态衰落信道 / 110

5.5 仿真结果与分析 / 113
    5.5.1 静态中继信道速率增益 / 113
    5.5.2 移动中继获得的服务量 / 116
    5.5.3 功率分配遍历速率增益 / 119

本章附录 / 120

第6章 半双工中继系统联合功率分配和策略选择 / 123

6.1 引言 / 123

6.2 系统模型与相关速率界 / 126

6.3 功率分配与策略选择方案及可达传输速率 / 129
    6.3.1 功率分配与策略选择方案 / 130
    6.3.2 可达传输速率分析 / 131

6.4 "弱源"功率分配与策略选择方案 / 135
    6.4.1 非零速率增益 / 135
    6.4.2 次优解配置 / 138

6.5 衰落中继信道方案应用 / 140
    6.5.1 准静态衰落信道 / 141
    6.5.2 最优功率分配 / 141
    6.6 仿真结果与分析 / 145

本章附录 / 149

第7章 全双工中继信道的频谱效率和中继能效 / 154

7.1 引言 / 154

7.2 中继系统模型与中继能效 / 157

7.3 不同中继方案的频谱效率与中继能效 / 159

 7.3.1 解码转发性能 / 159

 7.3.2 压缩转发性能 / 161

 7.3.3 放大转发性能 / 163

 7.3.4 频谱效率的上界 / 168

7.4 中继方案选择与混合双工 / 170

 7.4.1 方案选择与组合 / 170

 7.4.2 混合双工方案 / 173

7.5 仿真结果与分析 / 177

本章附录 / 180

第8章 存在自干扰的全双工中继信道相干信号传输 / 184

8.1 引言 / 184

8.2 存在自干扰的全双工中继系统模型 / 185

8.3 相干放大转发方案 / 186

 8.3.1 相干信号设计 / 186

 8.3.2 频谱效率分析 / 187

8.4 相干解码转发方案 / 189

 8.4.1 相干信号设计与频谱效率分析 / 189

 8.4.2 最优中继节点功率与最优频谱效率 / 190

8.5 仿真结果与分析 / 192

第9章 异构组网中继方案组合与资源分配 / 194

9.1 引言 / 194

9.2 接收机频分中继信道系统模型 / 197

9.3 RFDRC 协作方案选择准则 / 198

 9.3.1 协作方案的传输速率 / 198

 9.3.2 协作方案的策略选择 / 200

9.4　HDC 方案的传输速率　/ 204
　　9.4.1　HDC 方案　/ 204
　　9.4.2　HDC 方案的带宽和功率分配　/ 205
9.5　HDA 方案的传输速率　/ 207
　　9.5.1　HDA 方案　/ 207
　　9.5.2　HDA 方案的带宽和功率分配　/ 208
　　9.5.3　等带宽情况下的 HDA 方案　/ 210
9.6　仿真结果与分析　/ 213
　　本章附录　/ 217

参考文献　/ 221

缩略语　/ 233

第1章 绪 论

随着无线通信技术的普及与移动设备的广泛应用,用户对高效率、高质量通信的需求日益增长。本书以第六代移动通信技术(6th Generation Mobile Communication Technology,6G)为背景,深入探讨协作通信中的核心技术——中继通信技术,详细阐述中继通信技术的基本原理、传输策略及中继通信技术在系统性能提升方面的作用,为无线通信系统的部署与优化提供重要参考。

本章对无线通信技术、6G 关键技术、中继通信系统研究现状及本书内容安排进行简要介绍。首先,对无线通信技术进行简要概述,回顾其发展历程。通过介绍从早期的模拟通信到如今的数字通信,再到即将到来的第六代移动通信,展现无线通信技术的不断革新与进步。本部分将着重介绍无线通信的基本概念、关键技术及其在现代社会中的广泛应用,为读者奠定必要的理论基础。其次,介绍第六代移动通信的关键技术,探讨相关关键技术如何推动无线通信向更高速率、更低延迟、更广覆盖的方向发展。通过对接入回传一体化、全双工技术及协作通信技术的简要介绍,揭示第六代移动通信在未来的巨大潜力与应用前景。再次,重点介绍中继通信系统的研究现状。中继通信系统作为提升无线通信网络覆盖范围、增强网络容量和可靠性的关键技术之一,近年来受到了国内外学者的广泛关注。通过详细阐述中继通信系统的基本原理、关键技术、应用场景及当前所面临的挑战,本章将为读者呈现一个全面且深入的中继通信系统研究现状。最后,对本书内容安排进行了简要介绍。

1.1 无线通信概述

本节将致力于为读者呈现一个相对全面的无线通信发展框架,通过对无线通信的基本概念、发展历程、当前面临的多重挑战及未来发展方向等多个维度的阐述,为读者提供一套全面又深入的无线通信知识体系。无线通信作为现代通信技术的基石,在很大程度上改变了人们的生活方式,无线通信的每一次技术革新都伴随着人类社会的显著进步。首先,我们将追溯无线通信的发展历程,从历史的长河中积累经验,为未来无线通信的发展提供指导与启示。其次,随着技术的不断拓展与更新迭代,频谱资源的稀缺性、能效提升的瓶颈等问题日益凸显,这些问题既考验着无线通信技术发展的极限,也对通信策略的制订提出了更高的要求。最后,随着人工智能、物联网、大数据等新型技术的发展,无线通信将步入一个充满无限可能的时代。我们将积极探讨无线通信的未来发展方向,推动无线通信技术的持续创新。

1.1.1 无线通信发展历程

19 世纪末,马可尼成功实现了跨大西洋的无线电通信。这一壮举标志着人类首次利用无线电波实现了远距离信息传递,为无线通信的发展奠定了基础。进入 20 世纪后,得益于电子技术的快速发展,无线通信开始进入模拟通信时代。这一时期,无线通信主要以模拟信号为传输媒介,实现了语音、广播等基本的通信功能。无线电广播、短波通信及后来的调频(Frequency Modulation,FM)和调幅(Amplitude Modulation,AM)广播技术的出现,极大地丰富了人们的娱乐生活,也促进了信息的广泛传播。20 世纪 80 年代以后,随着数字技术的兴起,无线通信领域的发展迎来了前所未有的飞跃。数字通信技术以其抗干扰能力强、传输效率高、易于加密等优点,逐渐取代了模拟通信技术。这一时期,无线通信系统以 10 年一代的惊人速度发展演变,移动通信技术也开始崭露头角，以全球移动通信系统（Global System for Mobile Communication，GSM）为代表的第二代移动通信技术（2nd Generation Mobile Communication Technology，2G）应运而生，实现了语音通话和简单的数据传输功能。随后，第三代移动通信技术（3rd Generation Mobile Communication Technology，3G）进一步提升了数据传输速率，为移动互联网的兴起提供了可能。进入 21 世纪，无线通信迎来了前所未有的繁荣期。随着第四代移动通信技术（4th Generation Mobile Communication Technology，4G）的普及，无线通信网络的速率和容量得到了大幅提升，为高清视频、在线游戏、移动支付等应用提供了强有力的支撑。人们的日常生活越来越依赖移动通信技术。同时，无线通信技术与互联网的深度融合，推动了移动互联网的迅猛发展，使人们可以随时随地访问互联网资源，享受便捷的信息服务。当前，无线通信领域正处于面向万物互联的第五代移动通信技术（5th Generation Mobile Communication Technology，5G）及面向万物智联的后第五代移动通信技术（Beyond 5th Generation Mobile Communication Technology，B5G）演进的关键时期。5G/B5G 技术以其超高速率、超低时延、超大设备连接数等特性，不仅极大地提升了移动互联网的用户体验，还为智能制造、自动驾驶、远程医疗、全息通信等新兴应用提供了强大的支撑[1]。伴随着第六代移动通信技术（6G）等更前沿技术的研发探索，无线通信的未来充满了无限可能，将继续推动人类社会的信息化、智能化进程。

1.1.2　无线通信面临的挑战

无线通信在过去的几十年里取得了飞速的发展，极大地推动了社会的信息化进程，与此同时，它也面临着前所未有的挑战。

随着技术的不断演进和应用的日益广泛，无线通信领域正经历着一场深刻的变革，这些变革不仅体现在技术级别，更深刻地影响了频谱资源的分配、用户类型和规模的变化，以及对网络容量和设备连接数需求的激增。首先，频谱资源越发紧张是无线通信领域最为紧迫的挑战之一。频谱作为无线通信的基石，其有限性限制了数据传输速率的进一步提升和更多无线设备的接入。随着物联网、车联网等的兴起，以及智能手机、可穿戴设备等智能终端设备的普及，人们对频谱资源的需求呈爆炸式增长。如何在不增加额外频谱资源的情况下，通过技术创新实现频谱的高效利用，成为无线通信领域亟待解决的问题。这要求研究人员不断探索新的频谱共享机制、动态频谱接入技术，以及开发更高效的调制编码方案，以最大化频谱资源的利用率。其次，通信用户类型和规模的改变对无线通信系统提出了更高的要求。传统上，无线通信主要服务于人与人之间的语音通话和数据传输。随着移动互联网和物联网的快速发展，通信用户类型已经扩展到机器与机器（Machine to Machine，M2M）、物与物之间的通信，用户规模也以前所未有的速度增长。这种变化不仅增加了网络的复杂性和管理难度，还对无线通信系统的灵活性、可扩展性和安全性提出了更高的要求。为满足不同用户类型和规模的需求，无线通信系统需要不断升级和演进，以提供更加智能化、个性化和高效的服务。再次，对容量的要求及用户连接数的增长是无线通信面临的另一大挑战。随着高清视频、虚拟现实（Virtual Reality，VR）、增强现实（Augmented Reality，AR）等高带宽应用的普及，用户对无线通信网络的容量需求急剧增加。同时，随着物联网设备的广泛应用，用户连接数也呈现爆炸式增长。这要求无线通信系统必须具备更高的数据传输速率、更低的延迟和更大的连接密度。为应对这一挑战，研究人员正在积极探索新的网络架构和传输技术，如软件定义网络（Software-defined Networking，SDN）、网络功能虚拟化（Network Function Virtualization，NFV）、毫米波通信和大规模多输入多输出（Multiple-Input Multiple-Output，MIMO）天线等，以提升网络的容量和连接能力。最后，无线通信还面临着电磁环境复杂、网络安全与隐私保护、技术标准与互操作性及可持续发展与环保目标等多重挑战。电磁环境的复杂性增加了信号传输的难度和干扰管理的复杂性；网络安全与隐私保护问题日益凸显，需要不断加强安全防护措施；技术标准与互操作性的不统一限制了技术的全球推广和应用；可持续发展与环保目标则要求无线通信系统在设计、建设和运营过程中充分考虑节能减排和环境保护。

可以看出，人们的日常生活和人类工业发展对无线通信系统和无线通信技术的需求和依赖程度日渐上升，同时面临着频谱资源紧张、用户类型和规模改变、容量要求提高及用户连接数增长等多重挑战，这给无线通信的发展带来巨大的挑战。

1.1.3 无线通信发展方向

为实现无线通信系统在传输容量、低时延、高速率及支持多样化应用等方面的显著提升，未来的无线通信系统将在三个核心维度上全面推动业务能力的飞跃性增强。这三个维度分别是广泛扩展频谱资源、构建全新的体系结构，以及引入创新性的无线传输技术。

（1）广泛扩展频谱资源。频谱资源是无线通信系统发展的基础，为进一步提升传输容量和速率，进一步挖掘和扩展频谱资源是最直接的方式。毫米波、太赫兹（Terahertz，THz）和可见光通信（Visible Light Communication，VLC）等技术为扩展频谱资源提供了基础。毫米波是指波长在 1～10 mm、频率在 30～300 GHz 的电磁波，其具有高频、短波长、窄波束等特点，能够携带大量信息，实现高速数据传输。毫米波在雷达和定位系统中有很多实际的应用，同时，因为毫米波容易被物体吸收反射的特性，其在无损检测、医疗成像等领域也有广泛的应用。然而，毫米波的波长较短，在传播过程中容易受到传播路径中各种因素的影响，导致信号衰减较大。此外，毫米波的穿透能力相对较弱，难以穿透建筑物等障碍物，这在一定程度上限制了其应用范围[2]。太赫兹是指频率在 0.1～10 THz 的电磁波，其波长介于毫米波和红外波之间。与毫米波相比，太赫兹将高频潜力发挥到了极致，实现了每秒数百吉比特的数据传输速率，其光谱特性使太赫兹通信在物质识别、成像等方面具有天然优势，在无线通信领域具有应用潜力。太赫兹目前遇到的主要问题有传播损耗、分子吸收、高穿透损耗及天线和射频电路的设计等，太赫兹通信技术的成熟度、商业化程度和应用程度也相对较低[3]。VLC 是通过荧光灯或发光二极管（Light Emitting Diode，LED）等发出的光信号进行数据传输的技术。借助广泛部署的低成本 LED 照明设备，VLC 技术通过控制光源开关将信号进行编码并传输。VLC 的通信速率可达每秒数十兆至数百兆，可为未来 6G 等通信技术提供较高的传输速率。同时，VLC 的频谱宽度远大于现有无线通信频谱，具有极高的带宽潜力，由于实验平台的成本较低，VLC 的研究也比太赫兹通信的研究更为成熟，应用也较为广泛[4]。目前，VLC 技术仍处于快速发展阶段，有望在未来成为无线通信领域的重要补充和替代技术之一。尽管扩展频谱资源和扩大频带宽度被视为最直接的提升无线通信系统容量的方法，但鉴于无线频谱资源的稀缺性，必须采取更为精细和高效的频谱管理策略来实现这一目标。

（2）构建全新的体系结构。为了最大限度地提升无线网络系统容量，必须采用全新的网络架构，或者对当前的移动网络进行结构性更新。例如，太赫兹通信技术的站点密度和高接入数据速率将增加对底层传输网络容量的需求，该网络必须提供更多光纤接入点和比当前回程网络更大的容量。异构超密集网络（Heterogeneous Ultra-Dense Network，H-UDN）是网络技术发展的重要方向之一[5]。简单来说，H-UDN 就是在同一区域内混合部署多种不同类型的无线通信设备和基站，这些设备和基站以极高的密度分布，共同为用户提供无线通信服务。作为一种灵活、高效、可扩展的无线通信网络架构，H-UDN 打破了传统网络中单一类型基站覆盖的模式，通过引入不同类型的节点（如宏基站、微基站、微微基站、中继站，甚至无人机基站等），实现了更广泛、更精细的覆盖和更高的数据传输速率。除引入新型网络体系架构外，还可以在原有网络基础之上进行改进。5G 网络及前几代网络的设计初衷是为基本二维空间提供连接性，网络接入点被部署用于向地面设备提供连接。未来网络结构可以考虑提供三维覆盖，如通过非地面平台（如无人机、气球和卫星）来补充地面基础设施为用户提供服务。无人机、气球和卫星等非地面平台可以在空中自由移动，从而覆盖到地面基站难以到达的区域，如偏远山区、海洋等。还可以通过引入更多的网络资源来提升网络容量。此外，三维网络架构还有着较强的可靠性，在自然灾害等紧急情况下，非地面平台可以免受潜在的破坏，从而可以作为备用通信手段，保障通信的连续性及作为紧急情况下的第一选择方案。

（3）引入创新性的无线传输技术。为提高无线通信系统的频谱效率（Spectral Efficiency，SE），使用新的传输技术提高资源（时域、频域、空域、功率域资源）利用率是研究人员重点关注的方向。目前，大多数的工作集中在大规模 MIMO、全双工技术、先进调制编码技术及非正交多址接入（Non-Orthogonal Multiple Access technology，NOMA）技术等，这些领域的技术都可以实现在不增加通信资源的条件下有效地提高无线通信系统的频谱效率。MIMO 技术，即多输入多输出技术，通过在发射端和接收端使用多根发射和接收天线，使信号通过多个路径进行发射和接收，利用空间分集和空间复用来增强通信性能[6]。MIMO 技术的优势在于它能够在不额外增加频谱资源或天线发射功率的情况下，显著提升通信系统的容量和传输效率。此外，通过智能波束赋形等技术，MIMO 还可以扩大无线网络的覆盖范围，改善用户体验。当前，MIMO 技术已经广泛应用于各种无线通信体制，包括 Wi-Fi、移动通信和卫星通信等。随着技术的不断发展，MIMO 也在不断演进，如大规模 MIMO 技术通过大幅增加天线数量来进一步提升系统性能，成为 5G 等新一代通信技术的重要组成部分。通过采用高效、灵活的调制和编码方式，可以提高数据传输速率、频谱效率和信道利用率，即通过使用先进的调制编码技术，使无线信号在传输过程中能够更好地应对噪声和干扰的影响，以提高数据可靠性和有效性。具体来说，先进调制技术，如高阶正交振幅调制（Quadrature Amplitude Modulation，QAM）和正交频分复用（Orthogonal Frequency Division Multiplexing，OFDM），通过增加每个信号携带的信息量或使用多个子载波并行传输数据，来提高数据传输的速率和频谱效率。调制技术可以提高系统传输速率，为提高系统的可靠性需要使用编码技术。编码技术是通过增加信号的冗余度，使信号在受到干扰或噪声影响时，接收端仍然能够恢复出原始数据。先进编码技术，如极化码（Polar Code，又称 Polar 码）和低密度奇偶校验码（Low Density Parity Check Code，LDPC），通过特定的编码算法和校验机制，提高了信号的抗干扰能力和可靠性。这些编码技术能够在保证数据传输速率的同时，显著降低误码率，确保通信质量。面对 5G 频谱效率提升 5～15 倍及用户接入量大的需求，新型多址接入方式被提出，在传统通信方式中，不同用户之间的信号是通过分配不同的频段或时间来避免相互干扰的，这种方式称为正交多址接入。在 NOMA 中，基站会同时发送多个用户的信号，这些信号在发送时会根据用户的优先级或需求被赋予不同的功率水平。当这些叠加的信号到达接收端时，接收设备会使用一种叫作串行干扰消除（Successive Interference

Cancellation，SIC）的技术来逐一解析出每个用户的信号。在 NOMA 中发送的信号可以在同一时间、同一频段上同时通信，相比于传统的接入方式，NOMA 可以容纳更多的用户，显著提高频谱资源的利用率，提升整个通信系统的容量。物联网、自动驾驶等新兴领域对通信技术提出的要求日益增长，NOMA 技术凭借着其独特的技术优势，可以为未来无线通信应用提供强有力的支持。全双工（Full Duplex，FD）是指节点能在同一频段内同时发送和接收信息。这一特性使无线通信系统可以在不消耗额外资源的情况下，实现通信容量的倍增，受到国内外广泛关注[7-9]。全双工技术虽然有显著提升通信效率和速率的优势，但其面临在同一节点的发送端不可避免地会对接收端产生自干扰（Self-Interference，SI）的问题。为解决这一难题，科研人员已经深入探索并发展了多种 SI 消除技术。在天线域，通过巧妙设计天线布局和采用先进的波束成形技术，可以有效地在空间上分离发送和接收信号，从而在源头上减少 SI 的影响[10-11]。模拟域 SI 消除技术通过模拟电路的方式，在信号进入数字处理之前就对 SI 信号进行预消除，进一步降低了 SI 的强度[12-13]。而在数字域，则利用先进的信号处理算法，如自适应滤波、干扰估计与重建等，对接收到的信号进行精细处理，以彻底消除残留的 SI 信号[14-15]。随着这些技术的发展，全双工技术已经解决了 SI 这一主要问题，为未来的高速、高效通信提供了强有力的技术支持，进一步推动了 6G 及未来通信网络的演进，为物联网等新型应用奠定了坚实的基础。

沿着这个方向，6G 移动通信网络将涵盖频谱资源的高效利用，无线通信技术的突破，智能化、个性化服务等多个方面，接下来，将简要介绍 6G 移动通信网络中的关键技术。

1.2　6G 移动通信网络关键技术

随着无线通信技术的快速发展，6G 移动通信网络的时代正逐步向我们走来。6G 致力于显著提升通信速率、大幅降低延迟、极大扩展网络容量,并带来用户端服务质量的飞跃性改善,为我们带来前所未有的极致体验。然而,现有的频谱资源已显得愈发捉襟见肘,难以满足 6G 对流量和频谱的庞大需求,因此开发利用高频段资源成为 6G 的一项关键创新技术。高频段资源虽然蕴藏着巨大的带宽潜力,但其应用也伴随着诸多挑战,如信号衰减快、覆盖范围有限、穿透力差及易受天气影响等。为应对这些挑战,并确保信号的有效覆盖和传输质量,在迈向 6G 的过程中,5G 网络已经采取了更加密集的基站部署策略。然而,这一策略在 6G 时代将面临更为严峻的考验,因为 6G 对数据传输速率和容量的要求更高。

为应对高密度基站部署带来的基站间连接和数据回程问题,3GPP 提出接入回传一体化(Integrated Access and Backhaul,IAB)这一高效解决方案。IAB 技术通过在同一设备上集成接入和回传功能,极大地降低了对光纤等有线资源的依赖,从而降低了部署成本,并提高了网络的灵活性和可扩展性[9]。这为 6G 移动通信网络的广泛部署和高效运行奠定了坚实的基础。全双工技术作为另一项关键技术,其允许在同一频段上同时进行数据的发送和接收,从而实现频谱资源的高效利用[16]。在 6G 移动通信网络中,全双工技术将进一步提升系统的整体容量和传输效率,为用户带来更加流畅和快速的通信体验。此外,为进一步提升网络性能和容量,协作通信技术将在 6G 中发挥重要作用。协作通信技术通过利用多个中继节点来转发和增强信号,可以有效扩大信号的覆盖范围,解决高频段信号衰减快和穿透力差的问题[17]。在 6G 移动通信网络中,协作中继将与 IAB 技术和全双工技术相结合,形成一个高效、灵活、可扩展的通信架构,共同应对日益增长的数据传输需求。

1.2.1 接入回传一体化

IAB 是 6G 移动通信网络中的一项关键技术。如图 1-1 所示,它通过将接入(Access)和回传(Backhaul)功能集成在单一系统中,允许基站既充当用户设备的接入点,又能充当与核心网连接的回程链路,这种部署方式消除了对专用链路的特殊需求,降低了部署复杂性和基础设施部署成本,实现了网络的灵活性和效率提升[9]。IAB 旨在解决当前现代通信中遇到的一些重要问题，特别是在扩大覆盖范围、提高网络容量等方面。具体来说，在光纤部署受限的地区，IAB 技术可以通过无线方式提供接入点与核心网之间的回程链路，从而允许接入点支持更多的用户和流量。通过增加接入点的密度，即使在难以部署光纤的区域，IAB 也能显著提升网络的容量和吞吐量。除此之外，IAB 在扩大网络覆盖方面也有显著作用。对于无线覆盖盲区，如偏远山区或建筑物分布密集导致信号难以传播的区域，IAB 可以作为中继节点，通过无线方式将接入点连接到已有的网络基础设施，从而使无线信号可以很好地覆盖到这些区域。这不仅可以解决覆盖缺口的问题，还可以扩大网络的覆盖范围。IAB 对稳定可靠的服务也有重要保障。通过部署 IAB 接入点，可以减小无线信号的衰减和穿透损失，对高层建筑或大型建筑群内部的节点可以提供良好的服务[18]。IAB 技术通过无线方式实现接入与回传的集成，为当前通信网络带来显著的性能提升和较好的灵活性。它不仅有助于解决当前网络建设中遇到的一些问题，还为 6G 的发展奠定了坚实的基础。

图 1-1　接入与回传一体化

1.2.2　全双工技术

在 6G 移动通信网络中，频谱资源是极其宝贵的。随着通信技术的发展和用户设备数量的爆炸式增长，频谱资源愈发紧张。为满足未来通信对高速率、低延迟的需求，6G 对频谱利用率提出了极高的要求。全双工技术是 6G 移动通信网络中的关键技术之一。全双工技术允许在同一频段上同时进行数据的接收和发送，这意味着紧缺的频谱资源在全双工方式下得到了更加高效的利用。在相同的频段内，全双工技术能够处理两倍于半双工（Half Duplex，HD）技术的数据量，从而显著提升系统的整体容量[16]。图 1-2 给出了半双工与全双工示意图。在理想情况下，相较于半双工，全双工可以实现两倍于半双工的系统容量，提高频谱的利用效率。全双工技术对于缓解频谱资源日益紧张的问题具有重大意义，尤其是在未来 6G 移动通信网络中。除此之外，全双工技术在提升频谱利用率和系统容量的同时，还能够以其并行处理能力减少数据传输过程中的等待时间。这为远程医疗、自动驾驶等实时通信应用提供了低延时的解决方案。然而，全双工技术的实现并非易事，其面临的主要挑战之一是 SI 问题，即设备发送的信号会干扰到同时接收的信号[16,19]。为解决这一难题，6G 移动通信网络需要集成先进的 SI 抑制技术、智能天线系统及精密的信道估计与均衡算法。这些技术的协同作用能够有效降低 SI 的影响，确保全双工通信的稳定性和可靠性。将全双工技术与其他先进技术相结合，可以为 6G 移动通信网络技术带来较高的频谱效率，并且降低 SI 对全双工的影响。全双工技术在 6G 移动通信网络中，不仅将提高频谱的利用率、提升系统容量，还可以起到降低数据传输延时的作用。随着通信技术的不断发展，全双工技术将发挥更加重要的作用。

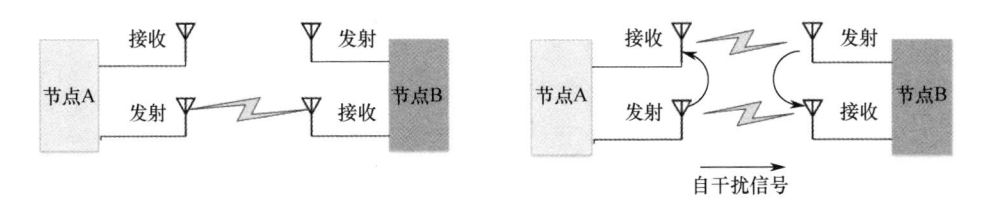

图 1-2 半双工与全双工示意图

1.2.3 无线协作通信

在 6G 移动通信网络中，空间通信、机器协同及智能交通等多个领域的蓬勃发展对通信网络容量、传输速率和覆盖范围提出了极高的要求。协作通信技术为突破技术壁垒提供了支撑。协作通信示意图如图 1-3 所示。协作通信技术在提升频谱效率、增强信号稳定性、提高网络容量和传输速率及扩大网络服务范围方面有显著优势[20]。协作通信技术是通过多个节点之间的协同工作来有效利用空间资源，提高频谱效率，从而提升网络容量和传输速率。这一优势在 6G 数据量呈爆炸性增长的背景下尤为重要。通过多个节点的协作，可以实现对信号的冗余传输和接收，即使部分节点在信号接收过程中受到干扰或出现严重信号衰减，其他节点的接收信号也能以副本信息作为补充，从而提高信号的可靠性。协作通信允许节点之间共享频谱、功率、时间等资源，通过合理的资源分配，可以实现网络整体容量和传输速率的提升[21]。通过多个终端之间的协作，还可以实现信号的互补覆盖，减少通信盲区，这对于提高 6G 移动通信网络的覆盖范围和可靠性至关重要。特别是在偏远地区或复杂环境中，合理部署中继节点，可以实现信号的无缝覆盖。协作通信充分利用了无线媒质的广播特性，通过中继节点的信号接收和转发能力，提高了信号在复杂环境中的传输效果。随着通信技术的不断发展，协作通信技术将在 6G 中发挥越来越重要的作用，为推动 6G 移动通信网络向更高速率、更高容量、更广覆盖和更强可靠性方面发展贡献力量。

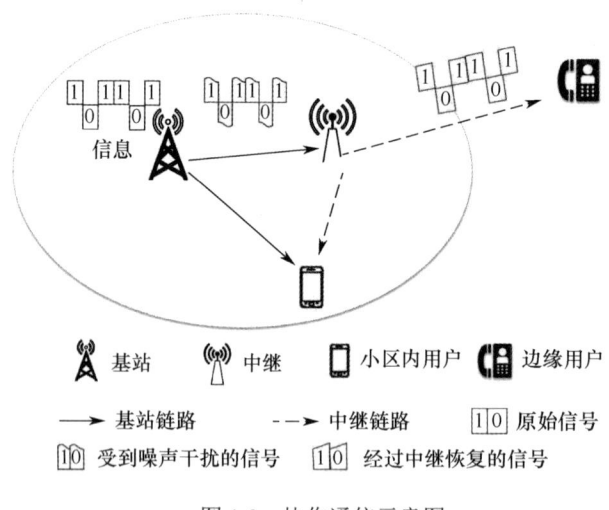

图 1-3 协作通信示意图

在无线通信的演进中，IAB、全双工及协作通信技术深度融合，共同绘制着 6G 移动通信网络的蓝图[22]。IAB 技术通过无线方式实现接入与回传的集成，降低了有线回传链路的部署成本，还通过节点间的无线回传链路提升了网络资源的利用率和传输效率。同时，全双工技术的引入，使在同一频段上实现同时收发成为可能，极大地提升了频谱效率，在热点场景和中继传输中展现出显著优势。而协作通信技术则进一步强化了网络性能，通过多个节点间的协同工作，实现了信号的冗余传输与接收，增强了信号的稳定性和可靠性，即使在复杂环境中也能保证通信的连续性。此外，协作通信还促进了频谱资源的共享与高效利用，提升了网络的整体容量和传输速率，并通过信号的互补覆盖和合理部署中继节点，显著扩大了 6G 移动通信网络的覆盖范围，为用户带来更加广泛、高速、可靠的通信体验。这三项技术的融合，将共同推动 6G 移动通信网络向更高速率、更高容量、更广覆盖和更强可靠性的方向发展。

1.3 中继通信系统研究现状

中继节点能够接收并放大信号，然后将其转发到更远的距离，从而有效扩大网络的覆盖范围，特别是在信号难以直接到达的区域。中继节点提供了冗余路径，当主路径出现故障时，数据可以通过中继节点继续传输，以确保网络服务的连续性和稳定性。此外，多个中继节点的部署还能提高系统的容错能力，降低单点故障的风险。通过中继节点的接力传输，可以减少信号衰减和传输延迟，提高数据传输的效率和速率。同时，中继节点还能在网络中实现负载均衡，优化数据传输路径，进一步提升网络性能。

研究中继系统对推动通信技术的发展具有重要意义。随着科技的进步，人们对通信的需求越来越高，对通信质量的要求也越来越高。而中继系统作为通信网络中的重要组成部分，其技术的不断发展和创新将直接推动整个通信行业的进步。首先，中继系统对于数据传输速率有着显著的提高，特别是在长距离通信中，中继节点的引入能够有效弥补信号强度的不足，确保数据的高速传输。其次，对于扩大网络覆盖范围，中继技术是首选。由于地形、建筑物等因素的影响，往往存在信号盲区。中继系统的部署可以填补这些盲区，实现信号的全面覆盖，提高网络的可用性。综上所述，研究中继系统对提升网络性能、扩大覆盖范围具有重要意义。随着通信技术的发展和应用需求的不断增长，中继系统的研究会更加深入和广泛。

在当前的移动通信系统演进中，全双工传输技术引入中继通信系统后显著增强其频谱效率，这一进步得益于 SI 信号消除技术的飞速发展。随着这些技术日益成熟，即便在存在残余自干扰（Residual Self-Interference，RSI）的环境下，全双工传输也能实现高效稳定运行，其实际应用范围正不断拓宽。针对新一代移动通信系统的部署需求，中继通信技术起到了至关重要的作用。它不仅有效地扩大了网络的覆盖范围，深入那些传统基站难以触及的盲区，还通过优化信号传输路径，显著提升了整体通信质量，确保了用户即使在偏远或复杂环境中也能享受到高质量的通信服务。因此，结合全双工传输技术的中继通信系统，正逐步成为推动移动通信网络升级、增强用户体验的关键力量。

1.3.1 中继传输策略研究现状

中继信道模型领域的奠基性工作于 1971 年首次提出，并在此基础上推导了中继信道容量的基本下界。这一工作为后来的中继信道研究奠定了基础，标志着中继信道理论研究的开端[23]。之后，Cover 和 El Gamal 研究了压缩转发（Compress-and-Forward，CF）协议和解码转发（Decode-and-Forward，DF）协议下的中继信道容量定理[24]。这些结果揭示了在不同转发协议下，中继信道能够达到的最大信息传输速率。通过应用最大流最小割定理（Maximum Flow Minimum Cut Theorem），Cover 和 El Gamal 等人进一步揭示了中继信道容量的上界。这一发现对理解中继信道的性能极限具有重要意义。他们的研究为中继信道模型的发展和应用奠定了坚实的理论基础，推动了后续中继选择、协作通信、网络编码等领域的研究。

最初，全双工中继通信系统的研究主要聚焦于信息论视角。Cover 和 El Gamal 两位学者针对一般中继信道及加性高斯白噪声（Additive White Gaussian Noise，AWGN）中继信道的容量进行了详尽而细致的评估，为后续的研究提供了坚实的理论支撑和重要的参考依据[25]。中继的工作方式和中继转发协议是近年来关于无线中继通信系统的核心研究领域。中继的工作方式可以分为全双工模式和半双工模式。在全双工模式下，中继节点能够同时接收和发送信号，从而显著提高频谱效率和系统吞吐量。但全双工通信也面临着 SI 的挑战，即中继节点发送的信号可能会干扰其接收的信号。因此，有效的自干扰消除技术是实现高效全双工通信的关键。与全双工模式不同，半双工中继节点在任一时刻只能进行接收或发送操作，不能同时进行。这种模式虽然简单且易于实现，但在频谱效率和系统吞吐量方面通常不如全双工模式。中继的转发协议主要有放大转发（Amplify-and-Forward，AF）协议[26-27]、DF 协议[28-29]和 CF 协议[30-31]。在 AF 协议中，中继节点不需要知道信源信息是如何编码和调制的，只需根据自身发送功率的要求对接收到的信号进行简单的幅度放大处理，再转发给信宿节点即可。AF 策略的优点包括简单易实现、低成本，以及在信道状态差时仍能协助增强信号。但其缺点是在放大有用信号的同时放大了噪声，造成功率浪费，存在噪声传播效应，影响接收信号的可靠性。在 DF 协议中，信源将信息发送到中继节点和信宿节点，中继节点先将接收到的信息进行解调和解码恢复出信源信息，消除此前传输过程中噪声的影响，再以相同的编码方式重新编码调制后发送给信宿节点。DF 在无线信道中并不总是可行的，因为当信源与中继节点距离较远且信道状态差时，中继节点接收到的信号质量不佳，可能导致高误码率，从而传播错误信息。CF 协议与 AF 协议、DF 协议的不同之处在于 CF 协议利用中继和信宿节点接收信号的相关性，对中继节点接收信号进行量化、压缩和编码处理。信宿节点利用联合解码器对两路信号进行联合解码，从而恢复信源信息。CF 避免了 AF 中的噪声放大效应，性能更优。当信源到中继节点的信道条件差时，CF 系统在中继节点处的处理可靠性更高，能够协助传输信号[31]。无论在何种条件下，如信源—中继链路较差时，CF 中继系统都能较好地协作，较直连链路性能更好。

关于 DF 协议和 CF 协议在全双工无线中继网络中的应用，文献[31]进行了深入的研究。该文献将这两种协议组合应用于全双工无线中继网络，旨在寻求传输速率最大化的最佳转发协议。同样地，文献[32]也对中继节点和信宿节点噪声相关的全双工无线中继网络进行了研究，并得出了 CF 策略相比 DF 策略能够有效地应对信道噪声带来不利影响的结论。这一研究进一步证实了 CF 协议在特定条件下的优越性。文献[32]通过理论分析，推导出在 AF 方案下，AWGN 中继信道的容量上下限及能量效率的具体表达式。文献[33]深入探讨了无线通信系统中，当中继节点采用 DF 或 CF 方案时，对信道容量的影响。此外，文献[33]还进一步将信道容量的研究边界扩展到衰落中继信道，这一复杂信道环境具有时变性、非线性等特点，对通信系统的设计和优化提出了更高的要求。通过构建衰落信道模型，并结合 DF 和 CF 方案的特性，文献[33]深入分析了不同中继转发策略在衰落信道下的容量边界，为实际通信系统的设计和优化提供了重要参考。在文献[34]中，为提高频谱效率，在存在 RSI 的情况下，基于 DF 方案和 AF 方案，提出了两种相干转发的信号设计方案。为充分挖掘全双工中继的优势，文献[35]分析了在 RSI 存在的情况下，不同中继策略（如 DF、CF 和 AF）在频谱效率方面的性能界限，并为每种策略建立了最优中继功率的闭式解，还提出了采用全双工中继的明确条件，以及在不同中继策略（DF、CF、AF）之间做出选择的指导原则。在采用 AF 中继协议时，中继节点接收到来自信源节点的信号后，直接对信号进行放大并转发给信宿节点。在放大信号的同时会放大噪声。同时在这一过程中，中继节点的自干扰信号也会被放大并混入转发信号中，导致信宿节点接收到的信号包含有用信号、中继节点的自干扰信号及可能的噪声。文献[36]研究了在 RSI 条件下，全双工中继信道模型下采用 AF 协议的性能。结果表明，全双工中继信道模型下采用 AF

协议的性能会受到噪声干扰的显著影响。由于 MIMO 系统能够利用空间复用和分集增益来提高系统的数据传输速率和可靠性，因此全双工中继也被广泛应用于 MIMO 系统。文献[37]通过详细的分析和推导，给出了全双工 MIMO 中继系统端到端可达速率的严格上下限。为进一步提高系统的性能，特别是针对 DF 和 AF 中继转发，文献[38]研究了如何将可达速率的最大化问题转化为标量优化问题。

在中继系统中，功率分配是优化系统性能的重要手段之一。通过调整信源节点、中继节点和信宿节点之间的功率分配比例，可以优化信号的传输质量，减少功率浪费，并提升系统的整体性能。例如，为提升全双工 AF 中继系统的频谱效率，文献[25]研究了该系统的最优功率分配。此外，DF 方案已被应用于 NOMA 中继系统，以提高频谱效率和系统容量[39]。DF 方案通过在中继节点处对接收信号进行解码和重新编码，可以更加灵活地处理信号间的干扰问题，在 NOMA 中继系统中，这有助于更好地利用有限的频谱资源，提高系统的频谱效率。在 CF 方案中，中继节点的传输功率是影响系统性能的关键因素之一。传输功率过高会造成较强的干扰信号，而传输功率过低则可能无法满足接收端的信噪比要求，导致传输质量下降。因此，研究能够最大化 CF 方案可达速率的最优中继传输功率具有重要意义。文献[40]研究了能够最大化 CF 方案可达速率的最优中继传输功率。文献[38]为 MIMO-OFDMA 中继系统中的资源分配和调度制订了一种联合优化方案。此外，还引入了一种混合中继方案，该方案能够在全双工中继下在 AF 和 DF 方案之间进行动态选择，以最大化可实现速率。

在半双工通信领域，节点通过在不同时间发送和接收信号来工作，从而自然地避免了 SI 问题[41]。同时，半双工通信因其成本低、实现简单等特点，在多种场景下得到广泛应用。因此，大量研究深入探讨了 HD 和 FD 中继通信系统的性能[42]。例如，文献[40]研究了在 CF 中继系统中，RSI 对系统可达速率的影响。结果表明，当 RSI 低于某个阈值时，FD 的可达速率优于 HD；而当 RSI 高于该阈值时，中继节点受到的干扰影响了系统的整体性能，因而在该情况下选择 HD 较为合适。在使用短包通信的场景中，文献[43]对 HD 和 FD 模式做了进一步探索，其中 HD 和 FD 中继系统在块错误率性能方面的优越性使其成为超可靠低时延通信（Ultra Reliable and Low Latency Communication，URLLC）场景下的最佳选择。此外，文献[41]还比较了半双工 DF 中继和全双工 DF 中继的能量效率（Energy Efficiency，EE），指出在仅考虑发射功率时，HD 可能表现出比 FD 更高的 EE。进一步地，文献[44]研究了经典三节点 DF 中继信道的 EE，通过分数规划确定了最大化半双工和全双工系统中 EE 的最优功率分配。

1.3.2 混合双工中继方案

面对新一代移动通信系统对频谱效率和传输速率前所未有的高要求，设计高效且切实可行的传输策略成为挑战，其核心目标在于深度削弱 RSI 信号，从而显著提升系统的频谱效率。鉴于全双工中继传输在频谱效率上的优势与潜在的自干扰问题，以及半双工中继传输在避免自干扰方面的稳健性和频谱效率较低的现状，国内外研究者正积极探索将全双工与半双工中继传输技术相结合的混合双工中继方案。这一创新方向旨在通过智能融合两种传输模式的优势，寻求最优的协同工作策略，以实现频谱效率与传输可靠性的最佳平衡。混合双工中继传输方案不仅能够根据实时网络条件动态调整工作模式，还能在必要时利用全双工的高效率传输特性，同时借助半双工的稳定性能来规避或减轻自干扰问题，从而全面优化整个通信系统的性能。文献[45]中提出的混合双工中继方案是一种创新的通信策略，旨在通过组合全双工和半双工传输的优势，来提高无线通信网络的瞬时传输速率。这种方案的核心思想是让中继节点根据实时信道条件和通信需求，以择优选取的方式在全双工和半双工模式之间动态切换。文献[46]提出的自适应切换方案，是对混合双工中继技术的一个重要扩展，它注重在全双工中继传输和半双工中继传输之间要实现更加灵活和高效的切换机制，这种自适应切换机制的核心在于其能够根据实时网络条件、信道质量、系统负载及自干扰水平等多个因素，动态地选择最合适的工作模式，以最大化系统性能或满足特定的通信需求。文献[47]提供了在一对双向全双工中继信道中采用 DF 协议、CF 协议及 AF 协议下可实现的速率区域。文献[48]中提出的自适应传输方案,针对中继网络中的传输模式选择问题,设计了一种能够根据信道状态动态切换全双工传输和半双工传输模式的机制,这种自适应性不仅突破了全双工模式和半双工模式各自固有的局限性,还通过在不同信道状态下采用优化的 DF 方案,显著提升了系统性能。文献[49]中提出的全双工与半双工混合传输方案,是一种创新的通信策略,该方案在单位时间内巧妙地利用正交接收、全双工传输和正交传输技术,以实现比纯粹使用全双工或半双工模式更高的系统性能。综上所述,经典混合双工传输方案是一种创新的通信策略,它融合了半双工与全双工传输模式的优势,通过智能地在两种模式之间进行切换,旨在显著提升中继通信系统的传输速率和频谱效率。这一方案尤其适用于传输信道质量多变的环境,能够灵活应对不同网络条件下的挑战。

在文献[49]中提出了将直连链路信号视为目标接收器的一种干扰信号的混合双工方式,并深入探讨了恰当调度全双工和半双工模式对于提升中继通信系统传输速率的重要性。以经典混合双工传输为基础,文献[50]引入了一种基于信噪比的优化策略来选择中继节点,并在半双工与全双工模式之间确定最优的中继工作模式。这一创新方法不仅考虑了中继节点的选择,还深入具体工作模式的优化级别,从而更加全面地提升了系统的传输性能。根据信噪比来选择中继节点及其工作模式,能够更精准地匹配不同信道条件下的传输需求,从而进一步降低中断概率。动态双工模式选择方案在无线通信领域的应用日益广泛,特别是在可收集能量的中继通信系统中,其优势更为显著。文献[51]将能量到达也视为切换双工模式的一个影响因素。除将全双工和半双工混合的方案外,还有将中继常用的转发协议混合的方案。文献[52]中提出一种根据资源分配来组合 DF 协议、CF 协议和 AF 协议的接收频分中继信道混合协议方案,旨在进一步提高中继通信系统的传输速率。但在现有的研究中并没有将中继常用的转发协议与新型的语义转发协议相结合的中继方案。虽然语义中继转发协议和 DF 协议均要求中继对信源信息进行解码，但迄今为止，这两种转发协议尚未被组合研究。另外，语义转发协议也利用了信源—信宿直连链路作为边信息来帮助恢复中继节点转发的信息，帮助信宿节点恢复信源信息，这与 CF 协议有相似之处。但目前尚未发现将 CF 协议和语义转发协议相结合的混合方案。

值得一提的是，当前对全双工中继系统的研究大多局限于固定中继协议或单一双工模式下的性能分析与优化设计，这种局限性限制了系统在实际应用中的灵活性和效率。为解决这一问题，探索更复杂、更高效的传输策略显得尤为重要。因此，本书将针对中继双工模式、全双工和半双工中继系统，以及混合中继协议等方面展开深入研究。

1.4 后续内容安排

本书后续章节安排如下：

第 2 章作为理论基础部分，为深入研究中继通信系统提供了坚实的理论支撑。聚焦于信息论中与中继通信密切相关的核心概念，特别是中继信道模型的发展及其核心理论——最大流最小割定理，同时详细解析了三种主要的中继转发协议：AF、DF 和 CF，并探讨了全双工模式下的可达速率分析。

第 3 章研究了基于 DF 协议的新型混合双工传输方案。首先，对于借助全双工中继传输信息的通信系统，提出一种新型混合双工传输方案，除纯 FD 模式外，中继在一段时间内仅工作在接收模式。基于 DF 协议，表征了该新型混合双工传输方案的可达速率。为最大化所提出新型混合双工传输方案的可达速率，恰当地构建了一个联合时分和功率分配问题，并通过一种两步优化方法解决了所构建的问题。首先，在给定的时分因子下获得局部最优功率分配。然后，通过找到最优时分因子来解决最大化可达速率的问题。除此之外，针对信源节点和中继节点不能进行功率调整时的具体场景，还研究了所提出的新型混合双工中继方案的变体方案及其性能分析和优化设计。数值结果表明使用优化的参数，所提出的混合双工中继方案在大多数情况下优于现有的基准方案。在不同 RSI 信号模型下，所提出的混合双工中继方案依然能保证传输速率的提升。

第 4 章在第 3 章所提混合双工传输模型基础之上，提出了一种基于 CF 协议的混合双工中继方案。首先分析了基于 Wyner-Ziv 编码的信号模型和编/解码过程，并且通过分析中继节点在接收过程中的量化误差，明确地表征了中继节点的量化噪声功率。然后以闭式形式推导了所提基于 CF 协议的混合双工中继方案的传输速率。也构建了最大化传输速率的优化问题，为基于 CF 协议的高斯中继信道模型提供了一个新的可达速率。其次，针对具体场景，研究了所提出的基于 CF 协议的混合双工中继方案的变体方案及其性能分析和优化设计。具体来说，中继—信宿链路信噪比较低或信源—中继链路信噪比较低或较高时，所提方案会退化为两种变体方案。进一步明晰了两种变体方案的信号模型和编/解码过程，并推导了两种方案的传输速率。数值结果表明基于 CF 协议的混合双工中继方案及其两种变体方案可以有效提高系统传输速率。

第 5 章提出了一种信噪比分解（SNR Decomposition，SD）策略，用于全双工高斯中继信道的时间共享和速率优化。该策略通过分解信噪比并分配到两个子带，然后根据分配的信噪比选择 DF 或 CF 策略，实现了较高的可达速率。与 DF 上叠加 CF 相比，SD 策略提供了一种实用的替代方案，避免了复杂的码字设计。还讨论了移动中继和准静态衰落中继信道（Relay Channel，RC）两种应用场景。在移动中继场景中，具体给出了大尺度衰落模型下中继位置与协作策略选取的优化配置关系图。在准静态衰落中继信道中，给出了不同信道条件下的最优信道层功率分配，并通过数值结果验证了 SD 策略的有效性。

第 6 章针对半双工中继信道，提出了一种创新的联合功率分配和策略选择

（Power Allocation and Strategy Selection，PASS）方案来充分利用 DF 和 CF 两种策略的优势。PASS 方案通过动态调整中继的功率分配，并在 DF 与 CF 之间智能选择更优的策略，实现了比传统混合 DF/CF 方案更高的数据传输速率。在静态中继信道环境中，特别是在连续时隙接收和发送的中继场景下，PASS 方案展示了显著的速率提升效果。该部分内容详细描述了 PASS 方案的速率提升区域，并提供了接近最优速率性能的参数设置。进一步地，PASS 方案被成功扩展到衰落中继信道，通过在不同信道状态下应用先进的功率分配技术，进一步放大了速率提升的效果。利用 PASS 方案在静态中继信道中速率性能的凹性特性，该章还建立了最优功率分配的框架，确保在动态信道条件下也能实现高效的资源利用。最后，通过数值仿真验证了 PASS 方案的理论分析，展示了其在提高协作通信系统性能方面的显著优势。

第 7 章探讨了在存在残留自干扰的情况下，DF、CF 和 AF 三种中继方案在全双工中继系统中的频谱效率。特别地，引入了新的指标中继能效（Relay Energy Efficiency，REE）并对其进行了深入分析。通过闭式形式推导出每种协作方案的最优中继功率和最大频谱效率，为系统设计提供了理论依据。还讨论了在不同 RSI 强度下，采用全双工中继的条件、中继方案的选择准则，以及混合全双工或半双工模式的应用条件，为协作通信系统的优化设计提供了指导。该章的研究揭示了 SE、REE 和系统设计之间的复杂关系，对于提高协作通信系统的整体性能具有重要意义。

第 8 章介绍了在存在 RSI 的全双工中继信道中采用相干信号传输技术以提高频谱效率的方法。提出了一种新的相干 AF 方案，并分析了前向解码和后向解码对频谱效率的影响，给出了选择解码方式的条件。同时，针对相干 DF 方案，设计了信号传输方案，并确定了最优的相关系数和中继功率，以最大化频谱效率。数值结果显示，相干信号传输技术在全双工中继信道中能够显著提升频谱效率，为未来的通信系统设计提供了新的思路和技术支持。

第 9 章针对异构网络中的接收频分中继信道（Receiver Frequency Division Relay Channel，RFDRC），研究了如何通过结合不同的中继转发方案来提高数据传输速率。通过建立选择中继方案的标准，借机证明了 CF 在所有配置下优于 AF，提出了一种混合 DF-CF 方案，结合了二者的优点，并给出了接近最优的资源分配方案。为简化实现，还提出了混合 DF-AF 方案，并给出了两种次优资源分配方法。特别地，在信源频带和中继频带带宽相等的情况下，混合 DF-AF 方案能达到 DF 和 AF 速率之间的凸包络。数值结果显示，这些方案显著提高了 RFDRC 的性能。

第 2 章 中继通信系统基础理论

中继通信系统作为一种高效而稳定的通信方式，在应对信道衰落挑战、确保信号传输质量方面展现出显著优势。引入中继节点极大地扩大了信号的覆盖范围，有效填补了通信盲区，同时可显著提升通信的可靠性。因此，中继通信系统成为国内外学者研究的热点。本章对中继通信系统模型及相关基础理论进行介绍。首先介绍信息论的一些基本概念，其次介绍中继信道模型和常用的中继转发协议，最后介绍全双工中继信道模型及其在不同转发协议下的信道容量上界和可达传输速率。

2.1 熵与信道容量

香农（Shannon）于 1948 年提出的信息论（Information Theory）是研究信息的产生、传输、存储、处理和度量的数学理论[53]。本节将阐述信息论中的一些基本概念，包括信息熵、联合熵以及多元正态分布的熵和互信息等，进而引出与本书紧密相关的重要定理，为后续的深入研究和讨论奠定基础。

2.1.1 熵与互信息

信息熵是信息论中用于度量信息量的一个概念，它描述了信源的不确定度或信息量的大小。在信息论中，信息被看作消除不确定性的过程，因此信息熵也可以理解为对消除不确定性的量度。当对数计算以 2 为底时，信息熵的单位是比特（bit）；如果以自然对数 e 为底进行计算，则信息熵的单位是奈特

（nat）。在信息论中，以比特作为单位更为常见。

定义 2.1：设单个离散型随机变量 X 取值 x 的概率为 $p(x)$，则 X 的信息熵为

$$H(X) = -\sum_{x \in \mathcal{X}} p(x) \log_2 p(x) \tag{2-1}$$

式中，H 表示信息熵，$\mathcal{X}$ 表示 X 的取值空间。这个公式衡量了信源的平均不确定性，即信息熵越大，表示信源的不确定性越高，所含的信息量也越大。

定义 2.2：联合熵是用于衡量一组变量整体不确定性的指标。对于两个随机变量 X 和 Y，其联合信息熵 $H(X,Y)$ 定义为：在给定 X 和 Y 的联合概率 $p(x,y)$ 的条件下，所有可能值对 (x,y) 出现的概率与其对数负值的乘积之和，即

$$H(X,Y) = -\sum_{x \in \mathcal{X}} \sum_{y \in \mathcal{Y}} p(x,y) \log_2 p(x,y) \tag{2-2}$$

定义 2.3：条件熵 $H(X|Y)$ 表示在已知随机变量 Y 的条件下随机变量 X 的不确定性，其定义为

$$H(X|Y) = -\sum_{x \in \mathcal{X}} \sum_{y \in \mathcal{Y}} p(x,y) \log_2 p(x|y) \tag{2-3}$$

式中，$\mathcal{X}$ 和 $\mathcal{Y}$ 分别表示 X 和 Y 的取值空间。

互信息（Mutual Information）是信息论中的信息度量，是一个随机变量中包含的关于另一个随机变量的信息量。

定义 2.4：设随机变量对 (X,Y) 的联合概率为 $p(x,y)$，边缘概率分别为 $p(x)$ 和 $p(y)$，互信息 $I(X;Y)$ 是联合概率 $p(x,y)$ 与乘积概率 $p(x)\,p(y)$ 的相对熵，被定义为

$$I(X;Y) = \sum_{x \in \mathcal{X}} \sum_{y \in \mathcal{Y}} p(x,y) \log_2 \frac{p(x,y)}{p(x)p(y)} \tag{2-4}$$

定义 2.5：互信息与熵的关系：

$$\begin{aligned} I(X;Y) &= H(X) - H(X|Y) \\ I(X;Y) &= H(X) + H(Y) - H(X;Y) \end{aligned} \tag{2-5}$$

定义 2.6：设 $X_1, X_2, \cdots, X_n$ 服从均值为 u、协方差矩阵为 $\boldsymbol{K}$ 的多元正态分布（使用 $\mathcal{N}_n(u, \boldsymbol{K})$ 来标记该分布），则多元正态分布的熵定义为

$$H(X_1, X_2, \cdots, X_n) = H(\mathcal{N}_n(u, \boldsymbol{K})) = \frac{1}{2}\log_2(2\pi e)^n |\boldsymbol{K}| \tag{2-6}$$

式中，$|\boldsymbol{K}|$ 表示 $\boldsymbol{K}$ 的行列式。

2.1.2 信道容量

信道容量（Channel Capacity）用来表示在给定的通信信道中，通过适当的编码和调制技术，能够可靠传输信息的最大速率。它代表了信道所能够承载的最大信息通量，也称为极限信息传输速率。当信源的信息速率小于等于信道容量时，理论上存在一种编解码方式，使信源的输出能以任意小的误差概率通过信道传输。

定义 2.7：将信道中平均每个符号所能传送的信息量定义为信道的传输速率 R，即

$$R = I(X;Y) = H(X) - H(X|Y) \tag{2-7}$$

其单位为 bit/symbol（比特每符号）。若已知平均传输一个符号所需时间为 t，时间单位为 s（秒），那么单位时间内的信息传输速率为 $R_t = I(X;Y)/t$ 其单位为 bit/s（比特每秒）。

定义 2.8：对于某种特定信道，若信道转移概率矩阵 $\boldsymbol{P}$ 已知，平均互信息 $I(X;Y)$ 是输入信源的概率分布的 ∩ 型凸函数，则可以找到使 $I(X;Y)$ 达到最大值的概率分布 $\{p(x)\}$。该最大值就是信道所能传送的最大信息量，即信道容量为

$$C = \max_{p(x)} I(X;Y) \tag{2-8}$$

式中，信道容量 C 的单位为 bit/symbol（比特每符号）。

定义 2.9：香农公式为

$$C = W \log_2\left(1 + \frac{S}{N}\right) \tag{2-9}$$

式中，C 为信道容量，其单位为 bit/s（比特每秒）；W 为信道带宽，其单位为 Hz（赫兹）；S/N 为信噪比，S 表示信号功率，N 表示信道噪声功率。

信道带宽越宽，意味着信道能够传输的信号频率范围越广，从而能够承载更多的信息，因此信道容量也就越大。信噪比是信号平均功率与噪声平均功率的比值，它反映了信号相对于噪声的强弱程度。信噪比越高，说明信号质量越好，信道容量也就越大。

2.2 中继信道模型和中继转发协议

2.2.1 中继信道模型

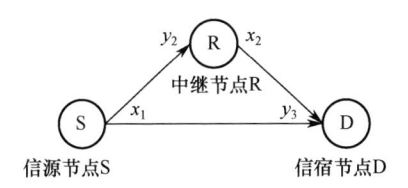

三节点中继信道模型是一个经典的信息论模型，用于研究在信源节点与信宿节点之间通过中继节点进行通信时的信道容量问题。该模型由默伦（Meulen）于 1971 年首次提出，随后由 Cover 和 El Gamal 等人进行了深入研究和扩展。三节点中继信道模型如图 2-1 所示。在三节点中继信道模型中，包含三个主要节点：信源节点 S、中继节点 R 和信宿节点 D。该模型旨在探讨在信源节点与信宿节点之间，通过中继节点的辅助，如何高效地传输信息。

图 2-1 三节点中继信道模型

离散无记忆中继信道（Discrete Memoryless Relay Channel，DM-RC）模型

可以表示为一个五元组：

$$(\mathcal{X}, \mathcal{X}_R, \mathcal{Y}_R, \mathcal{Y}, \{p(y_r, y | x, x_r)\}) \qquad (2\text{-}10)$$

式中，$\mathcal{X}$ 是信源节点发射信号的有限集合；$\mathcal{X}_R$ 是中继节点发射信号的集合；$\mathcal{Y}_R$ 是中继节点接收信号的有限集合；$\mathcal{Y}$ 是信宿节点接收信号的有限集合；$\{p(y_r, y | x, x_r)\}$ 是在给定信源节点和中继节点发射信号 $x \in \mathcal{X}$ 和 $x_r \in \mathcal{X}_R$ 时，中继节点和信宿节点接收信号 $y_r \in \mathcal{Y}_R$ 和 $y \in \mathcal{Y}$ 的联合条件概率分布函数集合。

在通信过程中，信源节点根据要传输的信息选择一个信号 $x \in \mathcal{X}$ 并发送给中继节点或（可能）直接发送给信宿节点（取决于具体协议）。中继节点接收到信号 y_r 后，根据一定的策略（如压缩转发或解码转发）选择一个信号 $x_r \in \mathcal{X}_R$ 并发送给信宿节点。信宿节点接收到来自信源节点（可能）和中继节点的信号 y，并据此尝试恢复出原始信息。

2.2.2 中继转发协议

中继转发协议是网络通信中的重要组成部分，它通过中继节点来实现信源节点和信宿节点之间的有效通信。根据中继节点的不同工作状态，中继转发协议主要包括放大转发协议、解码转发协议和压缩转发协议。下面详细介绍这三种中继转发协议的工作原理及其优缺点，2.3 节将分析高斯中继信道下的全双工中继信道容量上界和基于不同中继转发协议下的可达速率。

1. 放大转发协议

放大转发（AF）协议是一种在中继通信中广泛应用的协议，其核心思想在于中继节点对接收到的信号（包括源信号与伴随的噪声信号）进行线性放大，随后将这一放大后的信号直接转发给信宿节点，而不进行任何解码或额外的信号处理。这种"直通式"的转发方式使 AF 协议在实现上尤为简单和直接，因此也常被称作"非再生"转发协议。尽管 AF 协议以其简便性著称，但它也存在一个显著的局限性：在增强源信号强度的同时，噪声信号也会得到同等程度的放大。这意味着随着信号被放大，噪声的影响也相应地加剧，进而可能导致信号质量的下降，影响通信的可靠性和数据传输的准确性。

2．解码转发协议

在解码转发（DF）协议中，信源节点首先广播发送源信号，随后中继节点接收这些信号并执行一系列复杂的处理步骤。具体而言，中继节点会对接收到的信号进行解码操作，旨在恢复出原始的、未受干扰的信号内容。一旦成功解码并验证了信号的正确性，中继节点会有选择性地丢弃解码错误的部分信号，仅对解码正确的有用信号进行重新调制和编码。这一过程确保了噪声和错误能被有效剔除，从而提高了传输信号的质量。重新调制和编码后的信号，相比于原始信号，更加纯净且适用于后续的传输环境，随后被中继节点转发给信宿节点。在信宿节点端，接收到的信号将再次经过解码处理，以还原出最初由信源节点发送的信息。由于在整个传输路径中，信号经历了从信源节点到中继节点的解码—编码转换，以及从中继节点到信宿节点的再解码过程，这一模型赋予了信号"再生"的能力，因此也被称为"可再生"转发协议。相较于 AF 协议，DF 协议在复杂性上显著增加。它要求中继节点具备更高级的信号处理能力，包括解码、错误检测、选择性调制和编码等。然而，这种复杂性换来了显著的性能提升，尤其是在噪声抑制和信号质量保障方面。因此，在需要高可靠性和高数据传输质量的通信系统中，DF 协议往往被视为更优的选择。

3．压缩转发协议

在压缩转发（CF）协议中，中继节点在接收到信源节点发送的信号后，不直接进行放大或解码，而是采用一种更为精细的数据处理方式——压缩。在这一过程中，中继节点会对信号进行量化、估计和压缩，旨在提取并保留信号中的关键信息，同时去除冗余数据和噪声。通过压缩，中继节点能够显著减少需要转发的数据量，从而提高传输效率并降低带宽要求。压缩后的信号在中继节点处被重新编码，以适应后续的传输要求，随后被转发给信宿节点。在信宿节点端，接收到的压缩信号将经过解码和恢复处理，以尽可能还原出原始信号的内容。尽管压缩过程可能会引入一定的信息损失，但合理的压缩算法可以在保证信号质量的同时，实现高效的数据传输。相比于 AF 协议和 DF 协议，CF 协议在数据传输效率和资源利用方面展现出独特的优势。它不仅能够减少传输过程中的数据量,降低带宽消耗,还能在一定程度上抑制噪声和干扰,提高通信系统的整体性能。因此,在需要高效、可靠数据传输的通信场景中,CF协议被视为一种具有潜力的技术方案。

2.3 全双工中继信道容量界

基于图 2-1 所示的三节点中继信道模型,本节分析高斯中继信道的全双工中继信道容量上界和基于不同中继转发协议的可达速率。

用 h_{SD}、h_{RD} 和 h_{SR} 分别表示信源—信宿链路的信道增益、中继—信宿链路的信道增益和信源—中继链路的信道增益。全双工中继信道模型可以表征为

$$Y_R = h_{SR}X_S + h_{RR}X_R + Z_R \qquad (2\text{-}11)$$

$$Y_D = h_{SD}X_S + h_{RD}X_R + Z_D \qquad (2\text{-}12)$$

式中,Y_R 和 Y_D 分别表示中继节点 R 和信宿节点 D 所接收的信号,X_S 表示信源节点发送的信号,X_R 表示中继节点传输给信宿节点的信号,h_{RR} 表示中继节点处自干扰链路的信道增益,Z_R 和 Z_D 分别表示中继节点和信宿节点处的噪声。

2.3.1 全双工中继信道容量上界

三节点全双工中继信道模型的容量上界为

$$C_{\text{full}}^+ = \max_{0 \leqslant \rho \leqslant 1} \min\{C_{\text{full-1}}^+(\rho), C_{\text{full-2}}^+(\rho)\} \qquad (2\text{-}13)$$

式中,ρ 是信源节点与信宿节点信号之间的相关系数,根据最大流最小割定理可以得出

$$C_{\text{full}}^+ = \max_{0 \leqslant \rho \leqslant 1} \min\{I(X_S, X_R; Y_D), I(X_S; Y_R, Y_D | X_R)\} \qquad (2\text{-}14)$$

可以得 $C^+_{\text{full-1}}(\rho) = I(X_S, X_R; Y_D)$, $C^+_{\text{full-2}}(\rho) = I(X_S; Y_R, Y_D | X_R)$。根据多元正态分布的熵的定义，可以得出以下信息熵：

$$H(Y_D) = \frac{1}{2}\log_2[2\pi e \, \text{var}(Y_D)] = \frac{1}{2}\log_2[2\pi e(|h_{\text{SD}}|^2 P_S + |h_{\text{RD}}|^2 P_R + N_D)] \quad (2\text{-}15)$$

$$H(Z_D) = \frac{1}{2}\log_2[2\pi e \, \text{var}(Z_D)] = \frac{1}{2}\log_2(2\pi e N_D) \quad (2\text{-}16)$$

则 $C^+_{\text{full-1}}(\rho) = I(X_S, X_R; Y_D)$ 和 $C^+_{\text{full-2}}(\rho) = I(X_S; Y_R, Y_D | X_R)$ 可以分别化简为

$$C^+_{\text{full-1}}(\rho) = I(X_S, X_R; Y_D) = H(Y_D) - H(Y_D | X_S, X_R) = H(Y_D) - H(Z_D) \quad (2\text{-}17)$$

$$\begin{aligned} C^+_{\text{full-2}}(\rho) &= I(X_S; Y_R, Y_D | X_R) \\ &= H(Y_R, Y_D | X_R) - H(Y_R, Y_D | X_S, X_R) \\ &= H(Y_R, Y_D | X_R) - H(Z_R, Z_D) \end{aligned} \quad (2\text{-}18)$$

由于中继节点和信宿节点的噪声信号不相关，因此 $H(Z_R, Z_D) = 0$，于是

$$C^+_{\text{full-2}}(\rho) = H(Y_R, Y_D | X_R) \quad (2\text{-}19)$$

联立以上等式，可以得出

$$\begin{aligned} C^+_{\text{full-1}}(\rho) &= \frac{1}{2}\log_2[\text{var}(Y_D)/\text{var}(Z_D)] \\ &= \frac{1}{2}\log_2[1 + (|h_{\text{SD}}|^2 P_S + |h_{\text{RD}}|^2 P_R + 2\rho\sqrt{|h_{\text{SD}}|^2 |h_{\text{RD}}|^2 P_S P_R})/N_D] \end{aligned} \quad (2\text{-}20)$$

$$C^+_{\text{full-2}}(\rho) = H(Y_R, Y_D | X_R) = \frac{1}{2}\log_2\left[1 + P_S(1-\rho^2)\left(\frac{|h_{\text{SD}}|^2}{N_D} + \frac{|h_{\text{SR}}|^2}{N_R}\right)\right] \quad (2\text{-}21)$$

2.3.2 DF 协议的可达速率

全双工中继通信系统采用 DF 协议时，中继节点先对所接收的源信号进行解码并恢复出原始信号，然后重新编码并转发至信宿节点。信源节点除通过信源—信宿链路（又称直连链路）将信号传输给信宿节点外，还利用中继节点和信宿节点的协作将信号转发给信宿节点。基于 DF 协议的全双工中继通信系统

的可达速率可以表示为

$$R_{\text{DF-FD}} = \max_{0 \leqslant \rho \leqslant 1} \min\{R_{\text{DF-FD}}^{(1)}(\rho), R_{\text{DF-FD}}^{(2)}(\rho)\} \tag{2-22}$$

式中，ρ 是信源节点与信宿节点信号之间的相关系数；$R_{\text{DF-FD}}^{(1)}(\rho) = I(X_S; Y_R | X_R)$，$R_{\text{DF-FD}}^{(2)}(\rho) = I(X_S, X_R; Y_D)$，经推导可得

$$R_{\text{DF-FD}}^{(1)}(\rho) = \frac{1}{2}\log_2\left(1 + \frac{|h_{\text{SR}}|^2 P_S(1-\rho^2)}{N_R}\right) \tag{2-23}$$

$$R_{\text{DF-FD}}^{(2)}(\rho) = \frac{1}{2}\log_2\left(1 + \frac{|h_{\text{SD}}|^2 P_S}{N_D} + \frac{|h_{\text{RD}}|^2 P_R}{N_D} + 2\rho h_{\text{SD}} h_{\text{RD}}\sqrt{P_S P_R}\right) \tag{2-24}$$

当信源—中继链路的信道条件劣于信源—信宿链路时，信源—信宿直连链路的可达速率往往高于采用 DF 协议时的可达速率。这是因为 DF 协议要求中继节点对接收到的信号进行解码和编码操作，以恢复出原始信息。然而，在信源—中继链路信道条件不佳的情况下，中继节点在重编码过程中可能会产生较高的误码率，这直接导致 DF 协议下的可达速率下降。因此，在信源—中继链路信道条件弱于直连链路的情况下，直连链路传输比采用 DF 协议时更为可靠和高效。

2.3.3　CF 协议的可达速率

在全双工中继通信系统中，中继节点采用 CF 协议，并采用具有边信息的 Wyner-Ziv 编码对所接收的信号进行量化和压缩，将压缩后的信号版本的索引编码转发给信宿节点。具体而言，信宿节点先解码出压缩码字的索引编码，然后利用信源节点传输给信宿节点的信号作为边信息来将压缩码字解码，最后利用压缩码字和边信息共同恢复出原始信息。信宿节点先解码出分组编号，再将信源节点发射信号作为边信息，最后解码经中继压缩后的信号。全双工中继通信系统的信宿节点通过中继—信宿和信源—信宿两条链路来获得原始信号。综上所述，可以将基于 CF 协议的全双工中继通信系统的可达速率表征为

$$R_{\text{CF}} = \sup_{p(\cdot) \in \mathcal{P}^*} I(X_S; Y_D, \hat{Y}_R | X_R) \tag{2-25}$$

且保证量化速率不大于中继—信宿链路上分配的传输速率，即

$$I(X_R; Y_D) \geq I(Y_R; \hat{Y}_R | X_R, Y_D) \qquad (2\text{-}26)$$

式中，$\hat{Y}_R$ 为中继节点所接收信号 Y_R 的压缩版本，$\mathcal{P}^*$ 是所有下述形式的联合概率分布的集合：

$$p(x_S, x_R, y_D, y_R, \hat{y}_R) = p(x_S) p(x_R) p(y_D, y_R | x_S, x_R) p(\hat{y}_R | y_R, x_R) \qquad (2\text{-}27)$$

设量化噪声为 Z，且满足 $Z \sim \mathcal{N}(0, N)$，则有 $\hat{Y}_R = Y_R + Z$。根据最大流最小割定理和多元正态分布的熵，可得出 CF 协议下的可达速率为

$$R_{\text{CF-FD}} = \frac{1}{2} \log_2 \left(1 + \frac{|h_{SD}|^2 P_S}{N_D} + \frac{|h_{SR}|^2 P_S}{N_R + N_{FD} + |h_{RR}|^2 P_R} \right) \qquad (2\text{-}28)$$

式中，N_{FD} 为中继节点的量化噪声功率，有

$$N_{FD} = \frac{1 + \dfrac{|h_{SR}|^2 P_S}{1 + |h_{RR}|^2 P_R} + |h_{SD}|^2 P_S}{\left[\left(1 + \dfrac{|h_{RD}|^2 P_R}{N_R + |h_{SD}|^2 P_S} \right) - 1 \right] \left(1 + \dfrac{|h_{SD}|^2 P_S}{N_D} \right)} \qquad (2\text{-}29)$$

信源—信宿链路是直接传输（Direct Transmission，DT）链路的简称，该链路的传输速率可表示为

$$R_{DT} = \frac{1}{2} \log_2 \left(1 + \frac{|h_{SD}|^2 P_S}{N_D} \right) \qquad (2\text{-}30)$$

由此可见，$R_{\text{CF-FD}} \geq R_{DT}$，因此 CF 协议全双工中继信道模型方案总能带来协作增益。CF 协议下中继节点直接对接收的信号进行压缩，以直连链路传输的信号作为边信息；因此，当中继节点更靠近信宿节点时，其可达速率可以比 DF 协议的高。而当中继节点更靠近信宿节点时，信源—中继链路信道条件变差，中继节点可靠解码能力显著下降，此时 DF 协议下的中继信道模型的可达速率低于直连链路的可达速率。

2.3.4　AF 协议的可达速率

在 AF 协议下，中继节点将收到的源信号及噪声信号直接放大，不做任何其他处理，然后将放大后的信号转发到信宿节点。虽然 AF 协议较为简单且易于实现，但其会放大噪声信号，直接导致信宿节点所接收信号质量的下降。基于 AF 协议的全双工中继信道可达速率可表示为

$$R_{\text{AF-FD}} = \frac{1}{2}\log_2\left(1 + \frac{|h_{\text{SD}}|^2 P_{\text{S}}}{N_{\text{D}}} + \frac{\frac{|h_{\text{RD}}|^2 P_{\text{R}}}{N_{\text{D}}} \cdot \frac{|h_{\text{SR}}|^2 P_{\text{S}}}{N_{\text{R}}}}{1 + \frac{|h_{\text{SR}}|^2 P_{\text{S}}}{N_{\text{R}}} + \frac{|h_{\text{RD}}|^2 P_{\text{R}}}{N_{\text{D}}}}\right)$$

$$= \frac{1}{2}\log_2\left(1 + \frac{|h_{\text{SD}}|^2 P_{\text{S}}}{N_{\text{D}}} + \frac{|h_{\text{RD}}|^2 |h_{\text{SR}}|^2 P_{\text{S}} P_{\text{R}}}{N_{\text{R}} N_{\text{D}} + |h_{\text{SR}}|^2 P_{\text{S}} N_{\text{D}} + |h_{\text{RD}}|^2 P_{\text{R}} N_{\text{R}}}\right)$$

（2-31）

第 3 章　基于解码转发的混合双工中继通信

随着自干扰（SI）消除技术的不断进步，全双工中继系统在无线通信领域的应用前景日益广阔，特别是在扩大传输网络覆盖范围和提高频谱效率方面展现出巨大的潜力。针对 B5G 中实际应用对频谱效率需求的大幅提升，对于借助全双工中继节点传输信息的通信系统，需要考虑更复杂的传输策略设计。本章基于 RSI（残余自干扰）模型，提出一种新颖的混合双工传输方案。具体地，受自干扰影响的中继节点在一部分时间段同时发送和接收信息；而在剩下的时间段，中继节点仅工作在接收模式，用于在干净的信道上积累从信源传输的信息。本章先建立中继系统混合双工传输方案的信号模型，推导出传输速率表达式，在功率约束的条件下，构建最大化传输速率的优化问题；然后通过分析优化问题，设计两步优化方法，求解最佳资源分配，并证明所提方案优于已有方案，对所提方案开展详尽的性能分析与优化设计。

3.1　引言

B5G 通信系统是具有高速率、低时延和大连接特点的新一代移动通信系统，能满足未来超高清视频业务，工业控制、远程医疗等行业的应用需求[54-55]。具体而言，B5G 及其演进的新兴通信系统的应用，如 VR、AR 及全息通信（Holographic Communication）等，对平均和峰值传输数据速率提出了极高的要求[56]。而超密集网络、大规模 MIMO 和毫米波则通过扩展可用的资源块[2,6]，如传输空间和传输频率等，为提高数据速率提供了解决方案。这些增高频谱效率的技术，对进一步提升 B5G 的数据速率和支持未来 6G 移动通信系统的落地具有重要意义。全双工技术,由于其节点在同一频段内同时发送和接收信息而成为一种从根本上提升频谱效率的候选技术,受到国内外广泛关注。

全双工技术的一个主要问题是同一节点内发射机在接收机处引起的自干扰。自干扰不仅会降低通信质量,还可能阻止接收机正确解码所需信号。为减轻甚至消除自干扰,学术界已经提出了天线域消除[10]、模拟自干扰消除[12-13]和数字自干扰消除等方法[14-15]。随着自干扰消除技术的进步,全双工中继系统引起了研究人员的极大关注。这些研究人员已积极探索全双工中继系统在各领域的潜在应用[57-58]。

鉴于 B5G 中的实际应用对频谱效率需求的大幅提升,需要设计更复杂的传输策略,以降低 RSI 对传输性能的抑制,从而提升频谱效率[59]。考虑到半双工和全双工传输的优缺点,国内外越来越关注混合双工传输方案。文献[45]提出了直接利用半双工和全双工传输优势的方法,随机在两种双工模式之间切换,以提高瞬时传输速率。基于无线信道的时变特性,文献[45]验证了双工模式选择方案能有效提升系统的平均频谱效率。文献[48]采用半双工和全双工模式之间的自适应传输方案,证明这种传输方案在不同信道状态的 DF 中继网络中均能提升系统的瞬时容量。

文献[50]在经典混合双工传输方案的基础之上,从信噪比的角度选择中继节点,并在半双工和全双工模式之间选择最优的中继工作模式,其数值结果表明,根据信噪比选择中继节点及中继工作模式的方式能进一步降低中断概率。这种动态双工模式选择方案已经延伸至能量收集的双跳(Two-Hop)中继通信系统,文献[51]将能量收集状态也视为切换双工模式的一个影响因素。文献[49]提出将直连链路信号作为目标接收器干扰信号的混合双工传输方式,发现恰当调度全双工和半双工模式对提高中继通信系统中的传输速率很有价值。

尽管现有的混合双工方案在中继系统中表现出显著的性能提升,但仍存在一些局限性。现有的混合双工方案通过在半双工和全双工模式之间切换来实现速率提升,但半双工和全双工模式的调度是相互独立的,这将对信号的有效综合利用造成限制,进而成为提高传输速率的瓶颈。对于借助全双工中继传输信息的无线协作通信系统,这里提出一种混合双工传输方案,以控制全双工系统中自干扰的影响。相比于国内外研究的混合双工传输方案,本章所提的混合双工传输方案引入了中继"仅接收"(Receive-Only,RO)阶段,实现了信号逻辑级别的全双工与半双工的结合,提升了信源—中继链路的传输速率,使中继节点可以在"干净"的信道中传输更多来自信源的信息。

本章的主要贡献如下:

(1)针对三节点中继通信系统,提出了一种新颖的混合双工传输方案。在该方案的一个工作周期内,中继节点先在一段时间内仅接收来自信源的信号,然后在其余时间段以全双工模式运行。本章明确给出了该方案所能实现的传输速率。为找到该方案能达到的最大传输速率,构建了一个联合全双工占空比和信源功率分配的优化问题。在给定全双工占空比的情况下,描述了局部最优的信源功率分配。在一些情况下,证明了最优的信源功率分配在中继 RO 阶段和 FD 阶段遵循注水原则。基于对可达速率的单调性分析,本章还描述了全局最优的全双工占空比和相应的最大传输速率。

(2)数值结果验证了理论结果的有效性。数值结果表明,所提出的混合双工传输方案优于传统的半双工、全双工和现有的双工传输方案。此外,本章还展示了 RSI 功率模型对所提方案的影响。结果表明,与其他基准方案相比,RSI 对所提方案的影响最小。

3.2 基于解码转发的混合双工中继系统传输模型

本节在对混合双工中继传输方案系统模型进行阐述的基础上,具体分析该系统的网络传输模型和传输信号模型,进一步推导出系统的传输速率表达式,为全双工中继系统提供理论指导。

3.2.1 网络传输模型

中继通信系统混合双工传输方案系统模型如图 3-1 所示。典型全双工中继系统由三个传输节点组成，分别为信源节点 S、中继节点 R 及信宿节点 D，信源节点在中继节点的协助下向信宿节点发送信号。具体而言，中继节点在接收来自信源节点的信息后，需要对接收信号进行解码和编码操作，在正确获得信源信息的基础上，再将信息重新转发给信宿节点，即在此系统中，中继节点处采用解码转发（DF）方案来提升系统传输效率。为洞悉系统设计的关键点，这里从最基本的情况出发，考虑系统中三条链路信源—中继（S-R）链路，中继—信宿（R-D）链路，信源—信宿（S-D）链路均为 AWGN（加性高斯白噪声）信道。

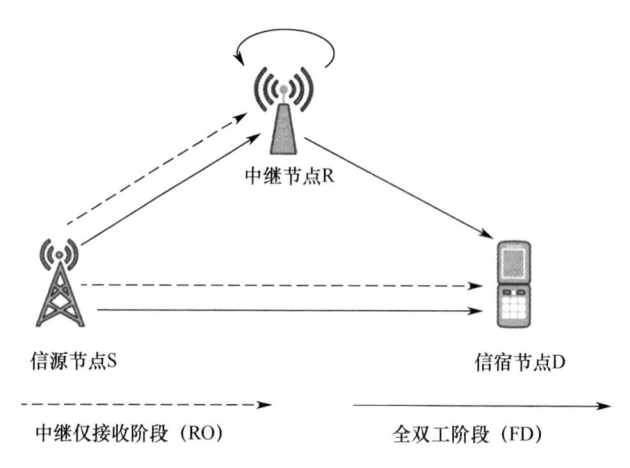

图 3-1 中继通信系统混合双工传输方案系统模型

在全双工中继系统中，中继节点和信宿节点接收的信号均会受到干扰信号的影响。具体地说，中继节点受到自干扰信号及中继节点接收端噪声的影响，而信宿节点仅受到信宿节点接收端噪声的影响，分别记中继节点接收端和信宿节点接收端的噪声功率为 N_R 和 N_D。此外，中继节点的作用是协助信源节点将信号传输给信宿节点，当中继节点 R 处的噪声功率 N_R 大于或等于信宿节点 D 处的噪声功率 N_D 时，解码转发不再提供速率增益[60]。因此，这里假定中继节点接收端噪声功率小于信宿节点接收端噪声功率，即 $N_R < N_D$。在此系统中，信源节点以功率 P_S 发送信息，中继节点以功率 P_R 发送信息。在全双工模

式下，中继节点 R 接收到的信源节点信号会受到中继发射机的干扰，即在中继节点 R 上引入了自干扰。中继节点 R 可使用多种自干扰抑制技术。基于 RSI 模型，将进行自干扰抑制技术之后中继节点处的 RSI 建模为 ηP_R^θ，其中，$\eta \in [0,1)$，$\theta \in [0,1]$ 用于表示自干扰功率的大小。当 $\theta = 1$ 时，RSI 信号最强，即对中继节点处的干扰最大，将造成传输速率的最低边界值。为实际通信场景中最差的传输情况提供理论指导，在本章的分析中假定 $\theta = 1$。

对于借助全双工中继节点传输信息的通信系统，为控制自干扰信号的影响并实现频谱效率的提升，这里在全双工中继系统的基础上提出新型混合双工传输方案，如图 3-1 所示。所提传输方案的时序结构如图 3-2 所示。系统的传输时间被平均划分为相同长度的块，即在每个块内的信号为固定数量的符号。每个块包含两个阶段，分别为中继仅接收（RO）阶段和全双工（FD）阶段。如图 3-2 所示，在每个块的 RO 阶段，中继节点关闭发射器，仅接收来自信源节点的信号；在 FD 阶段，系统工作在全双工模式下。两个阶段的根本区别在于中继节点是否发送信号。综上所述，每个块内的一部分时间段为中继仅接收状态，另一部分时间段为全双工传输状态。令 α 表示全双工传输占每个块的时间比例，则 RO 阶段占每个块的总时间比例为 $1-\alpha$。信源节点在两个阶段都要向中继节点和信宿节点发送信号，因此信源节点的总功率将被分为两部分进行传输，用 $P_S^{(1)}$ 表示信源节点在中继节点仅接收阶段的传输功率，并用 $P_S^{(2)}$ 表示信源节点在 FD 阶段的传输功率。由于所提的传输方案将单位时间分为两个连续的阶段，因此信源节点在两个阶段有效的传输功率分别为 $P_S^{(1)}/(1-\alpha)$ 和 $P_S^{(2)}/\alpha$。

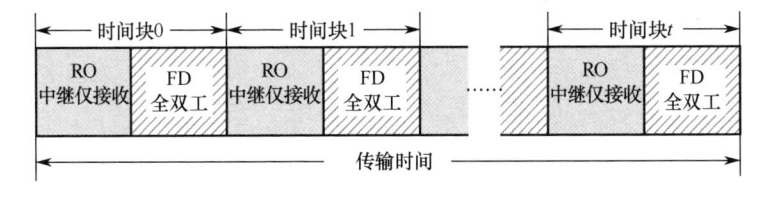

图 3-2 新型混合双工传输方案时序结构

当中继—信宿链路信道条件差时，中继节点将受到较强的信号干扰，因此更多的时间将用于 RO 阶段传输，从而抑制自干扰的影响，提高系统的传输速率。特别地，这里所提出的混合双工传输方案可以进行模式选择，回退到半双工或全双工传输模式。例如，当 $\alpha=1$ 时，全双工占空比为 1，此时系统总是工作在全双工模式下；当 $P_\text{S}^{(2)}=0$ 时，信源节点仅在 RO 阶段发送信号，此时系统回退为半双工通信系统。

这里所提的混合双工传输方案具有普适性，可应用于节点处配备多天线或衰落信道等一般情况。事实上，所提方案中的块传输结构本身就非常适用于准静态衰落信道等衰落信道模型。

3.2.2 传输信号模型

本节具体阐述所提方案的传输信号模型，进一步推导系统传输速率的表达式，为协作通信系统提供理论指导。因为系统在每个块内的传输分为两个阶段，故需要分别对两个阶段的信号传输进行分析。

在 RO 阶段，中继节点关闭发射器，由信源节点向中继节点和信宿节点发送信号，在这个过程中，中继节点不会受到自干扰的影响。中继节点和信宿节点接收来自信源节点发送的信号及接收端的噪声，因而在中继节点处和信宿节点处的接收信号 $Y_\text{R}^{(1)}[t]$ 和 $Y_\text{D}^{(1)}[t]$ 可表示为

$$\begin{aligned} Y_\text{R}^{(1)}[t] &= X_\text{S}^{(1)}[t] + Z_\text{R}^{(1)}[t] \\ Y_\text{D}^{(1)}[t] &= X_\text{S}^{(1)}[t] + Z_\text{D}^{(1)}[t] \end{aligned} \quad (3\text{-}1)$$

式中，$X_\text{S}^{(1)}[t]$ 表示信源节点向中继节点和信宿节点发送的信号，$Z_\text{R}^{(1)}[t]$ 和 $Z_\text{D}^{(1)}[t]$ 分别表示中继节点和信宿节点处的噪声。

在 FD 阶段，信源节点传输信号给中继节点和信宿节点。同时，中继节点将上一个块内的解码信息重新编码调制后转发给信宿节点。在 FD 阶段中继节点同时发送和接收信号，中继节点会受到自干扰信号的影响。因此，中继节点接收的信号为信源节点发送的信号，与信源信号、中继发送信号均相独立的 RSI 信号，以及接收机噪声。信宿节点接收的信号为信源节点发送的信号、中继节点协助传输的信号及接收端的噪声。在这个阶段，中继节点接收的信号 $Y_\text{R}^{(2)}[t]$ 和信宿节点接收的信号 $Y_\text{D}^{(2)}[t]$ 分别表示为

$$Y_R^{(2)}[t] = X_S^{(2)}[t] + \tilde{X}_R^{(2)}[t] + Z_R^{(2)}[t] \tag{3-2}$$

$$Y_D^{(2)}[t] = X_S^{(2)}[t] + X_R^{(2)}[t] + Z_D^{(2)}[t] \tag{3-3}$$

式中，$X_S^{(2)}[t]$ 为信源节点在 FD 阶段发送的信号；$\tilde{X}_R^{(2)}[t]$ 为系统的 RSI，它是一个功率为 $\eta P_R^{(2)}$ 的高斯信号；$X_R^{(2)}[t]$ 为中继节点发送的信号；$Z_R^{(2)}[t]$ 和 $Z_D^{(2)}[t]$ 分别表示中继节点和信宿节点处的噪声。

3.2.3 传输速率分析

为满足新一代通信系统对传输速率日益增长的需求，针对本章所提混合双工传输方案，本节将传输速率作为核心性能指标进行深入分析。在此模型中，由于中继节点与信宿节点均涉及信号的接收与转发，传输速率的计算需要分为两部分讨论。

首先讨论中继节点处的数据速率。由于中继节点仅接收来自信源节点的信息，需要解码接收信号，并将解码信号编码调制后转发给信宿节点，所以系统的传输速率 R 不会大于信源—中继链路的数据传输速率 C_R。基于此，系统传输速率需满足如下不等式：

$$R \leqslant C_R \tag{3-4}$$

在每个块中，信源—中继链路在两个阶段均有信号传输。在 RO 阶段，中继节点接收信源节点以有效功率 $P_S^{(1)}/(1-\alpha)$ 发送的信号，同时受到接收端噪声的影响。在 FD 阶段，中继节点接收信源节点以有效功率 $P_S^{(2)}/\alpha$ 发送的信号，同时受到自干扰信号和噪声的影响。根据香农信道容量公式，信源—中继链路的总传输速率建模为

$$C_R = (1-\alpha)\log_2\left(1 + \frac{P_S^{(1)}}{1-\alpha} \cdot \frac{1}{N_R}\right) + \alpha\log_2\left(1 + \frac{P_S^{(2)}}{\alpha} \cdot \frac{1}{N_R + \eta P_R/\alpha}\right) \tag{3-5}$$

然后，基于马尔可夫编解码理论讨论信宿节点处的数据速率。系统的传输速率不会比信宿处的传输速率 C_D 大，即

$$R \leqslant C_D \tag{3-6}$$

为厘清 C_D，在块 1 之前引入块 0 协助分析。在块 1 的 FD 阶段，中继节点向信宿节点转发来自块 0 FD 阶段解码的信息，通过块 0 的传输后，信宿节点知道部分来自中继节点的信息 M'，这部分信息以速率 $\alpha \log_2(1+P_R/\alpha N_D)$ 在 FD 阶段转发给信宿节点。中继节点发送给信宿节点的信号 $X_R^{(2)}[t]$ 与信源节点发送的信号相互独立，因此当信宿节点在块 1 中解码来自信源的另一部分信息 M'' 时，可以将 $X_R^{(2)}[t]$ 视作干扰信号。因此 M'' 的传输速率为

$$I(X_S^{(1)}, X_S^{(2)}; Y_D^{(1)}, Y_D^{(2)}) = (1-\alpha)\log_2\left(1+\frac{P_S^{(1)}}{1-\alpha}\cdot\frac{1}{N_D}\right) + \alpha \log_2\left(1+\frac{P_S^{(2)}/\alpha}{N_D+P_R/\alpha}\right) \tag{3-7}$$

式中，$I(\cdot;\cdot)$ 表示互信息。

结合 M' 和 M''，信宿节点可以恢复出原始信号。信宿节点处的接收速率为

$$\begin{aligned}C_D &= \alpha\log_2\left(1+\frac{P_R}{\alpha}\cdot\frac{1}{N_D}\right) + I(X_S^{(1)}, X_S^{(2)}; Y_D^{(1)}, Y_D^{(2)}) \\ &= (1-\alpha)\log_2\left(1+\frac{P_S^{(1)}}{1-\alpha}\cdot\frac{1}{N_D}\right) + \alpha\log_2\left(1+\frac{P_S^{(2)}+P_R}{\alpha N_D}\right)\end{aligned} \tag{3-8}$$

信宿节点在解码 $X_S^{(2)}[t]$ 信号后，可以从接收信号中消除此信号，然后以速率 $\alpha\log_2(1+P_R/\alpha N_D)$ 解码 $X_R^{(2)}[t]$，也就是中继节点协助传输给信宿节点的信息，这为后续块中对信源节点信号的解码提供了一个可持续的前向滑动窗口：在块 $t-1$ 中解码的来自中继节点的信号，在块 t 的 FD 阶段进行转发。因此，在马尔可夫传输框架中，中继节点可容忍小于 RO 阶段时间长度的信号处理延迟。有足够多的块后，额外的块 0 带来的数据速率损失可变得任意小。具体而言，N 个块的等效速率降低为 $RN/(N+1)$。

综合考虑系统传输速率需要满足的两个条件式（3-4）和式（3-6），其传输速率可表示为

$$R = \min\{C_R, C_D\} \tag{3-9}$$

3.3 基于解码转发的混合双工中继系统性能

在探讨提升传统通信系统性能的过程中，传输速率作为核心衡量指标，其增益对于满足多样化应用需求至关重要。特别是在中继通信系统模型中，优化资源分配策略成为实质性提升传输速率的关键途径。本节聚焦于资源分配的优化策略，从局部最优与全局最优两个视角出发，深入阐述如何通过精细的资源调配来实现通信系统传输速率的最大化。这一探讨有益于指导如何在复杂通信环境中，通过资源分配策略使系统效率与性能最优。

3.3.1 最大化传输速率建模

在通信系统的设计中，追求高传输速率以匹配实际应用需求是核心目标之一。在信源发射功率受限的情况下，通过优化资源分配策略来实现传输速率的最大化显得尤为重要。因此，针对已建立的通信模型，可通过联合优化信源功率分配和占空比使可达速率最大化。可列优化问题如下：

$$\mathcal{P}: \max_{P_S^{(1)},P_S^{(2)},\alpha} R \\ \text{s.t.} \quad P_S^{(1)} + P_S^{(2)} = P_S \\ \alpha \in [0,1] \tag{3-10}$$

由式（3-9）可知，此问题的目标函数实际上是 C_R 和 C_D 的最小函数，而 C_R 和 C_D 均与全双工占空比 α 和信源功率分配 $(P_S^{(1)}, P_S^{(2)})$ 相关，因此可以将可达速率 R 表示为 $R(P_S^{(1)}, P_S^{(2)}, \alpha)$。注意到优化传输速率的资源分配问题，实质上是一个多变量优化问题，想要直接得到全局最优全双工占空比 α^{**} 和信源功率分配 $P_S^{**} = (P_S^{(1)**}, P_S^{(2)**})$ 较为困难。为解决此问题，这里设计了两步优化方法，通过将此多变量问题转换为单变量问题进行求解，具体步骤如图 3-3 所示。

```
┌─────────────────────────────────────────┐
│  原始优化目标函数 $R(P_S^{(1)}, P_S^{(2)}, \alpha)$  │
└─────────────────────────────────────────┘
          │
┌─────────────────────────────────────────┐
│ 优化第一步：                                │
│   ┌─────────────────────────────┐       │
│   │    固定全双工占空比 $\alpha$        │       │
│   └─────────────────────────────┘       │
│   ┌─────────────────────────────┐       │
│   │ 优化目标变为 $R(P_S^{(1)}, P_S^{(2)})$ │       │
│   └─────────────────────────────┘       │
│   ┌─────────────────────────────────────┐│
│   │ 求解最优 $P_S^*(\alpha) := R(P_S^{(1)*}(\alpha), P_S^{(2)*}(\alpha))$ │
│   └─────────────────────────────────────┘│
└─────────────────────────────────────────┘
          │
┌─────────────────────────────────────────┐
│ 优化第二步：                                │
│   ┌─────────────────────────────────────┐│
│   │ 优化目标变为 $R(P_S^{(1)*}(\alpha), P_S^{(2)*}(\alpha), \alpha)$ │
│   └─────────────────────────────────────┘│
│   ┌─────────────────────────────────────┐│
│   │ 求解最优 $(P_S^{(1)**}, P_S^{(2)**}) = (P_S^{(1)**}(\alpha^{**}), P_S^{(2)**}(\alpha^{**}))$ │
│   └─────────────────────────────────────┘│
└─────────────────────────────────────────┘
```

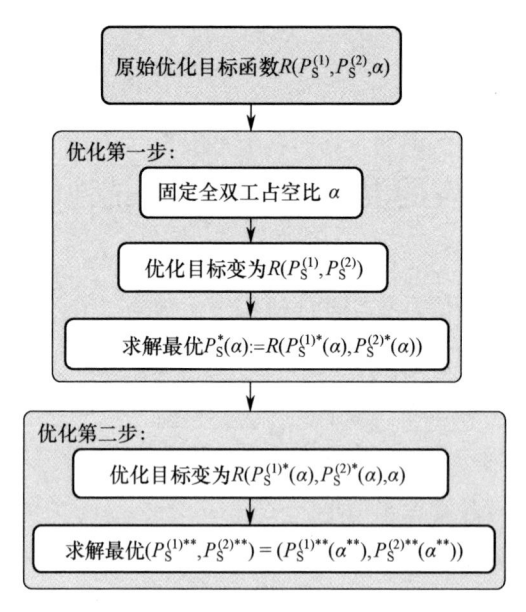

图 3-3 优化问题的两步求解法

具体来讲，优化的第一步为固定全双工占空比 α，求局部最优信源功率分配。此时，优化问题变为与信源功率分配有关的单一变量问题。求得的最优信源功率分配必然与全双工占空比 α 有关。通过第一步，可以得到不同占空比下对应的最优功率分配。第二步，对每个占空比都采用局部最优功率分配，此时传输速率变为 $R(P_S^{(1)*}(\alpha), P_S^{(1)*}(\alpha), \alpha)$。即原优化问题变为仅与全双工占空比 α 有关的优化问题。通过优化占空比 α，可以得到最大传输速率 $R(P_S^{(1)**}(\alpha^{**}), P_S^{(1)**}(\alpha^{**}), \alpha^{**})$。

3.3.2 最大化传输速率分析

第一步，固定两个传输阶段的占空比，可以得到每个占空比对应的局部最优信源功率分配。特别地，若能得到最优 $P_S^{(2)}$，即可根据等式约束获得最优 $P_S^{(1)}$。

在固定占空比之后，优化问题变为改变信源在两个阶段的功率分配，从而获得最大的传输速率。观察发现，提高 C_R 和 C_D，对应二者的最小值也会得到提升，进而能提高传输速率。因此，在优化的第一步给定全双工占空比后，原优化问题转变为如下两个使信道容量最大化的优化子问题：

$$\mathcal{P}_\text{R}: \max_{P_\text{S}^{(1)}, P_\text{S}^{(2)}} C_\text{R},$$
$$\text{s.t. } P_\text{S}^{(1)} + P_\text{S}^{(2)} = P_\text{S}$$
$$\mathcal{P}_\text{D}: \max_{P_\text{S}^{(1)}, P_\text{S}^{(2)}} C_\text{D}, \quad (3\text{-}11)$$
$$\text{s.t. } P_\text{S}^{(1)} + P_\text{S}^{(2)} = P_\text{S}$$

通过如下命题，可以得到分别使 C_R 和 C_D 最大的功率分配方案。

命题 3.1：在固定全双工占空比 α 的条件下，使 C_R 和 C_D 最大的最优功率分配 $(P_\text{S,R}^{(1)}, P_\text{S,R}^{(2)})$ 和 $(P_\text{S,D}^{(1)}, P_\text{S,D}^{(2)})$ 表示为

$$P_\text{S,R}^{(1)} = P_\text{S} - [\alpha(P_\text{S} + \eta P_\text{R}) - \eta P_\text{R}]^+ \quad (3\text{-}12)$$

$$P_\text{S,R}^{(2)} = [\tilde{P}_\text{S,R}^{(2)}]^+ := [\alpha(P_\text{S} + \eta P_\text{R}) - \eta P_\text{R}]^+ \quad (3\text{-}13)$$

$$P_\text{S,D}^{(1)} = P_\text{S} - [\alpha(P_\text{S} + P_\text{R}) - P_\text{R}]^+ \quad (3\text{-}14)$$

$$P_\text{S,D}^{(2)} = [\tilde{P}_\text{S,D}^{(2)}]^+ := [\alpha(P_\text{S} + P_\text{R}) - P_\text{R}]^+ \quad (3\text{-}15)$$

式中，$[x]^+$ 表示 x 与 0 之间的最大值。

证明：参见本章附录。

基于命题 3.1，可得到分别使 C_R 和 C_D 最大的功率分配结果，对于原始优化问题，需要分析联合最优功率分配解，使 R 最大。利用下面的定理 3.1，可以得到固定传输占空比对应的局部最优功率分配方案。

定理 3.1：固定全双工占空比 α 的局部最优功率分配分为以下几种情况：

（1）如果 $C_\text{R}(P_\text{S,R}^{(2)}) \leqslant C_\text{D}(P_\text{S,R}^{(2)})$，那么 $P_\text{S}^{(2)*}(\alpha) = P_\text{S,R}^{(2)}$ 且 $R^*(\alpha) = C_\text{R}(P_\text{S,R}^{(2)})$。

（2）如果 $C_\text{D}(P_\text{S,D}^{(2)}) \leqslant C_\text{R}(P_\text{S,D}^{(2)})$，那么 $P_\text{S}^{(2)*}(\alpha) = P_\text{S,D}^{(2)}$ 且 $R^*(\alpha) = C_\text{D}(P_\text{S,D}^{(2)})$。

（3）否则，存在唯一的 $P_\text{S,RD}^{(2)} \in (P_\text{S,D}^{(2)}, P_\text{S,R}^{(2)})$ 满足 $C_\text{R}(P_\text{S,RD}^{(2)}) = C_\text{D}(P_\text{S,RD}^{(2)})$，那么 $P_\text{S}^{(2)*}(\alpha) = P_\text{S,RD}^{(2)}$ 且 $R^*(\alpha) = C_\text{D}(P_\text{S,RD}^{(2)})$。

证明：固定全双工占空比后，优化问题的目标函数是系统的传输速率，自

变量为信源在两个阶段的功率分配。由于传输速率与 C_R 和 C_D 均相关，因此从讨论 R 关于信源功率分配的变化关系，转为分析 C_R 和 C_D 关于信源功率分配的变化关系。

首先讨论使 C_R 和 C_D 最大的功率分配关系。将式（3-15）与式（3-13）相减，可以得到

$$\tilde{P}_{S,D}^{(2)} - \tilde{P}_{S,R}^{(2)} = \alpha(P_S + P_R) - P_R - \alpha(P_S + \eta P_R) + \eta P_R \leqslant 0 \qquad (3\text{-}16)$$

可知，使 C_R 最大的 FD 阶段信源功率分配不大于使 C_D 最大的 FD 阶段信源功率分配。换句话说，随着 FD 阶段信源功率的增加，C_D 先达到其最大值，C_R 随后达到其最大值。

当信源功率 P_S 比较大时，使 C_R 和 C_D 最大的信源功率分配均为正值，即 $P_{S,D}^{(2)} \leqslant P_{S,R}^{(2)}$。由命题 3.1 可知，$\tilde{P}_{S,D}^{(2)}$ 和 $\tilde{P}_{S,R}^{(2)}$ 随 P_S 连续变化。当 P_S 逐渐减小时，$P_{S,D}^{(2)}$ 先趋于 0。随着 P_S 继续减小，$\tilde{P}_{S,D}^{(2)}$ 始终为 0，随后 $P_{S,R}^{(2)}$ 变为 0。结合所有情况，$P_{S,D}^{(2)} \leqslant P_{S,R}^{(2)}$ 始终成立。

进一步描述 C_R 和 C_D 随 P_S 的变化情况，即 C_R 和 C_D 关于 P_S 的单调性。此单调性可以用一阶导数进行分析。根据信源总功率约束，将 $P_S^{(1)} = P_S - P_S^{(2)}$ 代入 C_R 的表达式，并对其求一阶偏导，可以得到

$$\begin{aligned} C_R'(P_S^{(2)}) &= \alpha \cdot \frac{1}{1 + \dfrac{P_S^{(2)}}{\alpha(N_R + \eta P_R / \alpha)}} \cdot \frac{1}{\alpha(N_R + \eta P_R / \alpha)} + \frac{1}{1 + \dfrac{P_S - P_S^{(2)}}{(1-\alpha)N_R}} \cdot \frac{-1}{N_R} \\ &= \frac{\tilde{P}_{S,R}^{(2)} - P_S^{(2)}}{(\alpha N_R + \eta P_R + P_S^{(2)})((1-\alpha)N_R + P_S - P_S^{(2)})} \end{aligned} \qquad (3\text{-}17)$$

分析上式，分母始终为正；而对于分子，当信源功率分配小于等于 $P_{S,R}^{(2)}$，即 $P_S^{(2)} < \tilde{P}_{S,R}^{(2)}$（$P_S^{(2)} > \tilde{P}_{S,R}^{(2)}$）时，$C_R$ 关于 $P_S^{(2)}$ 的导数小于等于 0，即 C_R 先增加后减小。

同样，可以得到 C_D 关于 $P_S^{(2)}$ 的一阶导数，即

第3章 基于解码转发的混合双工中继通信

$$C'_D(P_S^{(2)}) = \alpha \cdot \frac{1}{1+\dfrac{P_S^{(2)}}{\alpha(N_D+P_R/\alpha)}} \cdot \frac{1}{\alpha(N_D+P_R/\alpha)} + \frac{1}{1+\dfrac{P_S-P_S^{(2)}}{(1-\alpha)N_D}} \cdot \frac{-1}{N_D}$$

$$= \frac{\tilde{P}_{S,D}^{(2)} - P_S^{(2)}}{(\alpha N_D + \eta P_R + P_S^{(2)})((1-\alpha)N_D + P_S - P_S^{(2)})}$$

（3-18）

由上式可知，随着 $P_S^{(2)}$ 的增加，C_D 先增加到最大值然后减小。

通过以上分析，C_R 和 C_D 关于 $P_S^{(2)}$ 的变化关系已然明确。随着 $P_S^{(2)}$ 的增加，C_R 和 C_D 均先增加再逐渐减小。结合使 C_R 和 C_D 最大的信源功率分配关系可知，随着 $P_S^{(2)}$ 的增加，C_D 先达到最大值，然后开始减小，此时 C_R 还在增加；当 C_R 达到最大值后，C_R 和 C_D 都逐渐减小。即当 $0 \leqslant P_S^{(2)} < P_{S,D}^{(2)}$ 时，C_R 和 C_D 都递增；当 $P_{S,D}^{(2)} \leqslant P_S^{(2)} \leqslant P_{S,R}^{(2)}$ 时，C_R 递增而 C_D 递减；当 $P_{S,R}^{(2)} < P_S^{(2)} \leqslant P_S$ 时，C_R 和 C_D 都递减。据此可以将 C_R 和 C_D 关于信源功率分配的变化分为三个区间。

分析第一个区间，当 $0 \leqslant P_S^{(2)} < P_{S,D}^{(2)}$ 时，随着 $P_S^{(2)}$ 的增加，C_R 和 C_D 都单调递增，即可以得出 $C_R(P_S^{(2)}) < C_R(P_{S,D}^{(2)})$ 和 $C_D(P_S^{(2)}) < C_D(P_{S,D}^{(2)})$ 成立，进而下式成立：

$$\max_{0 \leqslant P_S^{(2)} < P_{S,D}^{(2)}} \min\{C_R, C_D\} < \max_{0 \leqslant P_S^{(2)} < P_{S,D}^{(2)}} \min\{C_R(P_{S,D}^{(2)}), C_D(P_{S,D}^{(2)})\}$$
$$= \min\{C_R(P_{S,D}^{(2)}), C_D(P_{S,D}^{(2)})\}$$

（3-19）

式中，不等式成立是由 C_R 和 C_D 关于 $P_S^{(2)}$ 的单调性得出的，而等式成立是因为 $C_R(P_{S,D}^{(2)})$ 和 $C_D(P_{S,D}^{(2)})$ 的取值为定值。

对于第三个区间，当 $P_{S,R}^{(2)} < P_S^{(2)} \leqslant P_S$ 时，C_R 和 C_D 都是单调递减的，即一旦有 $C_R(P_S^{(2)}) < C_R(P_{S,R}^{(2)})$ 和 $C_D(P_S^{(2)}) < C_D(P_{S,R}^{(2)})$ 成立，则可以得到

$$\max_{P_{S,R}^{(2)} < P_S^{(2)} \leqslant P_S} \min\{C_R, C_D\} < \max_{P_{S,R}^{(2)} < P_S^{(2)} \leqslant P_S} \min\{C_R(P_{S,R}^{(2)}), C_D(P_{S,R}^{(2)})\}$$
$$= \min\{C_R(P_{S,R}^{(2)}), C_D(P_{S,R}^{(2)})\}$$

（3-20）

结合式（3-19）和式（3-20），可以得出最优信源功率分配介于使 C_R 和

C_D 最大的功率分配 $P_\mathrm{S,R}^{(2)}$ 和 $P_\mathrm{S,D}^{(2)}$ 之间，即第二个区间之内，因此，$P_\mathrm{S}^{(2)*}(\alpha) \in [P_\mathrm{S,D}^{(2)}, P_\mathrm{S,R}^{(2)}]$。

下面结合信源功率分配在可行区间端点值对应的信道容量大小，分析 C_R 和 C_D 之间的关系。注意，当 $P_\mathrm{S}^{(2)} \in [P_\mathrm{S,D}^{(2)}, P_\mathrm{S,R}^{(2)}]$ 时，C_R 在 $P_\mathrm{S,R}^{(2)}$ 处取得最大值，而 C_D 在 $P_\mathrm{S,D}^{(2)}$ 处取得最大值。

首先分析第一种情况，当 $P_\mathrm{S}^{(2)}$ 取值为最右端点值，即 $P_\mathrm{S}^{(2)} = P_\mathrm{S,R}^{(2)}$ 时，$C_\mathrm{R}(P_\mathrm{S,R}^{(2)}) \leqslant C_\mathrm{D}(P_\mathrm{S,R}^{(2)})$。此情况下，在信源功率分配的可取值区间内，$C_\mathrm{R}$ 始终小于 C_D，传输速率的取值为 C_R。这使 C_R 最大的信源功率分配为区间右端点值，对应的最大传输速率为 $C_\mathrm{R}(P_\mathrm{S,R}^{(2)})$。定理 3.1 的情况（1）得证。

第二种情况，当 $P_\mathrm{S}^{(2)}$ 取值为最左端点值，即 $P_\mathrm{S}^{(2)} = P_\mathrm{S,D}^{(2)}$ 时，$C_\mathrm{R}(P_\mathrm{S,D}^{(2)}) \geqslant C_\mathrm{D}(P_\mathrm{S,D}^{(2)})$。此情况下，在信源功率分配的可取值区间内，$C_\mathrm{D}$ 始终小于 C_R，传输速率的取值为 C_D。这使 C_D 最大的信源功率分配为区间左端点值，对应的最大传输速率为 $C_\mathrm{D}(P_\mathrm{S,D}^{(2)})$。定理 3.1 的情况（2）得证。

第三种情况，C_R 和 C_D 随信源功率分配的函数一定存在唯一交点。此时，使系统传输速率最大的功率分配取值为此交点。定理 3.1 的情况（3）得证。

证毕。

优化的第二步是在已知局部最优信源功率分配后，通过改变全双工占空比 α，使系统传输速率最大，此时优化问题转为单变量优化问题。接下来先探讨 C_R 和 C_D 随全双工占空比 α 的变化关系及对应的传输速率表达式。

结合定理 3.1 中的三种情况可知，固定占空比 α 后，对应优化信源功率分配后的传输速率一定是 $C_\mathrm{R}(P_\mathrm{S,R}^{(2)})$ 或 $C_\mathrm{D}(P_\mathrm{S,D}^{(2)})$。因此，首先分析 $C_\mathrm{R}(P_\mathrm{S,R}^{(2)})$ 和 $C_\mathrm{D}(P_\mathrm{S,D}^{(2)})$ 随占空比 α 的变化关系。

已知 $P_\mathrm{S,R}^{(2)}$ 和 $P_\mathrm{S,D}^{(2)}$ 与信源功率大小有关，且 $P_\mathrm{S,R}^{(2)}$ 和 $P_\mathrm{S,D}^{(2)}$ 取值有可能为 0 或正值，故对应的 $C_\mathrm{R}(P_\mathrm{S,R}^{(2)})$ 或 $C_\mathrm{D}(P_\mathrm{S,D}^{(2)})$ 的表达式会变得不同，所以需要分情况讨论。当 $\tilde{P}_\mathrm{S,R}^{(2)}$ 和 $\tilde{P}_\mathrm{S,D}^{(2)}$ 取值有正有负时，使 $\tilde{P}_\mathrm{S,R}^{(2)} = 0$ 和 $\tilde{P}_\mathrm{S,D}^{(2)} = 0$ 的全双工占空比 α 分别定义为

$$\alpha_R = \frac{\eta P_R}{P_S + \eta P_R} \quad (3\text{-}21)$$

$$\alpha_D = \frac{P_R}{P_S + P_R} \quad (3\text{-}22)$$

当 $0 \leqslant \eta < 1$ 时，显然有 $\alpha_R < \alpha_D$ 成立。

$C_R(P_{S,R}^{(2)})$ 或 $C_D(P_{S,D}^{(2)})$ 随占空比 α 的变化分情况讨论如下。

命题 3.2：随着占空比 α 的增加，最优信源功率分配下的信道容量 $C_R(P_{S,R}^{(2)})$ 是单调递减的。

证明：见本章附录。

命题 3.3：当 $0 \leqslant \alpha < \alpha_D$ 时，$C_D(P_{S,D}^{(2)})$ 随 α 单调递增。否则，$C_D(P_{S,D}^{(2)})$ 关于 α 为一固定值。

证明：见本章附录。

3.3.3 最大化传输速率

通过前文分析已获知了每个占空比取值对应的局部最优信源功率分配，以及两个信道容量随占空比的变化关系。因此，本节进一步讨论最优的占空比方案及所提混合双工传输方案的的最大可达速率。

为找到使系统传输速率最大的全双工占空比 α^{**}，本节将 α 也视为 C_R 和 C_D 的变量，即 $C_R(P_S^{(2)}, \alpha)$ 和 $C_D(P_S^{(2)}, \alpha)$。当信源总功率不够大时，$P_{S,R}^{(2)}$ 和 $P_{S,D}^{(2)}$ 取值均为 0，当信源总功率增加到一定阈值后，$P_{S,R}^{(2)}$ 和 $P_{S,D}^{(2)}$ 取值大于 0。当两个局部最优信源功率分配为 0 时，$C_R(P_{S,R}^{(2)}, \alpha)$ 和 $C_D(P_{S,D}^{(2)}, \alpha)$ 表示为

$$C_R(0, \alpha) = (1-\alpha)\log_2\left(1 + \frac{P_S}{(1-\alpha)N_R}\right) \quad (3\text{-}23)$$

$$C_D(0, \alpha) = \alpha\log_2\left(1 + \frac{P_R}{\alpha N_D}\right) + (1-\alpha)\log_2\left(1 + \frac{P_S}{(1-\alpha)N_D}\right) \quad (3\text{-}24)$$

式中，$C_R(0,\alpha)$ 和 $C_D(0,\alpha)$ 分别关于 α 单调递减和递增，且 $C_R(0,0) \geqslant C_D(0,0)$。如果对于某个特定的 $\alpha \in (0,1]$ 有不等式 $C_R(0,\alpha) < C_D(0,\alpha)$ 成立，则一定存在唯一的占空比 $\tilde{\alpha} \in [0,\alpha)$ 满足

$$C_R(0,\tilde{\alpha}) = C_D(0,\tilde{\alpha}) \tag{3-25}$$

通过以上分析可知，全局最优全双工占空比 α^{**} 和最优的信源功率分配可由定理 3.2 给出。

定理 3.2：全局最优解 $(P_S^{(2)**}, \alpha^{**})$ 和最大传输速率 R^{**} 满足：

（1）当 $C_R(0,\alpha_D) \geqslant C_D(0,\alpha_D)$ 时，$\alpha^{**} = \alpha_D$，$P_S^{(2)**} = 0$，$R^{**} = \log_2[1 + (P_S + P_R)/N_D]$。

（2）当 $C_R(0,\alpha_R) < C_D(0,\alpha_R)$ 时，$\alpha^{**} = \tilde{\alpha}$，$P_S^{(2)**} = 0$，且

$$R^{**} = (1-\tilde{\alpha})\log_2\left(1 + \frac{P_S}{(1-\tilde{\alpha})N_R}\right) \tag{3-26}$$

（3）除（1）（2）之外，$\alpha^{**} = \arg\max_{\alpha \in [\tilde{\alpha},1]} \min\{C_R(P_S^{(2)*}(\alpha),\alpha), C_D(P_S^{(2)*}(\alpha),\alpha)\}$，$P_S^{(2)**} = P_S^{(2)*}(\alpha^{**})$，$R^{**} = \min\{C_R(P_S^{(2)*}(\alpha^{**}),\alpha^{**}), C_D(P_S^{(2)*}(\alpha^{**}),\alpha^{**})\}$。

证明：随着全双工占空比 α 的增加，当 α 取 α_R 和 α_D 时，C_R 和 C_D 对应的局部最优信源功率分配由 0 变为正值，因此 C_R 和 C_D 之间的关系可用特殊全双工占空比对应的值讨论。已知 $\alpha_R < \alpha_D$，$C_R(P_S^{(2)},\alpha)$ 递减，$C_D(P_S^{(2)},\alpha)$ 先递增后保持恒定，故可进一步分情况讨论。

当 $C_R(0,\alpha_D) \geqslant C_D(0,\alpha_D)$ 时，下式成立：

$$\begin{aligned} R^{**} &= \max_{\alpha \in [0,1], P_S^{(2)} \in [0,P_S]} \min\{C_R, C_D\} \geqslant \min_{\alpha \in [0,1], P_S^{(2)} \in [0,P_S]} \{C_R, C_D\} \\ &\geqslant \min\{C_R(0,\alpha_D), C_D(0,\alpha_D)\} = C_D(0,\alpha_D) \end{aligned} \tag{3-27}$$

同时注意到，根据命题 3.1 和命题 3.3，还有如下关系：

$$R^{**} = \max_{\alpha \in [0,1], P_S^{(2)} \in [0,P_S]} \min\{C_R, C_D\} \leqslant \max_{\alpha \in [0,1], P_S^{(2)} \in [0,P_S]} C_D(P_S^{(2)},\alpha) = C_D(0,\alpha_D) \tag{3-28}$$

第3章 基于解码转发的混合双工中继通信

根据以上 $R^{**} \geq C_D(0,\alpha_D)$ 和 $R^{**} \leq C_D(0,\alpha_D)$ 进行左右逼近，可以推导出此条件下最优的传输速率 $R^{**} = \log_2[1+(P_S+P_R)/N_D]$，对应的最优全双工占空比 $\alpha^{**} = \alpha_D$ 和最优信源功率分配 $P_S^{(2)**} = 0$。定理 3.2 的情况（1）得证。

当 $C_R(0,\alpha_R) \leq C_D(0,\alpha_R)$ 成立时，一定存在唯一的占空比 $\tilde{\alpha} \in [0,\alpha_R)$ 满足式（3-25）。因为，一方面有

$$\begin{aligned}
R^{**} &= \max_{\alpha \in [0,1], P_S^{(2)} \in [0,P_S]} \min\{C_R, C_D\} \geq \min_{\alpha \in [0,1], P_S^{(2)} \in [0,P_S]} \{C_R, C_D\} \\
&\geq \min\{C_R(0,\tilde{\alpha}), C_D(0,\tilde{\alpha})\} = C_R(0,\tilde{\alpha})
\end{aligned} \quad (3\text{-}29)$$

另一方面有

$$\begin{aligned}
R^{**} &= \max\left\{ \max_{\alpha \in [0,\tilde{\alpha}], P_S^{(2)} \in [0,P_S]} \min\{C_R, C_D\}, \max_{\alpha \in [\tilde{\alpha},1], P_S^{(2)} \in [0,P_S]} \min\{C_R, C_D\} \right\} \\
&\leq \max\left\{ \max_{\alpha \in [0,\tilde{\alpha}], P_S^{(2)} \in [0,P_S]} C_D(P_S^{(2)},\alpha), \max_{\alpha \in [\tilde{\alpha},1], P_S^{(2)} \in [0,P_S]} C_R(P_S^{(2)},\alpha) \right\} \\
&= \max\left\{ C_D(0,\tilde{\alpha}), \max_{\alpha \in [\tilde{\alpha},1], P_S^{(2)} \in [0,P_S]} C_R(P_S^{(2)},\alpha) \right\} \\
&= \max\{C_R(0,\tilde{\alpha}), C_D(0,\tilde{\alpha})\} = C_R(0,\tilde{\alpha})
\end{aligned} \quad (3\text{-}30)$$

式中，第一个等式源于命题 3.1 和命题 3.3，第二个等式源于命题 3.2。可知在这种情况下，最大传输速率 $R^{**} = C_R(0,\tilde{\alpha}) = (1-\tilde{\alpha})\log_2[1+P_S/(1-\tilde{\alpha})N_R]$，对应的最优全双工占空比 $\alpha^{**} = \tilde{\alpha}$ 和最优信源功率分配 $P_S^{(2)**} = 0$。因此，定理 3.2 的情况（2）成立。

当系统不满足以上两种情况时，有 $C_R(0,\alpha_D) < C_D(0,\alpha_D)$ 和 $C_R(0,\alpha_R) > C_D(0,\alpha_R)$ 成立，则 (α_R,α_D) 中存在唯一的 $\tilde{\alpha}$ 满足式（3-25）。根据定理 3.1，对于 $0 \leq \alpha \leq \tilde{\alpha}$，$R^*(\alpha) = C_D(0,\alpha)$。根据式（3-25）可以得出

$$\max_{0 \leq \alpha \leq \tilde{\alpha}} R^*(\alpha) = C_D(0,\tilde{\alpha}) = C_R(0,\tilde{\alpha}) \quad (3\text{-}31)$$

相应地，有下式成立：

$$R^{**} = \max\left\{\max_{\alpha\in[\tilde{\alpha},1], P_S^{(2)}\in[0,P_S]} \min\{C_R, C_D\}, \max_{\alpha\in[\tilde{\alpha},1], P_S^{(2)}\in[0,P_S]} \min\{C_R, C_D\}\right\} \quad (3\text{-}32)$$
$$= \max_{\alpha\in[\tilde{\alpha},1]} \min\{C_R(P_S^{(2)*}(\alpha), \alpha), C_D(P_S^{(2)*}(\alpha), \alpha)\}$$

定理 3.2 的情况（3）也证明完毕。

综上所述，定理 3.2 证明完毕。

可以注意到，$C_R(0, \alpha_D) \geqslant C_D(0, \alpha_D)$ 可以记为

$$\frac{P_S}{P_S + P_R}\log_2\left(1 + \frac{P_S + P_R}{N_R}\right) \geqslant \log_2\left(1 + \frac{P_S + P_R}{N_D}\right) \quad (3\text{-}33)$$

类似地，$C_R(0, \alpha_R) \leqslant C_D(0, \alpha_R)$ 可以记为

$$\log_2\left(1 + \frac{P_S + \eta P_R}{N_R}\right) \leqslant \log_2\left(1 + \frac{P_S + \eta P_R}{\eta N_D}\right) + \frac{\eta P_R}{P_S}\log_2\left(1 + \frac{P_S + \eta P_R}{N_D}\right) \quad (3\text{-}34)$$

如果式（3-33）和式（3-34）成立，根据定理 3.2 可知，此时全局最优功率分配 $P_S^{(2)**} = 0$，即信源的功率全部分配在 RO 阶段，信源只在第一阶段传输信号，所提混合双工传输方案回退到传统半双工传输方案，最大传输速率受割集上界的限制。

另外，当 $\alpha = 1$ 时，$P_{S,R}^{(2)} = P_{S,D}^{(2)} = P_S$，如果 $C_R(P_S, 1) \geqslant C_D(P_S, 1)$，即

$$\log_2\left(1 + \frac{P_S}{N_R + \eta P_R}\right) \geqslant \log_2\left(1 + \frac{P_S + P_R}{N_D}\right) \quad (3\text{-}35)$$

则根据命题 3.3，可以推导出下式：

$$C_D(P_S, 1) = \min\{C_R(P_S, 1), C_D(P_S, 1)\} \leqslant \max\min\{C_R, C_D\} \leqslant \max C_D = C_D(P_S, 1) \quad (3\text{-}36)$$

在这种情况下，可以得出全局最优功率分配 $P_S^{(2)**} = P_S$，最优全双工占空比 $\alpha^{**} = 1$，最优传输速率 $R^{**} = \log_2[1 + (P_S + P_R)/N_D]$，此时系统回退到全双工通信系统。

定理 3.2 描述了混合双工通信系统全局最优全双工占空比和信源功率分

配。对一个具体的传输系统而言，在输入系统传输参数后，可快速查阅是否符合式（3-33）和式（3-34）。如果式（3-33）成立，则最优全双工占空比 $\alpha^{**} = \alpha_D$，最优信源功率分配 $P_S^{(2)**} = 0$。如果式（3-34）成立，则最优全双工占空比 $\alpha^{**} = \tilde{\alpha}$ 且最优信源功率分配 $P_S^{(2)**} = 0$。除此之外，最优全双工占空比 α^{**} 可以在区间 $[\tilde{\alpha}, 1]$ 中搜索得到。通过以上方法，系统可以更快设置最优的参数以使传输速率最大化。

3.4 仿真结果与分析

本节对所提新型混合双工传输方案的传输速率进行仿真，并与经典混合双工、DF 半双工（HD）、DF 全双工（FD）、CF 全双工等基准方案实现的传输速率进行对比。特别地，用于比较的 HD 方案是一种两阶段传输方案。因此，用于比较的 HD 方案的速率是通过优化信源功率分配和占空比来实现的。最后，对不同 RSI 模型下的混合双工传输方案的传输速率进行性能对比，以凸显研究的广泛适用性。

图 3-4 展示了随中继—信宿链路信噪比变化，所提混合双工方案与其他方案可实现的传输速率的对比。仿真参数设置为 $P_S / N_R = 5 P_S / N_D \approx 17\,\text{dB}$，$\eta = 0.02$。如图 3-4 所示，当 $P_R / N_D > 12.4\,\text{dB}$ 时，所提混合双工传输方案的传输速率显著高于 HD、FD 及经典混合双工传输方案的传输速率，说明了所提混合双工传输方案对系统性能提升的有效性。当 $P_R / N_D = 24\,\text{dB}$ 时，所提混合双工传输方案的传输速率为 3.2057 bit/symbol，相较于经典混合双工传输方案的 3.1504 bit/symbol，提升了 1.8%。当 $P_R / N_D > 12\,\text{dB}$ 时，FD 的传输速率开始降低，因为随着中继—信宿链路信噪比的增加，中继节点处受到的 RSI 越来越大，对系统传输速率的抑制较为明显。当 $P_R / N_D < 12.4\,\text{dB}$ 时，所提混合双工传输方案与 FD 传输方案速率相同，此时回退到 FD 传输方案。

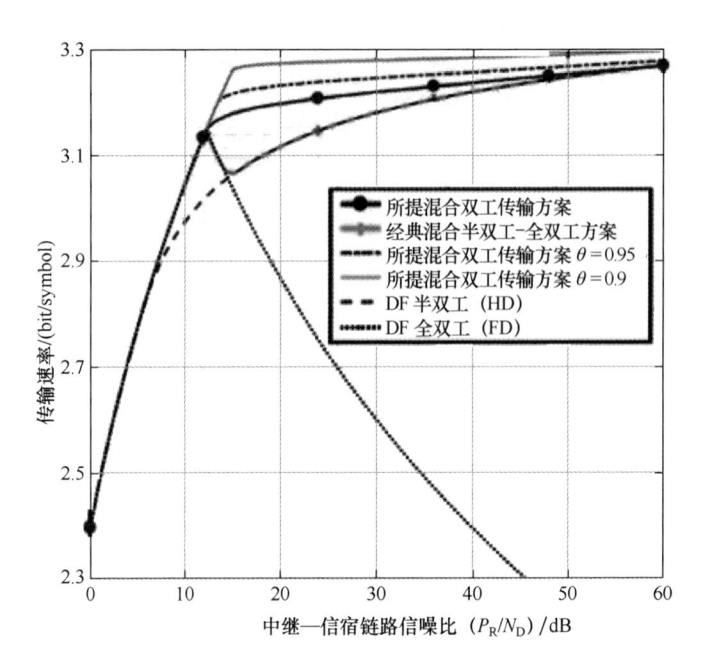

图 3-4 所提混合双工传输方案和其他方案实现的传输速率与中继—信宿链路信噪比的关系对比

图 3-5 展示了随着信源—中继链路信噪比的变化，所提混合双工传输方案与其他方案可实现的传输速率的对比。仿真参数设置为 $5P_S/N_D=P_S/N_R$，$P_R/N_D=10\text{ dB}$，$\eta=0.02$。特别地，与经过时间分配进行优化后的 HD 方案实现的最大传输速率进行了比较。从图 3-5 可以看出，不同方案的传输速率均随信源—中继链路信噪比的增加而增加，所提混合双工传输方案可以获得最佳的传输速率性能，即所提混合双工传输方案实现了对传输速率的有效提升。这是因为，所提方案能根据信道状态和优化方法，进行合理的全双工占空比和信源功率分配设定，从而可以有效地抑制 RSI 的影响，提升频谱效率。当 $P_S/N_R=20\text{ dB}$ 时，所提方案对应的传输速率为 2.5096 bit/symbol，此时 FD 和 HD 传输的速率分别为 2.3879 bit/symbol 和 2.3884 bit/symbol，即所提方案与 FD 和 HD 传输方案相比，速率提高了约 5.1%。从图 3-5 中还可以看出，当 $P_S/N_R>34\text{ dB}$ 和 $P_S/N_R<5\text{ dB}$ 时，所提方案的速率分别与 FD 传输和 HD 传输方案所实现的传输速率相同，即所提混合双工传输方案在一定范围内可回退到 FD 与 HD 传输两种传输方案。

图 3-6 展示了在不同 RSI 模型下，所提混合双工、FD 和 HD 传输方案实

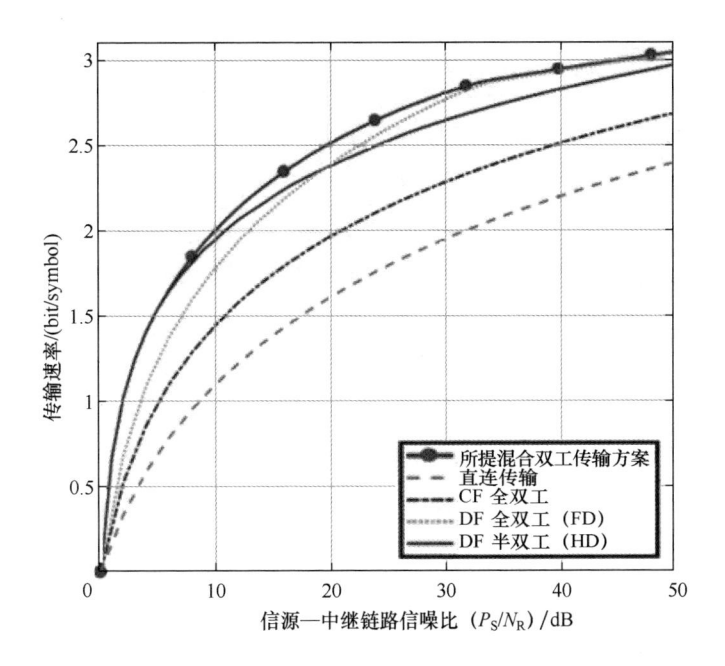

图 3-5 所提混合双工传输方案和其他方案实现的传输速率与信源—中继链路信噪比的关系对比

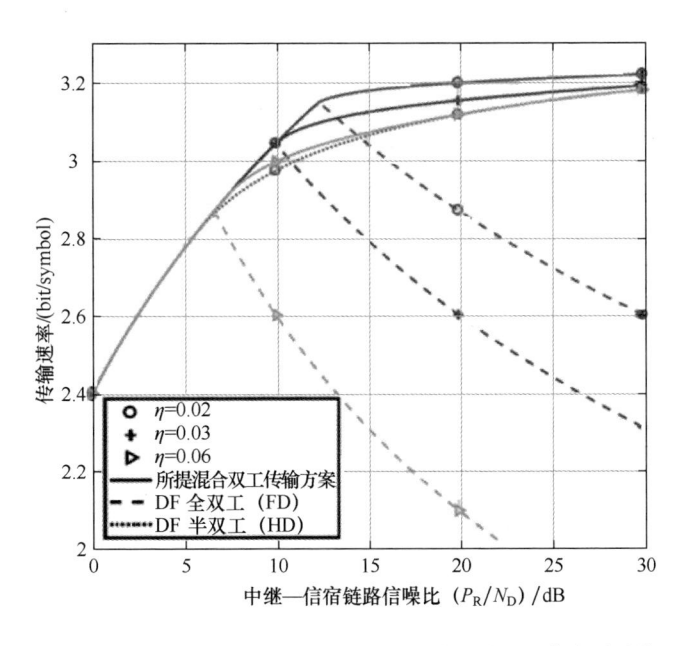

图 3-6 所提混合双工传输方案和其他方案实现的传输速率与中继—信宿链路信噪比的关系对比

现的传输速率随中继—信宿链路信噪比的关系对比。仿真参数设置为 $P_\mathrm{S}/N_\mathrm{R}=5P_\mathrm{S}/N_\mathrm{D}\approx 17\,\mathrm{dB}$，$\theta=1$。从图 3-6 中可以看出，对于不同的 η，DF 全双工传输方案有可能弱于 DF 半双工传输方案，这意味着可以通过所提方案来实现 DF 系统传输速率的提升。所提方案利用了全双工传输频谱效率高的优势，当 DF 全双工传输优于 DF 半双工传输时，所提方案就可利用全双工传输的优势。从图 3-6 中还可以看出，当 $\eta=0.06$ 时，全双工传输速率增益几乎消失，而所提混合双工传输方案依然可以提供一定的速率增益。当 $\eta=0.06$，$P_\mathrm{R}/N_\mathrm{D}=10\,\mathrm{dB}$ 时，所提方案与全双工传输方案的速率分别为 3.0149 bit/symbol 和 2.9131 bit/symbol，相对之下所提方案的速率提升了约 3.5%。

本章附录

命题 3.1 的证明

给定占空比后，改变功率分配从而实现最大传输速率的问题为一元优化问题，可以使用拉格朗日乘子法求解。对于 C_R 的优化问题，对应的拉格朗日函数表示为

$$L(P_{\mathrm{S,R}}^{(1)},P_{\mathrm{S,R}}^{(2)},\lambda_\mathrm{R})=\alpha\log_2\left(1+\frac{P_{\mathrm{S,R}}^{(2)}}{\alpha N_\mathrm{R}+\eta P_\mathrm{R}}\right)+(1-\alpha)\log_2\left(1+\frac{P_{\mathrm{S,R}}^{(1)}}{(1-\alpha)N_\mathrm{R}}\right)- \\ \lambda_\mathrm{R}\left(P_{\mathrm{S,R}}^{(1)}+P_{\mathrm{S,R}}^{(2)}-P_\mathrm{S}\right)\quad(3\text{-}37)$$

式中，λ_R 是与问题 $\mathcal{P}_\mathrm{R}$ 中的等式约束相关的拉格朗日乘子。

先将式（3-37）分别对 $P_{\mathrm{S,R}}^{(1)}$、$P_{\mathrm{S,R}}^{(2)}$ 和 λ_R 求偏导并令其为 0，可得

$$\frac{\partial L}{\partial P_{\mathrm{S,R}}^{(1)}}=\frac{1-\alpha}{1+\dfrac{P_{\mathrm{S,R}}^{(1)}}{(1-\alpha)N_\mathrm{R}}}\cdot\frac{1}{(1-\alpha)N_\mathrm{R}}-\lambda_\mathrm{R}=0 \quad(3\text{-}38)$$

$$\frac{\partial L}{\partial P_{S,R}^{(2)}} = \frac{\alpha}{1 + \dfrac{P_{S,R}^{(2)}}{\alpha N_R + \eta P_R}} \cdot \frac{1}{\alpha N_R + \eta P_R} - \lambda_R = 0 \quad (3\text{-}39)$$

$$\frac{\partial L}{\partial \lambda_R} = P_{S,R}^{(1)} + P_{S,R}^{(2)} - P_S = 0 \quad (3\text{-}40)$$

联合式（3-38）、式（3-39）和式（3-40），可以得出

$$P_{S,R}^{(1)} = (1-\alpha)(P_S + \eta P_R) \quad (3\text{-}41)$$

$$P_{S,R}^{(2)} = \alpha(P_S + \eta P_R) - \eta P_R \quad (3\text{-}42)$$

由于信源分配给两个阶段传输的功率均为非负值，所以优化的最终最优解为式（3-12）和式（3-13）。

类似地，C_D 优化问题的最优解也可以用拉格朗日乘子法求解，结果表示为式（3-14）和式（3-15）。

实际上，优化问题 $\mathcal{P}_{Node}$ 的解是在 RO 阶段和 FD 阶段之上的经典注水（Water-filling）解决方案，其根据信道状况，对发送功率进行自适应分配。根据已得的最优信源功率分配表达式，当信源总功率较大时，信源分配给两个阶段的功率均不为 0，此时 C_R 优化问题的"水位"为 $P_S + \eta P_R + N_R$，C_D 优化问题的"水位"为 $P_S + P_R + N_D$。

命题 3.2 的证明

当 $0 \leq \alpha < \alpha_R$ 时，$\tilde{P}_{S,R}^{(2)}$ 取负值，此时 $P_{S,R}^{(2)} = 0$，$P_{S,R}^{(1)} = P_S$。除此之外，$\tilde{P}_{S,R}^{(2)}$ 为正值，$P_{S,R}^{(2)} = \tilde{P}_{S,R}^{(2)}$。因此，$C_R(P_{S,R}^{(2)})$ 可以汇总为

$$C_R(P_{S,R}^2) = \begin{cases} C_R(0) = (1-\alpha)\log_2\left(1 + \dfrac{P_S}{(1-\alpha)N_R}\right) & 0 \leq \alpha < \alpha_R \\ \alpha\log_2\left(1 + \dfrac{P_S + \eta P_R - \eta P_R/\alpha}{N_R + \eta P_R/\alpha}\right) + (1-\alpha)\log_2\left(1 + \dfrac{P_S + \eta P_R}{N_R}\right) & \alpha_R \leq \alpha \leq 1 \end{cases} \quad (3\text{-}43)$$

已知信道容量的表达式后,用传统的求导方式分析信道容量随占空比的变化情况。当 $0 \leqslant \alpha < \alpha_R$ 时,$C_R(P_{S,R}^{(2)})$ 关于 α 的偏导数为

$$\frac{\partial C_R(P_{S,R}^{(2)})}{\partial \alpha} = -\log_2\left(1 + \frac{P_S}{(1-\alpha)N_R}\right) + (1-\alpha) \cdot \frac{1}{1 + \frac{P_S}{(1-\alpha)N_R}} \cdot \frac{P_S N_R}{([1-\alpha N_R])^2} \quad (3\text{-}44)$$

$$= h\left(1 + \frac{P_S}{(1-\alpha)N_R}\right)$$

式中,定义函数 $h(x) = -\log x + 1 - 1/x$。当 $x > 1$ 时,$h'(x) = -1/x + 1/x^2 < 0$ 且 $h(1) = 0$。因此,当 $x > 1$ 时,$h(x) < 0$ 成立。因此,当 $0 \leqslant \alpha < \alpha_R$ 时,式(3-44)小于 0 成立。

除此之外,当 $\alpha_R \leqslant \alpha \leqslant 1$ 时,$C_R(P_{S,R}^{(2)})$ 对 α 的偏导数为

$$\frac{\partial C_R(P_{S,R}^{(2)})}{\partial \alpha} = h\left(1 + \frac{\eta P_R / \alpha}{N_R}\right) \quad (3\text{-}45)$$

类似可知,式(3-45)小于 0 也成立。

综合以上两种情况,随着占空比 α 的增加,$C_R(P_{S,R}^{(2)})$ 单调递减。

命题 3.3 的证明

当 $0 \leqslant \alpha < \alpha_D$ 时,$P_{S,D}^{(2)} = 0$,此时

$$C_D(P_{S,D}^{(2)}) = C_D(0) = \alpha \log_2\left(1 + \frac{P_R}{\alpha N_D}\right) + (1-\alpha)\log_2\left(1 + \frac{P_S}{(1-\alpha)N_D}\right) \quad (3\text{-}46)$$

相应地,$C_D(P_{S,D}^{(2)})$ 对 α 的偏导数为

$$\frac{\partial C_D(P_{S,D}^{(2)})}{\partial \alpha} = h\left(1 + \frac{P_S}{(1-\alpha)N_D}\right) - h\left(1 + \frac{P_R}{\alpha N_D}\right) \quad (3\text{-}47)$$

此时,$\alpha < \alpha_D$ 成立,即 $P_S/[(1-\alpha)N_D] < P_R/[\alpha N_D]$ 成立。因此,式(3-47)大于 0。

第3章 基于解码转发的混合双工中继通信

当 $\alpha_D \leqslant \alpha \leqslant 1$ 时，$C_D(P_{S,D}^{(2)})$ 表示为

$$C_D(P_{S,D}^{(2)}) = \log_2\left(1 + \frac{P_S + P_R}{N_D}\right) \qquad (3\text{-}48)$$

在此情况下，$C_D(P_{S,D}^{(2)})$ 恒为常数。

第 4 章　基于压缩转发的全双工中继通信

为满足 6G 中新兴应用极高传输速率的要求,对于借助中继协作通信技术的无线通信系统,需要考虑更加复杂的信号传输、资源分配的调度方案。由于压缩转发(CF)协议不需要知道信源使用的码簿,因此它保证了信源—信宿链路通信的隐私,并在适配 6G 可靠通信场景中颇有应用前景。本章在 RSI 条件下,利用 CF 协议在每条链路调度时间上的灵活性,基于第 3 章所提的混合双工传输模型,提出一种新的基于 CF 协议的混合双工中继方案,并进行传输策略设计和性能分析。

4.1　传输方案概述

考虑一个包含信源节点、中继节点和信宿节点的三节点中继通信系统,其中信源节点在中继节点的帮助下向信宿节点传输信息。各节点之间存在三条高斯中继信道链路,即信源—中继(S-R)链路、信源—信宿(S-D)链路和中继—信宿(R-D)链路。为准确模拟实际通信环境中的信道特性,上述三条信道仍考虑建模为 AWGN 信道。为提高数据传输速率,允许中继节点采用全双工传输模式。但这种模式会在中继节点处引入自干扰信号。因此采用自干扰信号消除技术来保障中继节点获得尽可能纯净的信源节点信号。假设中继节点不知道信源节点和信宿节点之间使用的编码簿,且在中继节点处采用 CF 协议来处理所接收到的信源节点信号[61]。

为提高所考虑的高斯中继信道模型的信号传输速率,这里提出一种新的基于 CF 协议的混合双工中继方案。该方案与第 3 章所提方案相似,但由三个连续阶段组成，即中继仅接收（RO）阶段、全双工（FD）阶段和中继仅传输（Transmit-Only，TO）阶段，该方案的系统模型如图 4-1 所示。具体而言，在 RO 阶段，中继节点只接收信源节点信号和发射机噪声信号，停止发送信号；在 FD 阶段，中继节点同时接收和转发信号；而在 TO 阶段，中继节点仅转发压缩版本的信号而关闭其接收器。特别地，在块 $t-1$ 的中继 RO 阶段和 FD 阶段所量化压缩的信号索引号，在块 t 的 FD 阶段和 TO 阶段将其联合转发到信宿节点。因此，对中继—信宿链路的速率划分进行优化成为一种创新性技术，其能提高有限压缩信号传输信道的效用。三个阶段中信息传输的耦合使得推导系统可达速率的表达式极具挑战。通过仔细分析中继 RO 阶段和 FD 阶段的传输信号模型与量化误差，本章将明确地表征所提出的混合双工中继方案的信号传输速率。具体来讲，根据 Wyner-Ziv 编码理论，可给定该方案的率失真函数，进而推导出中继节点处的量化噪声功率，进一步得出所提出混合双工中继方案的参数优化方程，实现显著的速率增益。

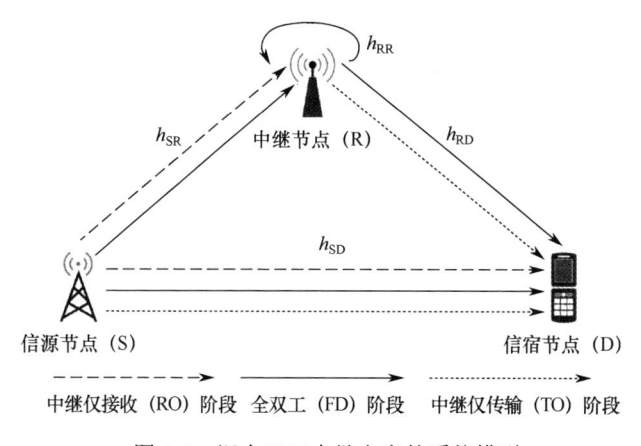

图 4-1　混合双工中继方案的系统模型

4.2　传输信号模型

在所提出的混合双工中继方案中，无论是中继节点还是信宿节点，在接收信号时都不可避免地会受到噪声信号的干扰。具体而言，在 RO 阶段，中继节点在接收信源节点信号时，除会受到中继接收机自身的噪声干扰外，还会受到 CF 协议处理信号中产生的量化噪声的影响；而信宿节点在这一阶段则仅受到其自身接收机噪声的干扰。在 FD 阶段，中继节点在接收信源节点信号时面临的干扰信号更为复杂，除中继节点接收机噪声和量化噪声外，还遭受到中继节点产生的自干扰信号的影响；信宿节点在这一阶段所受到的干扰则与 RO 阶段相同。在 TO 阶段，只有信宿节点受到自身接收机噪声的干扰，因为此阶段中继节点接收机处于关闭状态，不需要考虑噪声的影响。

将中继节点接收机和信宿节点接收机的噪声功率分别记为 N_R 和 N_D。引入中继节点是为了协助信源节点将信号传输给信宿节点，为便于理论分析和简化公式推导，本章将 RO 阶段、FD 阶段和 TO 阶段中信宿节点接收机和中继节点接收机的噪声功率进行归一化处理，即 $N_R = N_D = 1$。同时，用 P_S 和 P_R 分别表示信源节点和中继节点发射信号的发射功率，并假定所有链路的信道增益对所有节点都是已知的。

在所提出的混合双工中继方案中，信号传输时间被划分为多个长度相等的块，如图 4-2 所示。基于中继节点的不同状态，每个块内的 RO 阶段、FD 阶段和 TO 阶段各占用一部分时隙。假设每个块传输时间为单位时间 1，记 RO 阶段所占用时隙为 α_1，FD 阶段所占用时隙为 α_2，TO 阶段所占用时隙为 α_3，有 $\alpha_1 + \alpha_2 + \alpha_3 = 1$。另外，FD 阶段所占用时隙也被称为全双工占空比。为简化符号，RO 阶段、FD 阶段和 TO 阶段的参数分别用上标"（1）"、"（2）"和"（3）"来标识。

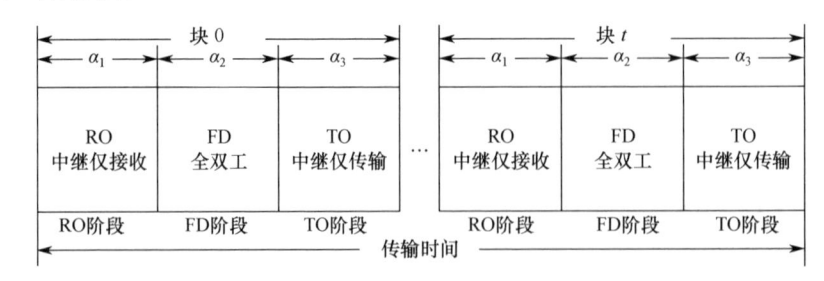

图 4-2 混合双工中继方案传输时序结构

第4章 基于压缩转发的全双工中继通信

在通信过程的 RO 阶段，信源节点承担着向中继节点和信宿节点同时发射信号的任务，而中继节点在此阶段则会关闭其发射机，仅接收信号。这种设置有效地避免了中继节点自干扰信号的产生，从而确保了所接收信号的纯净性。因此，中继节点能够更加准确地捕获和处理信源节点发送的信号，为后续的信号转发提供了可靠的基础。相应地，在 RO 阶段，中继节点和信宿节点所接收的信号可以分别被建模为

$$Y_R^{(1)} = h_{SR} X_S^{(1)} + Z_R^{(1)} \tag{4-1}$$

$$Y_D^{(1)} = h_{SD} X_S^{(1)} + Z_D^{(1)} \tag{4-2}$$

式中，$Y_R^{(1)}$ 和 $Y_D^{(1)}$ 分别表示 RO 阶段中继节点和信宿节点接收的信号，$X_S^{(1)}$ 表示 RO 阶段信源节点发送给中继节点和信宿节点的信号，$Z_R^{(1)}$ 和 $Z_D^{(1)}$ 分别表示 RO 阶段中继节点和信宿节点接收机的噪声，h_{SR} 和 h_{SD} 分别表示信源—中继链路和信源—信宿链路的信道增益。

在 FD 阶段，中继节点接收机和发射机同时工作，分别负责接收信号和转发处理后的信号。在这一过程中，由于接收与发射功能同时开启，形成了回环链路，进而生成自干扰信号。其间，信源节点会发射另一个信号给中继节点和信宿节点。与此同时，中继节点会将上一个块中经过量化压缩处理后的信号转发给信宿节点。另外，信宿节点将会同时接收到来自信源节点和中继节点的信号，实现信源节点信号的双重传输与接收。相应地，FD 阶段中继节点和信宿节点所接收的信号可以被建模为

$$Y_R^{(2)} = h_{SR} X_S^{(2)} + h_{RR} \hat{X}_R^{(2)} + Z_R^{(2)} \tag{4-3}$$

$$Y_D^{(2)} = h_{SD} X_S^{(2)} + h_{RD} X_R^{(2)} + Z_D^{(2)} \tag{4-4}$$

式中，$Y_R^{(2)}$ 和 $Y_D^{(2)}$ 分别表示 FD 阶段中继节点和信宿节点接收的信号，$X_S^{(2)}$ 表示 FD 阶段源节点发送给中继节点和信宿节点的信号，$Z_R^{(2)}$ 和 $Z_D^{(2)}$ 分别表示 FD 阶段中继节点和信宿节点接收机的噪声，h_{RR} 和 h_{RD} 分别表示中继节点处回环链路和中继—信宿链路的信道增益，$X_R^{(2)}$ 表示 FD 阶段中继节点转发给信宿

节点的信号，$\hat{X}_R^{(2)}$ 与 $X_R^{(2)}$ 是独立且同分布的信号。$\hat{X}_R^{(2)}$ 与回环链路信道增益 h_{RR} 相关，它被广泛应用于模拟在实施不同自干扰抑制策略后 RSI 的影响，相关研究成果可参考文献[62]。

在 TO 阶段，中继节点关闭其接收机并转发上一个传输块中经过量化压缩处理后的信号，同时信源节点会持续向信宿节点发送原始的信源信号，即信宿节点将会同时收到信源节点和中继节点发射的信号。TO 阶段信宿节点所接收的信号模型可被建模为

$$Y_D^{(3)} = h_{SD} X_S^{(3)} + h_{RD} X_R^{(3)} + Z_D^{(3)} \tag{4-5}$$

式中，$Y_D^{(3)}$ 表示 TO 阶段信宿节点接收的信号，$X_S^{(3)}$ 和 $X_R^{(3)}$ 分别表示 TO 阶段信源节点和中继节点转发给信宿节点的信号，$Z_D^{(3)}$ 表示 TO 阶段信宿节点接收机的噪声。

信源节点在每个块的三个阶段都持续发射信号，因此其信号发射功率相应地被分为三部分：RO 阶段的发射功率为 $P_S^{(1)}$，FD 阶段的发射功率为 $P_S^{(2)}$，TO 阶段的发射功率为 $P_S^{(3)}$。这三部分功率之和等于信源节点的总发射功率 P_S，即 $P_S^{(1)} + P_S^{(2)} + P_S^{(3)} = P_S$。同理，中继节点的发射功率也分为两部分：FD 阶段的发射功率为 $P_R^{(2)}$，TO 阶段的发射功率为 $P_R^{(3)}$。这两部分功率之和等于中继节点的总发射功率 P_R，即 $P_R^{(2)} + P_R^{(3)} = P_R$。由于 RO 阶段中继节点不发射信号，因此该阶段没有对应的发射功率 $P_R^{(1)}$。此外，假定在三个阶段中信源节点和中继节点发射的信号均服从高斯分布，即 $X_S^{(j)} \sim \mathcal{N}(0, P_S^{(j)}/\alpha_j), (j=1,2,3)$ 和 $X_R^{(j)} \sim \mathcal{N}(0, P_R^{(j)}/\alpha_j), (j=2,3)$。其中高斯信号的功率吸纳了时分因子对实际信号功率的影响。

基于所提混合双工方案的信号模型，接下来可以分析所提混合双工中继方案的编码和解码过程，首先分析编码过程。

根据前文描述，所提出的混合双工中继方案采用 CF 协议，其中中继节点负责处理来自信源节点的信号。在 CF 协议下，中继节点并不是解码来自信源节点的信号，而是将所收到的信号量化压缩为其他的码字，并将该码字的索引

号转发给信宿节点[52]。在 CF 的协作方案中，中继节点采用 Wyner-Ziv 编码处理其从信源节点接收的信号及噪声信号。具体而言，信宿节点首先会解码接收到的索引号，接着利用其自身直连链路接收到的序列作为边信息，以辅助解码压缩后的码字。最后，信宿节点会结合这些压缩码字和边信息共同恢复出原始的信号。

所提出的混合双工中继方案的编码过程，采用的是马尔可夫编码和解码方法。具体而言，在块 t 中，信源节点将信号 $\mathcal{M}_t$ 划分为 $\mathcal{M}_t^{(j)}(j=1,2,3)$，并将它们分别编码为 $X_S^{(j)}[t]$，其中后缀 [·] 表示块索引。同时，中继节点使用 Wyner-Ziv 编码生成 $Y_R^{(j)}[t-1](j=1,2)$ 的压缩版本信号 $\hat{Y}_R^{(j)}[t-1]$，并将压缩版本信号 $\hat{Y}_R^{(j)}[t-1]$ 的部分索引编码为 $X_R^{(k)}[t](k=2,3)$。因此，对于 $j=1,2$，量化压缩处理后的信号 $\hat{Y}_R^{(j)}[t-1]$ 可以表示为

$$\hat{Y}_R^{(j)}[t-1] = Y_R^{(j)}[t-1] + \hat{Z}^{(j)}[t-1] \tag{4-6}$$

式中，$\hat{Z}^{(j)}$ 是服从高斯分布的量化误差，且假设 $\hat{Z}^{(j)} \sim \mathcal{N}(0, N^{(j)})$。

$X_R^{(2)}[t]$ 和 $X_R^{(3)}[t]$ 并不是专门用来分别传输 $\hat{Y}_R^{(1)}[t-1]$ 和 $\hat{Y}_R^{(2)}[t-1]$ 索引号的。实际上，$\hat{Y}_R^{(1)}[t-1]$ 和 $\hat{Y}_R^{(2)}[t-1]$ 的索引被分别编码成不同长度的码字，这些码字被串联并随机交织，然后分别在下一个块的 FD 阶段和 TO 阶段进行传输。因此，本书所提出的混合双工中继方案，与以往的全双工和半双工方案的简单组合有本质上的区别，其是一种全新的中继传输机制。具体而言，在块 $t-1$ 的 RO 阶段，信源信号 $X_S^{(1)}[t-1]$ 被发射传输给信宿节点和中继节点。中继节点采用 Wyner-Ziv 编码将收到的信号 $Y_R^{(1)}[t-1]$ 量化压缩为 $\hat{Y}_R^{(1)}[t-1]$，并将压缩版本 $\hat{Y}_R^{(1)}[t-1]$ 的部分索引编码为 $X_R^{(2)}[t]$。索引号 $X_R^{(2)}[t]$ 在块 t 的 FD 阶段被中继节点转发给信宿节点，如图 4-3 中的虚线箭头所示。

同理，在块 $t-1$ 的 FD 阶段，信源节点将信号 $X_S^{(2)}[t-1]$ 发送给信宿节点和中继节点。此时中继节点所收到的信号中包含从中继节点发射机到中继节点接收机的回环链路的自干扰信号，这与 RO 阶段中继节点所收到的信号有本质区别。中继节点收到的信号 $Y_R^{(2)}[t-1]$ 被 Wyner-Ziv 编码量化压缩为 $\hat{Y}_R^{(2)}[t-1]$。接

着 $\hat{Y}_R^{(2)}[t-1]$ 的部分索引会被编码为 $X_R^{(3)}[t]$，索引号 $X_R^{(3)}[t]$ 将在块 t 的 TO 阶段被转发给信宿节点，如图 4-3 中的点画线箭头所示。为了更直观地展示信号传输的调度流程，这里特别绘制了图 4-4，详细描述块 $t-1$ 中 RO 阶段的信源节点信号 $X_S^{(1)}$ 经过中继节点量化压缩后被转发至块 t 中信宿节点的过程。

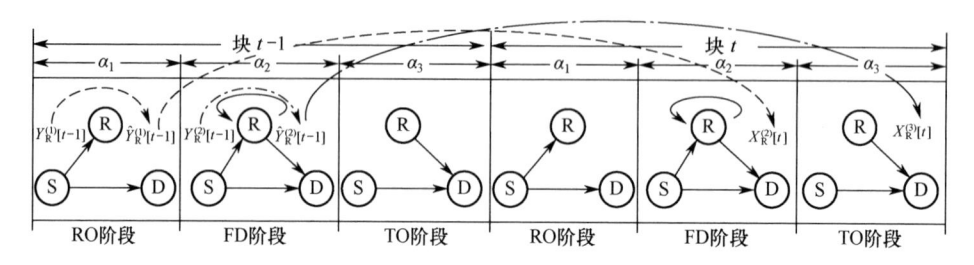

图 4-3　混合双工中继方案中继节点转发信号的过程

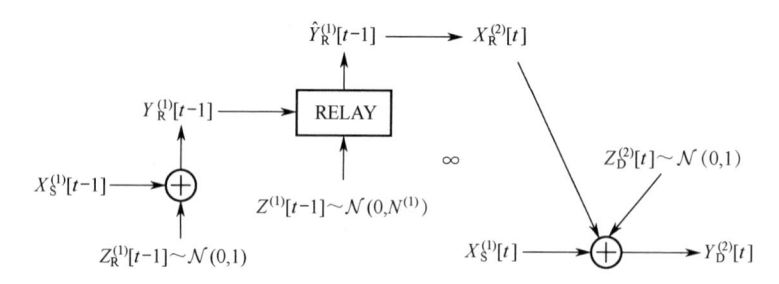

图 4-4　块 $t-1$ 中的信源信号 $X_S^{(1)}$ 经中继节点在块 t 中采用 CF 协议传输至信宿节点的过程

接下来分析讨论解码过程。在块 t 中信号传输完之后，信宿节点首先从 $Y_D^{(k)}[t](k=2,3)$ 中解码出索引号 $X_R^{(k)}[t]$，同时将信源节点信号 $X_S^{(k)}[t]$ 视为干扰信号。这有助于检索 $\hat{Y}_R^{(j)}[t-1](j=1,2)$ 索引号中被传输的部分，并同时从 $Y_D^{(k)}[t]$ 中消除掉 $X_R^{(k)}[t]$，因此形成信号

$$\tilde{Y}_D^{(k)}[t] := Y_D^{(k)}[t] - h_{RD} X_R^{(k)}[t], \quad k=2,3 \tag{4-7}$$

其次，将 $Y_D^{(1)}[t-1]$ 和 $\tilde{Y}_D^{(2)}[t-1]$ 作为边信息，信宿节点可以完全恢复信号 $\hat{Y}_R^{(1)}[t-1]$ 和 $\hat{Y}_R^{(2)}[t-1]$。最后，基于 $Y_D^{(j)}[t-1]$ 和 $\hat{Y}_R^{(j)}[t-1]$，信宿节点可以分别对 $X_S^{(1)}[t-1]$ 和 $X_S^{(2)}[t-1]$ 进行解码，这有助于检索 $\mathcal{M}_{t-1}^{(j)}(j=1,2)$ 和恢复消息 $\mathcal{M}_{t-1}$。消息 $\mathcal{M}_{t-1}$ 在块 t 的末尾才得以解调，这是因为 $\mathcal{M}_{t-1}$ 在块 t 中才被完全转发给信宿节点。这为后续块中传输的信源信号的解码提供了一个可持续的前

向滑动窗口,并且信源节点信号的解码延迟是可以被容忍的[①]。在所提出的混合双工中继方案中采用一个特殊的块 0 进行初始化,在块 0 的 TO 阶段中继节点保持静默。在传输块数量足够大的情况下,块 0 带来的数据速率损失会变得越来越小[②]。

4.3 系统传输速率

本节将详细阐述所提出的混合双工中继方案三个阶段的传输速率推导过程,以及中继 RO 阶段和 FD 阶段具有边信息的率失真函数,进而推导出中继节点采用 Wyner-Ziv 编码产生的量化噪声功率。

4.3.1 传输速率表征

在所提出的混合双工中继方案中,只有 FD 阶段和 TO 阶段存在中继—信宿链路,因此可将中继—信宿链路的传输速率通过引入传输速率分割因子 $\theta_j(j=1,2)$ 分配给 RO 阶段和 FD 阶段。故中继—信宿链路承担了在 RO 阶段和 FD 阶段生成的量化索引号的部分发送任务。这样,RO 阶段在理论上形成了一种不存在自干扰的理想全双工中继方案。本章将分配给阶段 $j(j=1,2)$ 中生成的量化索引号的中继—信宿链路的传输速率记为 $R_{\text{RD}}^{(j)}$,并将中继—信宿链路的总传输速率记为 R_{RD}。

首先计算系统中继—信宿链路的总传输速率 R_{RD}。由于中继节点只在 FD 阶段和 TO 阶段传输信号,根据马尔可夫编码和解码过程,所提出的混合双工中继方案的中继—信宿链路传输速率可表示为

[①] 在块 $t-1$ 中被量化压缩的信号在块 t 的 FD 阶段和中继 TO 阶段被转发。因此,在马尔可夫传输框架中,中继节点可以容忍小于中继 RO 阶段时间长度的信号处理延迟。

[②] 当块数量为 N 时,块 0 带来的速率损失为 $R/(N+1)$。

$$R_{RD} = \alpha_2 I(X_R^{(2)}; Y_D^{(2)}) + \alpha_3 I(X_R^{(3)}; Y_D^{(3)}) \tag{4-8}$$

根据互信息与熵的关系，可得互信息量：

$$I(X_R^{(j)}; Y_D^{(j)}) = H(X_R^{(j)}) + H(Y_D^{(j)}) - H(X_R^{(j)}, Y_D^{(j)}), \quad j=2,3 \tag{4-9}$$

根据多元正态分布的熵，可以得到

$$H(X_R^{(j)}) = \frac{1}{2}\log_2(2\pi e \operatorname{var}(X_R^{(j)})) = \frac{1}{2}\log_2(2\pi e P_R^{(j)}), \quad j=2,3 \tag{4-10}$$

$$\begin{aligned}H(Y_D^{(j)}) &= \frac{1}{2}\log_2(2\pi e \operatorname{var}(Y_D^{(j)})) \\ &= \frac{1}{2}\log_2(2\pi e (|h_{SD}|^2 P_S^{(j)} + |h_{RD}|^2 P_R^{(j)} + N_D)) \\ &= \frac{1}{2}\log_2(2\pi e (|h_{SD}|^2 P_S^{(j)} + |h_{RD}|^2 P_R^{(j)} + 1)), \quad j=2,3\end{aligned} \tag{4-11}$$

$$H(X_R^{(j)}, Y_D^{(j)}) = \frac{1}{2}\log_2((2\pi e)^2 |\boldsymbol{K}_{j-1}|), \quad j=2,3 \tag{4-12}$$

定义 $X_R^{(2)}$ 和 $Y_D^{(2)}$ 的协方差矩阵为 $\boldsymbol{K}_1 = \begin{bmatrix} \sigma_{11} & \sigma_{12} \\ \sigma_{21} & \sigma_{22} \end{bmatrix}$，则有

$$\sigma_{11} = \operatorname{cov}(X_R^{(2)}, X_R^{(2)}) = \operatorname{var}(X_R^{(2)}) = P_R^{(2)}$$

$$\sigma_{22} = \operatorname{cov}(Y_D^{(2)}, Y_D^{(2)}) = \operatorname{var}(Y_D^{(2)}) = |h_{SD}|^2 P_S^{(2)} + |h_{RD}|^2 P_R^{(2)} + 1$$

$$\sigma_{12} = \sigma_{21} = \operatorname{cov}(X_R^{(2)}, Y_D^{(2)}) = E(X_R^{(2)} Y_D^{(2)}) - E(X_R^{(2)}) E(Y_D^{(2)}) = E(X_R^{(2)} Y_D^{(2)})$$

$$= E(h_{SD} X_S^{(2)} X_R^{(2)} + h_{RD}(X_R^{(2)})^2 + Z_D^{(2)} X_R^{(2)}) = h_{RD} E[(X_R^{(2)})^2] = h_{RD} P_R^{(2)}$$

于是 $\boldsymbol{K}_1 = \begin{bmatrix} \sigma_{11} & \sigma_{12} \\ \sigma_{21} & \sigma_{22} \end{bmatrix} = \begin{bmatrix} \operatorname{var}(X_R^{(2)}) & h_{RD} E[(X_R^{(2)})^2] \\ h_{RD} E[(X_R^{(2)})^2] & \operatorname{var}(Y_D^{(2)}) \end{bmatrix}$。因此，$X_R^{(2)}$ 和 $Y_D^{(2)}$ 协方差矩阵的行列式为

$$|\boldsymbol{K}_1| = \operatorname{var}(X_R^{(2)}) \operatorname{var}(Y_D^{(2)}) - \{h_{RD} E[(X_R^{(2)})^2]\}^2 = |h_{SD}|^2 P_S^{(2)} P_R^{(2)} + P_R^{(2)} \tag{4-13}$$

同理，$X_R^{(3)}$ 和 $Y_D^{(3)}$ 的协方差矩阵为 $\boldsymbol{K}_2 = \begin{bmatrix} \operatorname{var}(X_R^{(3)}) & h_{RD} E[(X_R^{(3)})^2] \\ h_{RD} E[(X_R^{(3)})^2] & \operatorname{var}(Y_D^{(3)}) \end{bmatrix}$。

因此可以计算出 $X_R^{(3)}$ 和 $Y_D^{(3)}$ 协方差矩阵的行列式为

$$|\boldsymbol{K}_2| = \text{var}(X_R^{(3)})\text{var}(Y_D^{(3)}) - \{h_{RD}E[(X_R^{(3)})^2]\}^2 = P_R^{(3)}|h_{SD}|^2 P_S^{(3)} + P_R^{(3)} \quad (4\text{-}14)$$

综上分析，对于 $j=2,3$，可以得出 $X_R^{(j)}$ 和 $Y_D^{(j)}$ 的联合熵为

$$H(X_R^{(j)}, Y_D^{(j)}) = \frac{1}{2}\log_2((2\pi e)^2|\boldsymbol{K}_{j-1}|) = \frac{1}{2}\log_2((2\pi e)^2(|h_{SD}|^2 P_S^{(j)} P_R^{(j)} + P_R^{(j)})) \quad (4\text{-}15)$$

将式（4-10）、式（4-11）和式（4-15）代入式（4-9）可得

$$I(X_R^{(j)}; Y_D^{(j)}) = \frac{1}{2}\log_2\left(1 + \frac{|h_{RD}|^2 P_R^{(j)}}{1 + |h_{SD}|^2 P_S^{(j)}}\right), \ j=2,3 \quad (4\text{-}16)$$

考虑时分因子对信号发射功率的影响，对于 $j=2,3$，$X_R^{(j)}$ 和 $Y_D^{(j)}$ 的互信息量可被表示为

$$I(X_R^{(j)}; Y_D^{(j)}) = \frac{1}{2}\log_2\left(1 + \frac{|h_{RD}|^2 P_R^{(j)}/\alpha_j}{1 + |h_{SD}|^2 P_S^{(j)}/\alpha_j}\right), \ j=2,3 \quad (4\text{-}17)$$

因此，所提出的混合双工中继方案的中继—信宿链路的总传输速率可表示为

$$\begin{aligned}R_{RD} &= \alpha_2 I(X_R^{(2)}; Y_D^{(2)}) + \alpha_3 I(X_R^{(3)}; Y_D^{(3)}) \\ &= \alpha_2 \log_2\left(1 + \frac{|h_{RD}|^2 P_R^{(2)}/\alpha_2}{1 + |h_{SD}|^2 P_S^{(2)}/\alpha_2}\right) + \alpha_3 \log_2\left(1 + \frac{|h_{RD}|^2 P_R^{(3)}/\alpha_3}{1 + |h_{SD}|^2 P_S^{(3)}/\alpha_3}\right)\end{aligned} \quad (4\text{-}18)$$

通过引入满足 $\theta_1 + \theta_2 = 1$ 的速率分割因子 $\theta_j \in [0,1](j=1,2)$，可以得到

$$R_{RD}^{(j)} = \theta_j R_{RD}, \ j=1,2 \quad (4\text{-}19)$$

综上，可以求得所提出的混合双工中继方案的传输速率 R。

命题 4.1：所提出的混合双工中继方案的传输速率可以表征为

$$R = \alpha_1 \log_2\left(1 + \frac{|h_{\text{SD}}|^2 P_S^{(1)}}{\alpha_1} + \frac{|h_{\text{SR}}|^2 P_S^{(1)}}{\alpha_1 + N^{(1)}}\right) + \alpha_3 \log_2\left(1 + \frac{|h_{\text{SD}}|^2 P_S^{(3)}}{\alpha_3}\right)$$
$$+ \alpha_2 \log_2\left(1 + \frac{|h_{\text{SD}}|^2 P_S^{(2)}}{\alpha_2} + \frac{|h_{\text{SR}}|^2 P_S^{(2)}}{\alpha_2 + N^{(2)} + |h_{\text{RR}}|^2 P_R^{(2)}}\right) \quad (4\text{-}20)$$

式中，$N^{(1)}$ 为 RO 阶段中继节点的量化噪声功率，即

$$N^{(1)} = \frac{1 + |h_{\text{SR}}|^2 P_S^{(1)}/\alpha_1 + |h_{\text{SD}}|^2 P_S^{(1)}/\alpha_1}{\left[\left(1 + \frac{|h_{\text{RD}}|^2 P_R^{(2)}}{\alpha_2 + |h_{\text{SD}}|^2 P_S^{(2)}}\right)^{\frac{\theta_1 \alpha_2}{\alpha_1}} \left(1 + \frac{|h_{\text{RD}}|^2 P_R^{(3)}}{\alpha_3 + |h_{\text{SD}}|^2 P_S^{(3)}}\right)^{\frac{\theta_1 \alpha_3}{\alpha_1}} - 1\right]\left(1 + \frac{|h_{\text{SD}}|^2 P_S^{(2)}}{\alpha_1}\right)} \quad (4\text{-}21)$$

$N^{(2)}$ 为 FD 阶段中继节点的量化噪声功率，即

$$N^{(2)} = \frac{1 + \frac{|h_{\text{SR}}|^2 P_S^{(2)}/\alpha_2}{1 + |h_{\text{RR}}|^2 P_R^{(2)}/\alpha_2} + |h_{\text{SD}}|^2 P_S^{(2)}/\alpha_2}{\left[\left(1 + \frac{|h_{\text{RD}}|^2 P_R^{(2)}}{\alpha_2 + |h_{\text{SD}}|^2 P_S^{(2)}}\right)^{\theta_2} \left(1 + \frac{|h_{\text{RD}}|^2 P_R^{(3)}}{\alpha_3 + |h_{\text{SD}}|^2 P_S^{(3)}}\right)^{\frac{\theta_2 \alpha_3}{\alpha_2}} - 1\right]\left(1 + \frac{|h_{\text{SD}}|^2 P_S^{(2)}}{\alpha_2}\right)} \quad (4\text{-}22)$$

证明：参见本章附录。

4.3.2 率失真函数

在信道容量为 C 的情况下，若信源节点的信号传输速率 R 超过 C，必须对信源节点发射的信号进行压缩处理。这一压缩过程需确保压缩后的信号传输速率 R^* 小于 C，同时保证压缩造成的失真控制在预设范围内。因此，信号压缩问题的核心在于，针对给定的信源节点，在满足平均失真度的前提下，尽可能降低信号传输速率 R。但 R 的减小往往会导致平均失真 $\bar{D}$ 的增加。因此，需要确保平均失真 $\bar{D}$ 始终低于设定的失真限制值 D。

在所提出的混合双工中继方案中，中继节点常采用的分布式信源编码为 Wyner-Ziv 编码。根据 Wyner-Ziv 编码理论，给定失真 $N^{(j)}$，对于阶段

$j=1,2$，具有边信息的率失真函数分别为 $I(Y_R^{(1)};\hat{Y}_R^{(1)}) - I(\hat{Y}_R^{(1)}, Y_D^{(1)})$ 和 $I(Y_R^{(2)};\hat{Y}_R^{(2)}) - I(\hat{Y}_R^{(2)}; Y_D^{(2)} | X_R^{(2)})$。由于量化速率不应大于中继—信宿链路上分配的传输速率，因此有

$$R_{RD}^{(1)} \geq \alpha_1 I(Y_R^{(1)};\hat{Y}_R^{(1)}) - \alpha_1 I(\hat{Y}_R^{(1)}; Y_D^{(1)}) \tag{4-23}$$

$$\begin{aligned} R_{RD}^{(2)} &\geq \alpha_2 I(Y_R^{(2)};\hat{Y}_R^{(2)}) - \alpha_2 I(\hat{Y}_R^{(2)}; Y_D^{(2)} | \hat{X}_R^{(2)}) \\ &= \alpha_2 I(Y_R^{(2)};\hat{Y}_R^{(2)}) - \alpha_2 I(\hat{Y}_R^{(2)}; \tilde{Y}_D^{(2)}) \end{aligned} \tag{4-24}$$

式（4-24）中的等式成立是因为式（4-7）与 $X_R^{(2)}$ 和 $(\hat{Y}_R^{(2)}, \tilde{Y}_D^{(2)})$ 的独立性。

4.3.3 量化噪声功率

在 CF 协议下，中继节点采用 Wyner-Ziv 编码来处理所接收的信号，并将其转发给信宿节点，在这个过程中，就会产生量化噪声功率。根据 4.3.2 节得出的具有边信息的率失真函数，就可以推导出中继节点的量化噪声功率。

根据互信息与熵的关系，对于式（4-23）和式（4-24）可得

$$I(Y_R^{(j)};\hat{Y}_R^{(j)}) = H(Y_R^{(j)}) + H(\hat{Y}_R^{(j)}) - H(Y_R^{(j)};\hat{Y}_R^{(j)}), \quad j=1,2 \tag{4-25}$$

$$I(\hat{Y}_R^{(1)}; Y_D^{(1)}) = H(\hat{Y}_R^{(1)}) + H(Y_D^{(1)}) - H(\hat{Y}_R^{(1)}, Y_D^{(1)}) \tag{4-26}$$

$$I(\hat{Y}_R^{(2)}; \tilde{Y}_D^{(2)}) = H(\hat{Y}_R^{(2)}) + H(\tilde{Y}_D^{(2)}) - H(\hat{Y}_R^{(2)}, \tilde{Y}_D^{(2)}) \tag{4-27}$$

根据多元正态分布的熵，可以推导出以下互信息量：

$$I(Y_R^{(1)};\hat{Y}_R^{(1)}) = \frac{1}{2}\log_2\left(1 + \frac{1+|h_{SR}|^2 P_S^{(1)}}{N^{(1)}}\right) \tag{4-28}$$

$$I(\hat{Y}_R^{(1)}; Y_D^{(1)}) = \frac{1}{2}\log_2\left(\frac{(|h_{SR}|^2 P_S^{(1)} + 1 + N^{(1)})(|h_{SD}|^2 P_S^{(1)} + 1)}{1 + |h_{SR}|^2 P_S^{(1)} + |h_{SD}|^2 P_S^{(1)} + (|h_{SD}|^2 P_S^{(1)} + 1)N^{(1)}}\right) \tag{4-29}$$

$$I(Y_R^{(2)};\hat{Y}_R^{(2)}) = \frac{1}{2}\log_2\left(1 + \frac{1+|h_{SR}|^2 P_S^{(2)} + |h_{RR}|^2 P_R^{(2)}}{N^{(2)}}\right) \tag{4-30}$$

$$I(\hat{Y}_R^{(2)};\tilde{Y}_D^{(2)}) = \frac{1}{2}\log_2\left(\frac{(|h_{SR}|^2 P_S^{(2)} + |h_{RR}|^2 P_R^{(2)} + 1 + N^{(2)})(|h_{SD}|^2 P_S^{(2)} + 1)}{1 + |h_{SR}|^2 P_S^{(2)} + |h_{SD}|^2 P_S^{(2)} + (|h_{SD}|^2 P_S^{(2)} + 1)N^{(2)}}\right) \quad (4\text{-}31)$$

将式（4-19）、式（4-28）和式（4-29）代入式（4-23）中，可以得出 RO 阶段中继节点的量化噪声功率为式（4-21）。将式（4-19）、式（4-30）、式（4-31）代入式（4-24）中，可以得出 FD 阶段中继节点的量化噪声功率为式（4-22）。

4.4 最大可达速率分析

在命题 4.1 中，传输速率 R 是一些特定的参数 α_1、α_2、α_3、θ_1、θ_2、$P_S^{(1)}$、$P_S^{(2)}$、$P_S^{(3)}$、$P_R^{(2)}$ 和 $P_R^{(3)}$ 的函数。通过优化这些参数，可以在所提出的混合双工中继方案的基础上实现最大信号传输速率。具体而言，可以列出以下优化问题：

$$\begin{aligned}
\mathcal{P}_1: \max_{P_S^{(1)}, P_S^{(2)}, P_R^{(2)}, \alpha_1, \alpha_2, \theta_2} \; & R \\
\text{s.t.} \quad & P_S^{(1)} + P_S^{(2)} + P_S^{(3)} = P_S \\
& P_R^{(2)} + P_R^{(3)} = P_R \\
& \theta_1 + \theta_2 = 1 \\
& \alpha_1 + \alpha_2 + \alpha_3 = 1
\end{aligned} \quad (4\text{-}32)$$

记式（4-32）的最优值为 R^*，则有如下结果。

命题 4.2：采用所提出的混合双工中继方案，最大可达传输速率 R^* 是可以实现的。

证明：参见本章附录。

由于 R 的表达式中有许多指数函数和对数函数，因此很难用闭式解表示 R^* 和对应的最优变量。作为替代方案，可以采用穷举搜索法找到 R^*。

4.5 功率调整受限下的传输方案性能

在实际应用中，存在信源节点、中继节点或二者均无法频繁调整发射功率的情况。在这些特定情景下，本章所提的混合双工中继方案进一步演化为其变体方案。基于这一观察，本节深入分析所提的混合双工中继方案在何种条件下会发生演化。同时，详细描述所提的混合双工中继方案的两种变体：一种是当中继"仅传输"功能失效时的混合双工方案（$\alpha_3 = 0$），另一种是当中继"仅接收"功能失效时的混合双工方案（$\alpha_1 = 0$），并分别简称为变体 A 方案和变体 B 方案。上述两种变体方案在简化中继通信系统实现复杂性的同时，保持了原有的三节点中继通信架构。各节点之间依旧存在信源—中继、信源—信宿和中继—信宿三条高斯中继链路。为便于后续分析，分别添加下标 A 和 B 来标识这两种变体方案中的参数。

4.5.1 中继"仅传输"功能失效

图 4-5 描述了中继"仅传输"功能失效的混合双工方案系统模型。从中可以观察到，与第 4.2 节所提出的混合双工中继方案的系统模型相比，该方案缺少了 TO 阶段，即该方案已经被精简为连续的 RO 阶段和 FD 阶段。特别地，中继节点在 RO 阶段仅接收信号而停止发送信号，而在 FD 阶段同时进行信号的接收与发送操作。块 $t-1$ 中的信号 $Y_R^{(j)}(j=1,2)$ 的量化版本的索引号将仅在块 t 的 FD 阶段被传输到信宿节点。这一过程不仅简化了方案的实施复杂度，还降低了表征可实现传输速率的难度。

遵循基于 CF 协议的新型混合双工中继方案传输模型的分析流程，可分别对中继节点和信宿节点接收到的信号进行建模。在深入分析中继 RO 阶段和 FD 阶段的信号模型及其量化误差后，结合给定的具有边信息的率失真函数，可详尽地推导中继节点处在各阶段的量化噪声功率，进而明确表征中继"仅传输"功能失效的混合双工方案的信号传输速率。

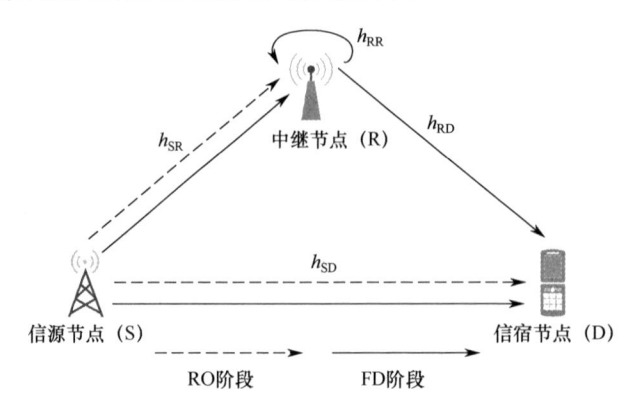

图 4-5　中继"仅传输"功能失效的混合双工方案系统模型

首先分析中继节点所接收的信号。在中继"仅传输"功能失效的混合双工方案中，RO 阶段中继节点所接收的信号包括信源节点发射的信号、中继节点接收机自身的噪声和 Wyner-Ziv 编码处理信号所带来的量化噪声。信宿节点所接收到的信号包括信源节点发射的信号和自身接收机的噪声。而在 FD 阶段，中继节点和信宿节点所接收的信号与所提的混合双工中继方案相同。

在中继"仅传输"功能失效的混合双工方案中，信号传输时间同样被划分为具有相等长度的多个块传输。根据中继节点的实时状态，每个块被进一步划分为两个连续阶段：RO 阶段和 FD 阶段，如图 4-6 所示。综上所述，每个块内的时隙被合理分配给 RO 阶段和 FD 阶段，确保了高效的信号传输。假设每个块的总时隙为 1，定义 RO 阶段所占用时隙比例为 α_1，FD 阶段占用时隙比例为 α_2，有 $\alpha_1 + \alpha_2 = 1$。在该方案中能够发现 $\alpha_3 = 0$，即 TO 阶段不存在。

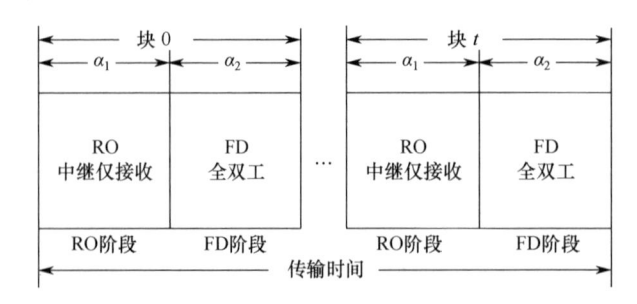

图 4-6　中继"仅传输"功能失效的混合双工方案时序结构

第4章 基于压缩转发的全双工中继通信

在中继"仅传输"功能失效的混合双工方案中，RO 阶段和 FD 阶段的信号模型与所提的混合双工中继方案相同。在 RO 阶段，中继节点和信宿节点所接收的信号可建模为

$$Y_R^{(1)} = h_{SR} X_S^{(1)} + Z_R^{(1)} \tag{4-33}$$

$$Y_D^{(1)} = h_{SD} X_S^{(1)} + Z_D^{(1)} \tag{4-34}$$

接下来，简要阐述中继"仅传输"功能失效的混合双工方案编解码过程。在中继"仅传输"功能失效的混合双工方案中，依旧采用马尔可夫编码和解码方法。具体而言，在块 t 中，信源节点将信号 $\mathcal{M}_t$ 划分为 $\mathcal{M}_t^{(j)}(j=1,2)$，并将它们分别编码为 $X_S^{(j)}[t]$。同时，中继节点采用 Wyner-Ziv 编码处理所接收的信号 $Y_R^{(j)}[t-1](j=1,2)$，并生成对应的压缩版本 $\hat{Y}_R^{(j)}[t-1]$，然后将压缩版本的部分索引号编码为 $X_R^{(2)}[t]$。因此，中继节点所接收信号 $Y_R^{(j)}[t-1](j=1,2)$ 的压缩版本 $\hat{Y}_R^{(j)}[t-1]$ 可以表示为

$$\hat{Y}_R^{(j)}[t-1] = Y_R^{(j)}[t-1] + \hat{Z}^{(j)}[t-1] \tag{4-35}$$

式中，$\hat{Z}^{(j)}$ 是高斯分布的量化误差，且 $\hat{Z}^{(j)} \sim \mathcal{N}(0, N^{(j)})$。$X_R^{(2)}[t]$ 并不是专门用来传输 $\hat{Y}_R^{(1)}[t-1]$ 和 $\hat{Y}_R^{(2)}[t-1]$ 的索引号，$\hat{Y}_R^{(1)}[t-1]$ 和 $\hat{Y}_R^{(2)}[t-1]$ 的索引号被分别编码成不同长度的码字，串接在一起并随机交织，随后在下一个块的 FD 阶段传输。

具体而言，在块 $t-1$ 的 RO 阶段，信源信号 $X_S^{(1)}[t-1]$ 被发送给信宿节点和中继节点。中继节点采用 Wyner-Ziv 编码将收到的信号 $Y_R^{(1)}[t-1]$ 量化并压缩为 $\hat{Y}_R^{(1)}[t-1]$，并将压缩版本 $\hat{Y}_R^{(1)}[t-1]$ 的部分索引号编码，该索引编码在块 t 中的 FD 阶段转发给信宿节点，如图 4-7 中的虚线箭头所示。同理，在块 $t-1$ 的 FD 阶段，信源信号 $X_S^{(2)}[t-1]$ 被发送给信宿节点和中继节点。中继节点将收到的信号 $Y_R^{(2)}[t-1]$ 通过 Wyner-Ziv 编码量化压缩为 $\hat{Y}_R^{(2)}[t-1]$，并将压缩版本 $\hat{Y}_R^{(2)}[t-1]$ 的部分索引号编码，该索引编码与 $Y_R^{(1)}[t-1]$ 的索引编码一并在块 t 中的 FD 阶段转发给信宿节点，如图 4-7 中的点画线箭头所示。

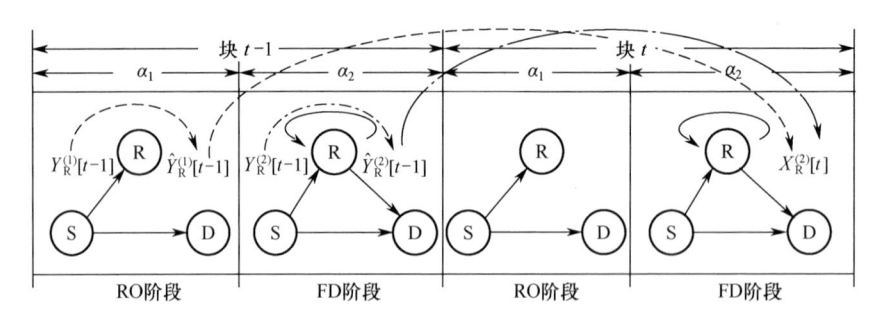

图 4-7 中继"仅传输"功能失效的混合双工方案中信号转发的过程

块 t 中的信号发送完成后,信宿节点首先从 $Y_\mathrm{D}^{(2)}[t]$ 中解码出索引号 $X_\mathrm{R}^{(2)}[t]$,同时将 $X_\mathrm{S}^{(2)}[t]$ 视为干扰信号,这有助于检索 $\hat{Y}_\mathrm{R}^{(j)}[t-1](j=1,2)$ 的索引号中被传输的部分,并同时从 $Y_\mathrm{D}^{(k)}[t]$ 中消除掉被解码出的信号 $X_\mathrm{R}^{(k)}[t]$,从而形成信号

$$\tilde{Y}_\mathrm{D}^{(2)}[t] := Y_\mathrm{D}^{(2)}[t] - h_\mathrm{RD} X_\mathrm{R}^{(2)}[t] \tag{4-36}$$

然后,将 $Y_\mathrm{D}^{(1)}[t-1]$ 和 $\tilde{Y}_\mathrm{D}^{(1)}[t-1]$ 作为边信息,信宿节点可以完全恢复信号 $\hat{Y}_\mathrm{R}^{(1)}[t-1]$ 和 $\hat{Y}_\mathrm{R}^{(2)}[t-1]$。最后,基于 $Y_\mathrm{D}^{(j)}[t-1]$ 和 $\hat{Y}_\mathrm{R}^{(j)}[t-1]$,信宿节点可以分别对 $X_\mathrm{S}^{(1)}[t-1]$ 和 $X_\mathrm{S}^{(2)}[t-1]$ 进行解码,这有助于检索 $\mathcal{M}_{t-1}^{(j)}$ 和恢复消息 $\mathcal{M}_{t-1}$。同理,$\mathcal{M}_{t-1}$ 在块 t 的末尾进行解调。类似地,引入的块 0 中的 FD 阶段中继—信宿链路也不传输任何信号。

基于上述分析,可以给出中继"仅传输"功能失效的混合双工方案传输速率。

在中继"仅传输"功能失效的混合双工方案中,只有 FD 阶段存在中继—信宿链路。同样引入满足 $\theta_1 + \theta_2 = 1$ 的速率分割因子 $\theta_j(j=1,2)$,将系统的中继—信宿链路的传输速率分配给 RO 阶段和 FD 阶段。因此 RO 阶段的中继—信宿链路承担了在 RO 阶段和 FD 阶段中生成的部分量化索引号的发送任务。而在 RO 阶段形成了一种理论上不存在自干扰的理想全双工中继方案。本节将阶段 $j(j=1,2)$ 中生成的量化索引号的中继—信宿链路传输速率记为 $R_\mathrm{RD\text{-}A}^{(j)}$,将中继—信宿链路的总传输速率记为 $R_\mathrm{RD\text{-}A}$。

首先计算系统中继—信宿链路总的传输速率 $R_{\text{RD-A}}$。由于中继节点只在 FD 阶段传输信号，根据马尔可夫编码和解码过程，变体 A 方案的中继—信宿链路传输速率可表征为

$$R_{\text{RD-A}} = \alpha_2 I(X_{\text{R}}^{(2)}; Y_{\text{D}}^{(2)}) \tag{4-37}$$

$R_{\text{RD-A}}$ 的表达式为

$$R_{\text{RD-A}} = \alpha_2 \log_2\left(1 + \frac{|h_{\text{RD}}|^2 P_{\text{R}}^{(2)}}{\alpha_2 + |h_{\text{SD}}|^2 P_{\text{S}}^{(2)}}\right) \tag{4-38}$$

通过引入满足 $\theta_1 + \theta_2 = 1$ 的速率分割因子 $\theta_j \in [0,1] (j=1,2)$，可以得到

$$R_{\text{RD-A}}^{(j)} = \theta_j R_{\text{RD-A}}, \quad j = 1, 2 \tag{4-39}$$

因此可获得中继"仅传输"功能失效的混合双工方案的传输速率 R_{A}。

命题 4.3：中继"仅传输"功能失效的混合双工方案的传输速率可以表征为

$$\begin{aligned}R_{\text{A}} &= \alpha_1 \log_2\left(1 + \frac{|h_{\text{SD}}|^2 P_{\text{S}}^{(1)}}{\alpha_1} + \frac{|h_{\text{SR}}|^2 P_{\text{S}}^{(1)}}{\alpha_1 + N_{\text{A}}^{(1)}}\right) \\ &+ \alpha_2 \log_2\left(1 + \frac{|h_{\text{SD}}|^2 P_{\text{S}}^{(2)}}{\alpha_2} + \frac{|h_{\text{SR}}|^2 P_{\text{S}}^{(2)}}{\alpha_2 + N_{\text{A}}^{(2)} + |h_{\text{RR}}|^2 P_{\text{R}}^{(2)}}\right)\end{aligned} \tag{4-40}$$

其中，RO 阶段中继节点的量化噪声功率 $N_{\text{A}}^{(1)}$ 为

$$N_{\text{A}}^{(1)} = \frac{1 + |h_{\text{SR}}|^2 P_{\text{S}}^{(1)} / \alpha_1 + |h_{\text{SD}}|^2 P_{\text{S}}^{(1)} / \alpha_1}{\left[\left(1 + \frac{|h_{\text{RD}}|^2 P_{\text{R}}^{(2)} / \alpha_2}{\alpha_2 + |h_{\text{SD}}|^2 P_{\text{S}}^{(2)}}\right)^{\frac{\theta_1 \alpha_2}{\alpha_1}} - 1\right]\left(1 + \frac{|h_{\text{SD}}|^2 P_{\text{S}}^{(1)}}{\alpha_1}\right)} \tag{4-41}$$

FD 阶段中继节点的量化噪声功率 $N_{\text{A}}^{(2)}$ 为

$$N_{\text{A}}^{(2)} = \frac{1 + \dfrac{|h_{\text{SR}}|^2 P_{\text{S}}^{(2)} / \alpha_2}{1 + |h_{\text{RR}}|^2 P_{\text{R}}^{(2)} / \alpha_2} + |h_{\text{SD}}|^2 P_{\text{S}}^{(2)} / \alpha_2}{\left[\left(1 + \dfrac{|h_{\text{RD}}|^2 P_{\text{R}}^{(2)} / \alpha_2}{\alpha_2 + |h_{\text{SD}}|^2 P_{\text{S}}^{(2)}}\right)^{\theta_2} - 1\right]\left(1 + \dfrac{|h_{\text{SD}}|^2 P_{\text{S}}^{(2)}}{\alpha_2}\right)} \quad (4\text{-}42)$$

证明：见本章附录。

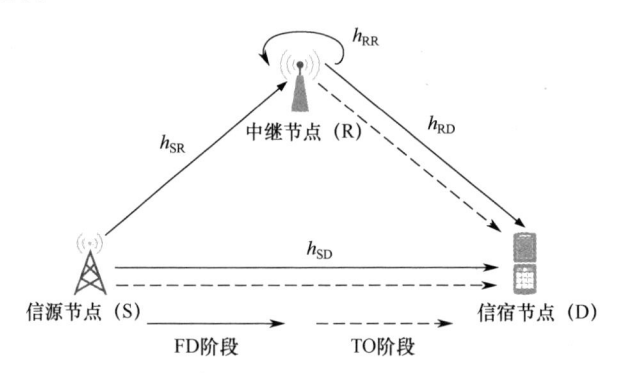

4.5.2 中继"仅接收"功能失效

中继"仅接收"功能失效的混合双工方案的系统模型如图 4-8 所示，其与所提出的基于 CF 协议的混合双工中继方案的区别在于，该方案不存在 RO 阶段，即原有混合双工方案退化为连续的 FD 阶段和 TO 阶段。特别地，中继节点在 TO 阶段只传输上一个块中经过中继节点量化压缩后的信号的索引编码，同时停止接收信源节点信号。块 $t-1$ 中信号 $Y_{\text{R}}^{(2)}$ 的量化版本的索引号将在块 t 的 FD 阶段和 TO 阶段共同发送到信宿节点。与中继"仅传输"功能失效的混合双工方案传输模型的分析步骤相同，以下分别对中继节点和信宿节点所接收的信号进行建模。

图 4-8 中继"仅接收"功能失效的混合双工方案的系统模型

在中继"仅接收"功能失效的混合双工方案中，信号传输时间同样被划分为具有相等长度的多个块传输，每个块被进一步划分为两个阶段：FD 阶段和 TO 阶段，如图 4-9 所示。综上所述，每个块内的 FD 阶段和 TO 阶段各占用一部分时隙。假设每个块的总时隙为 1，定义 FD 阶段所占用时隙为 α_2，TO 阶

段占用时隙为 α_3，因此有 $\alpha_2 + \alpha_3 = 1$。在该方案中能够发现 $\alpha_1 = 0$，即 RO 阶段不存在。

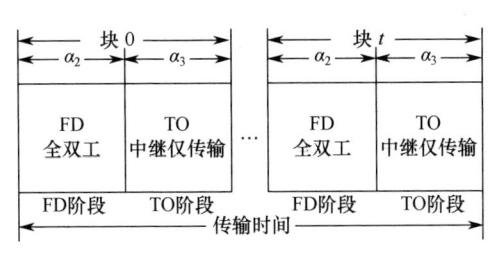

图 4-9 中继"仅接收"功能失效的混合双工方案时序结构

在块 0 的 FD 阶段，信源节点同时向中继节点和信宿节点发送信源信号，此时中继节点与信宿节点之间的链路处于静默状态，不进行任何信号的传输。同样地，在块 0 的 TO 阶段，也不会传输任何信号。具体而言，同一个块中的 TO 阶段并不传输 FD 阶段中继节点量化压缩处理后信号的索引编码。块 $t-1$ 中的信号 $Y_R^{(2)}$ 量化版本的索引号一部分将在块 t 的 FD 阶段传输给信宿节点，另一部分将在块 t 的 TO 阶段转发给信宿节点。因此，FD 阶段中继节点和信宿节点所接收的信号可建模为

$$Y_R^{(2)} = h_{SR}X_S^{(2)} + h_{RR}\hat{X}_R^{(2)} + Z_R^{(2)} \tag{4-43}$$

$$Y_D^{(2)} = h_{SD}X_S^{(2)} + h_{RD}X_R^{(2)} + Z_D^{(2)} \tag{4-44}$$

类似地，中继"仅接收"功能失效的混合双工方案编解码过程如下。在中继"仅接收"功能失效的混合双工方案中，依旧采用马尔可夫编码和解码方法。具体而言，在块 t 中，信源节点将信号 $\mathcal{M}_t$ 划分为 $\mathcal{M}_t^{(j)}(j=2,3)$，并将它们分别编码为 $X_S^{(j)}[t]$。同时，中继节点使用 Wyner-Ziv 编码处理所接收的信号 $Y_R^{(2)}[t-1]$，并生成压缩版本 $\hat{Y}_R^{(2)}[t-1]$，并将压缩版本的部分索引编码为 $X_R^{(2)}[t]$ 和 $X_R^{(3)}[t]$。因此在基础上，$\hat{Y}_R^{(2)}[t-1]$ 可被表示为

$$\hat{Y}_R^{(2)}[t-1] = Y_R^{(2)}[t-1] + \hat{Z}^{(2)}[t-1] \tag{4-45}$$

式中，$\hat{Z}^{(2)}$ 表示 FD 阶段高斯分布的量化误差，且 $\hat{Z}^{(2)} \sim \mathcal{N}(0, N^{(2)})$。$\hat{Y}_R^{(2)}[t-1]$ 的索引被分别编码成两部分，在下一个块中的 FD 阶段和 TO 阶段传输。

具体而言，在块 $t-1$ 的 RO 阶段，信源节点将信号 $X_S^{(2)}[t-1]$ 发送给信宿节点和中继节点。中继节点采用 Wyner-Ziv 编码将收到的信号 $Y_R^{(2)}[t-1]$ 进行量化压缩为 $\hat{Y}_R^{(2)}[t-1]$，并将压缩版本 $\hat{Y}_R^{(2)}[t-1]$ 的部分索引编码为 $X_R^{(2)}[t]$ 和 $X_R^{(3)}[t]$，分别在块 t 中的 FD 阶段和 TO 阶段转发给信宿节点，如图 4-10 中的虚线/点画线箭头。块 0 的中继—信宿链路并不传输任何信号。

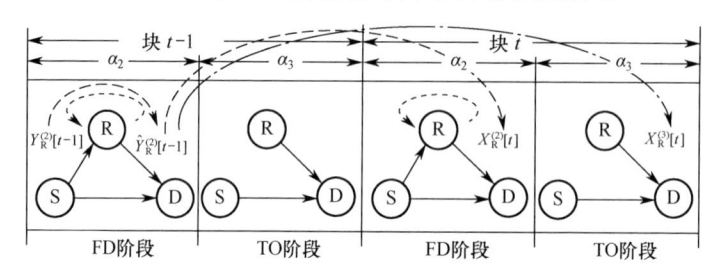

图 4-10 中继"仅接收"功能失效的混合双工方案中信号转发的过程

块 t 传输完信号后，信宿节点首先从 $Y_D^{(2)}[t]$ 中解码出索引号 $X_R^{(2)}[t]$，同时将 $X_S^{(2)}[t]$ 视为干扰信号，然后从 $Y_D^{(3)}[t]$ 中解码出 $X_R^{(3)}[t]$，同时将 $X_S^{(3)}[t]$ 视为干扰信号，这有助于恢复 $\hat{Y}_R^{(2)}[t-1]$ 传输的部分索引，并同时从 $Y_D^{(2)}[t]$ 中消除掉已被解码的 $X_R^{(2)}[t]$，从而形成信号：

$$\tilde{Y}_D^{(2)}[t] := Y_D^{(2)}[t] - h_{RD}X_R^{(2)}[t] \tag{4-46}$$

之后，将 $\tilde{Y}_D^{(2)}[t-1]$ 作为边信息，信宿节点可以完全恢复信号 $\hat{Y}_R^{(2)}[t-1]$。最后，基于 $\tilde{Y}_D^{(2)}[t-1]$ 和 $\hat{Y}_R^{(2)}[t-1]$，信宿节点可以对 $X_S^{(2)}[t-1]$ 进行解码，这有助于恢复消息 M_{t-1}。在该方案的 TO 阶段，信源节点直接传输信号给信宿节点，并没有经过中继节点 Wyner-Ziv 编码，因此不需要解码恢复 $X_S^{(2)}[t-1]$。注意，在该方案中，同样需要引入一个特殊的块 0 启动信号传输，以保障马尔可夫解码能够持续进行。

在中继"仅接收"功能失效的混合双工方案中，FD 阶段和 TO 阶段都存在中继—信宿链路。考虑速率分割因子 $\theta_1 = 0, \theta_2 = 1$，将系统的中继—信宿链路的传输速率全部分配给 FD 阶段。块 t 中的 FD 阶段和 TO 阶段的中继—信宿链路承担了在块 $t-1$ FD 阶段中生成的部分量化索引的发送任务。类似地，将 FD 阶段中生成的量化索引的中继—信宿链路的传输速率记为 $R_{RD\text{-}B}^{(2)}$，将中继—信宿链路的总传输速率记为 $R_{\text{RD-B}}$。以下对这些量进行分析和计算。

首先计算该方案中继—信宿链路总的传输速率 $R_{\text{RD-B}}$。由于中继节点在 FD 阶段和 TO 阶段传输信号,根据马尔可夫编码和解码过程,变体 B 方案的中继—信宿链路传输速率可表示为

$$R_{\text{RD-B}} = \alpha_2 I(X_R^{(2)}; Y_D^{(2)}) + \alpha_3 I(X_R^{(3)}; Y_D^{(3)}) \tag{4-47}$$

$R_{\text{RD-B}}$ 的表达式为

$$R_{\text{RD-B}} = \alpha_2 \log_2\left(1 + \frac{|h_{\text{RD}}|^2 P_R^{(2)}}{\alpha_2 + |h_{\text{SD}}|^2 P_S^{(2)}}\right) + \alpha_3 \log_2\left(1 + \frac{|h_{\text{RD}}|^2 P_R^{(3)}}{\alpha_3 + |h_{\text{SD}}|^2 P_S^{(3)}}\right) \tag{4-48}$$

通过引入满足 $\theta_1 = 0, \theta_2 = 1$ 的速率分割因子,可以得到

$$R_{\text{RD-B}}^{(2)} = \theta_2 R_{\text{RD}} = R_{\text{RD}} \tag{4-49}$$

相应地,可获得中继"仅接收"功能失效的混合双工方案的传输速率 R_B。

命题 4.4:中继"仅接收"功能失效的混合双工方案的传输速率可表征为

$$R_B = \alpha_3 \log_2\left(1 + \frac{|h_{\text{SD}}|^2 P_S^{(3)}}{\alpha_3}\right) + \alpha_2 \log_2\left(1 + \frac{|h_{\text{SD}}|^2 P_S^{(2)}}{\alpha_2} + \frac{|h_{\text{SR}}|^2 P_S^{(2)}}{\alpha_2 + N_B^{(2)} + |h_{\text{RR}}|^2 P_R^{(2)}}\right) \tag{4-50}$$

式中,FD 阶段中继节点的量化噪声功率 $N_B^{(2)}$ 为

$$N_B^{(2)} = \frac{1 + \dfrac{|h_{\text{SR}}|^2 P_S^{(2)} / \alpha_2}{1 + |h_{\text{RR}}|^2 P_R^{(2)} / \alpha_2} + |h_{\text{SD}}|^2 P_S^{(2)} / \alpha_2}{\left[\left(1 + \dfrac{|h_{\text{RD}}|^2 P_R^{(2)}}{\alpha_2 + |h_{\text{SD}}|^2 P_S^{(2)}}\right)\left(1 + \dfrac{|h_{\text{RD}}|^2 P_R^{(3)}}{1 - \alpha_2 + |h_{\text{SD}}|^2 P_S^{(3)}}\right)^{\frac{1-\alpha_2}{\alpha_2}} - 1\right]\left(1 + \dfrac{|h_{\text{SD}}|^2 P_S^{(2)}}{\alpha_2}\right)} \tag{4-51}$$

证明:见本章附录。

4.5.3　可达速率的优化

在命题 4.3 中，传输速率 R_A 是一些特定参数 α_1、α_2、θ_1、θ_2、$P_S^{(1)}$、$P_S^{(2)}$ 和 $P_R^{(2)}$ 的函数。通过优化这些参数，可以在变体 A 方案的基础上实现最大信号传输速率。因此可写出以下优化问题：

$$\mathcal{P}_2: \max_{P_S^{(1)},\alpha_1,\theta_1} R_A$$
$$\text{s.t.} \quad P_S^{(1)} + P_S^{(2)} = P_S \quad (4\text{-}52)$$
$$\alpha_1 + \alpha_2 = 1$$
$$\theta_1 + \theta_2 = 1$$

用 R_A^* 表示问题 $\mathcal{P}_2$ 的结果。参考命题 4.2 的证明，可知 R_A^* 也是可达的。

同理，在命题 4.4 中，传输速率 R_B 是一些特定参数 α_2、α_3、θ_2、$P_S^{(2)}$、$P_S^{(3)}$、$P_R^{(2)}$ 和 $P_R^{(3)}$ 的函数。通过优化这些参数，可以找到变体 B 方案的最大信号传输速率。相应地写出以下优化问题：

$$\mathcal{P}_3: \max_{P_S^{(2)},P_R^{(2)},\alpha_2} R_B$$
$$\text{s.t.} \quad P_S^{(2)} + P_S^{(3)} = P_S \quad (4\text{-}53)$$
$$P_R^{(2)} + P_R^{(3)} = P_R$$
$$\alpha_2 + \alpha_3 = 1$$

用 R_B^* 表示问题 $\mathcal{P}_3$ 的结果。参考命题 4.2 的证明，可知 R_B^* 也是可达的。

4.6　多种混合双工中继方案的性能比较

4.6.1　最大可达速率比较

第 4.3 节和第 4.5 节详细推导了所提出的混合双工方案的可达速率表达式，并且基于中继功能的优化，表征了所提出的混合双工中继方案的两个变体方案的可达速率。实际上，当 $\alpha_2 = 1(\alpha_2 = 0)$ 时，所提出的混合双工中继方案将演化为传统的全双工（半双工）方案。分别用 $R_{FD}(R_{HD})$ 和 $R_{FD}^*(R_{HD}^*)$ 表示相应的传输速率和最大可达速率。可以证明，通过设 $\alpha_1 = \alpha_3 = 0$、$\theta_1 = 0$、$P_S^{(1)} = P_S^{(3)} = P_R^{(3)} = 0$、（$\alpha_2 = 0$，$\theta_2 = 0$，$P_S^{(2)} = P_R^{(2)} = 0$），式（4-20）中的 R 正好是全双工（半双工）方案的传输速率 $R_{FD}(R_{HD})$，并且双工（半双工）方案的最大可达速率 $R_{FD}^*(R_{HD}^*)$ 可以通过对 $\mathcal{P}_1$ 的相应修改式（4-32）优化得到。以下就基于 CF 协议的混合双工中继方案的可达速率给出大小关系。

命题 4.5：基于 CF 协议的混合双工中继方案的最大可达速率满足：

$$R^* \geqslant R_\varphi^* \geqslant R_\phi^*, \ \varphi \in \{A, B\}, \ \phi \in \{FD, HD\} \tag{4-54}$$

证明：见本章附录。

4.6.2 复杂度比较

在列出的优化问题中，所提出的混合双工中继方案的传输速率表达式存在超越函数和 α_1、α_2、θ_1、$P_S^{(1)}$、$P_S^{(2)}$ 和 $P_R^{(2)}$ 6 个自变量，因此很难寻找到最优解的闭式解。为解决最优化问题，可以采用暴力搜索策略。具体而言，对于所提出的混合双工（Hybrid-Duplex，HyD）中继方案、变体 A 方案、变体 B 方案和纯 CF 半双工（CF-HD）方案，在速率优化中需要分别考虑 6 个、3 个、3 个和 2 个自变量。同时，已知纯 CF 全双工（CF-FD）方案最大可达速率的显式表达式，并且不需要考虑参数的优化问题。通过粗略分析可以发现，这 5 种方案的复杂度分别为 $O(N^6)$、$O(N^3)$、$O(N^3)$、$O(N^2)$ 和 $O(1)$ 量级，其中 N 表示暴力搜索策略中每个变量的样本点数。因此，就复杂度而言，可以得出如下关系。

$$O(HyD) > O(\varphi) > O(\phi), \ \varphi \in \{A, B\}, \ \phi \in \{FD, HD\} \tag{4-55}$$

式（4-55）表明以牺牲复杂度作为代价，可以实现相应的速率增益。

4.7 仿真结果及分析

本节将通过数值结果来深入探讨所提出的混合双工中继方案在传输速率上的优势。为更全面地评估所提出的混合双工中继方案的性能,对该方案的最大可达速率进行了仿真,并将其与多种基准方案进行了对比,包括理想的 CF 全双工、纯 CF 纯全双工、纯 CF 半双工及纯 AF 全双工等方案。通过对比这些方案的传输速率,揭示了所提出的混合双工中继方案在传输速率上的潜力。本节采用暴力搜索策略来寻找全局最优解。具体而言,对每个参数在其空间内以等间隔方式采样 30 个点,然后评估并比较这些点对应的目标函数值。在本节的仿真中,将中继节点和信宿节点的接收机噪声功率进行归一化处理,即 $N_R = N_D = 1$。用 $\gamma_{SR} = |h_{SR}|^2 P_S / N_R$,$\gamma_{SD} = |h_{SD}|^2 P_S / N_D$ 和 $\gamma_{RD} = |h_{RD}|^2 P_R / N_D$ 分别表示信源—中继链路、信源—信宿链路和中继—信宿链路的信噪比,其中,γ_{SR} 为没有 RSI 信号的纯净信源—中继链路的信噪比。数值结果中的信噪比单位默认为 dB。

图 4-11 所示为不同方案的传输速率与中继—信宿链路信噪比 γ_{RD} 的关系。横轴坐标单位为 dB,纵轴坐标单位为 bit/symbol。仿真参数设置为 $\gamma_{SR} = 29.57$ dB、$\gamma_{SD} = 18.75$ dB、$h_{SD} = 5$、$h_{SR} = 8$ 和 $h_{RR} = 0.3$。结果表明,所提出的混合双工中继方案可以在较大的 γ_{RD} 范围内实现速率的提升。在图 4-11 中,所提出的混合双工中继方案一直都能带来速率增益,特别是当中继—信宿链路的信噪比 $\gamma_{RD} \geqslant 30$ dB 时,该方案带来的速率增益逐渐提升。当 $\gamma_{RD} = 65.74$ dB 时,所提出的混合双工中继方案、理想 CF 全双工方案、纯 CF 全双工方案、纯 CF 半双工方案和纯 AF 全双工方案的传输速率分别为 7.8639 bit/symbol、8.066 bit/symbol、7.3010 bit/symbol、6.9943 bit/symbol 和 6.3698 bit/symbol。当 $\gamma_{RD} = 65.74$ dB 时,对比于纯 CF 全双工方案、纯 CF 半双工方案和纯 AF 全双工方案,所提出的混合双工中继方案可以分别提高

7.71%、12.43%和 23.46%的速率增益，且能达到理想 CF 全双工方案 97.49%的传输速率。

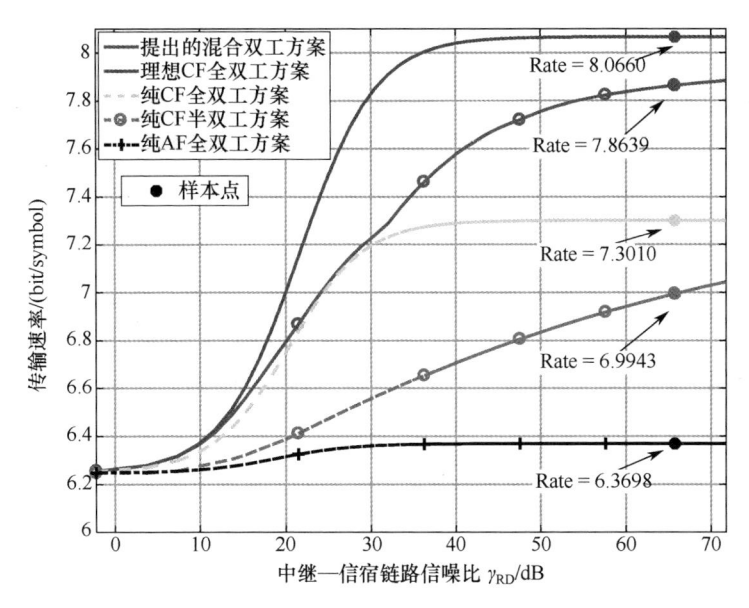

图 4-11　不同方案的传输速率与中继—信宿链路信噪比 γ_{RD} 的关系

图 4-12 所示为不同方案的传输速率与信源—中继链路信噪比 γ_{SR} 的关系。仿真参数设置为 $\gamma_{RD}=74.31\text{ dB}$、$\gamma_{SD}=20.33\text{ dB}$、$h_{SD}=6$、$h_{RD}=300$ 和 $h_{RR}=0.3$。数值结果表明，提出的混合双工中继方案在所对比的基准方案中传输速率最高。随着信源—中继链路信噪比 γ_{SR} 的增加，所提出的混合双工中继方案的速率增益越来越高。当 $\gamma_{SR}=27.69\text{ dB}$ 时，所提出的混合双工中继方案、理想 CF 全双工方案、纯 CF 全双工方案、纯 CF 半双工方案和纯 AF 全双工方案的传输速率分别为 9.1156 bit/symbol、9.5232 bit/symbol、8.0656 bit/symbol、7.9383 bit/symbol 和 7.3212 bit/symbol。当 $\gamma_{SR}=27.69\text{ dB}$ 时，对比于纯 CF 全双工方案、纯 CF 半双工方案和纯 AF 全双工方案，所提出的混合双工中继方案可以分别提高 13.02%、14.83%和 24.51%的速率增益，且能达到理想 CF 全双工方案 95.72%的传输速率。

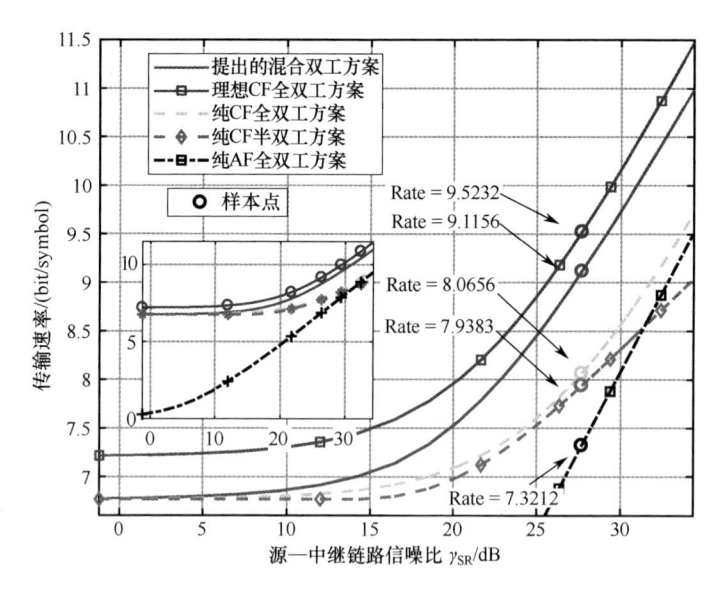

图 4-12　不同方案的传输速率与信源—中继链路信噪比 γ_{SR} 的关系

图 4-13 所示为在不同 h_{RR} 条件下的传输速率与信源—中继链路信噪比 γ_{SR} 的关系。FD 阶段中继节点回环链路的信道增益 h_{RR} 和中继节点功率 P_R 都会影响 RSI 信号的强弱。在所给出的系统模型中，当 $h_{RR}=0$ 时，所提出的混合双工中继方案演化为理想的全双工中继方案。由于自干扰信号会导致中继节点接收信号的噪声更大，因此可以预测，所提出的混合双工中继方案的最大传输速率将小于没有 RSI 信号的纯 CF 全双工方案。仿真参数设置为 $\gamma_{RD}=59.54\,\text{dB}$、$\gamma_{SD}=20.33\,\text{dB}$、$h_{SD}=6$ 和 $h_{RD}=300$。仿真结果表明，在其他条件相同的情况下，RSI 信号越小，所提出的混合双工中继方案实现的传输速率越高。在 $\gamma_{SR}=32.38\,\text{dB}$ 的条件下，当自干扰回环链路的信道增益为 $h_{RR}=0.2$、0.4 和 0.6 时，所提出的混合双工中继方案可以分别达到理想 CF 全双工方案传输速率的 96.65%、95.34%和 93.57%，相较于纯 CF 全双工方案传输速率可以分别提高 6.88%、19.24%和 26.86%。在图 4-14 中，在 $\gamma_{SR}=32.38\,\text{dB}$ 的条件下，当中继节点功率为 P_R 等于 10 W、30 W、50 W 时，所提出的混合双工中继方案相较于纯 CF 全双工方案传输速率可以分别提高 12.34%、23.62%和 28.32%。因此在相同的条件下，h_{RR} 或 P_R 越大，所提出的基于 CF 协议的混合双工中继方案所带来的速率增益就越大。

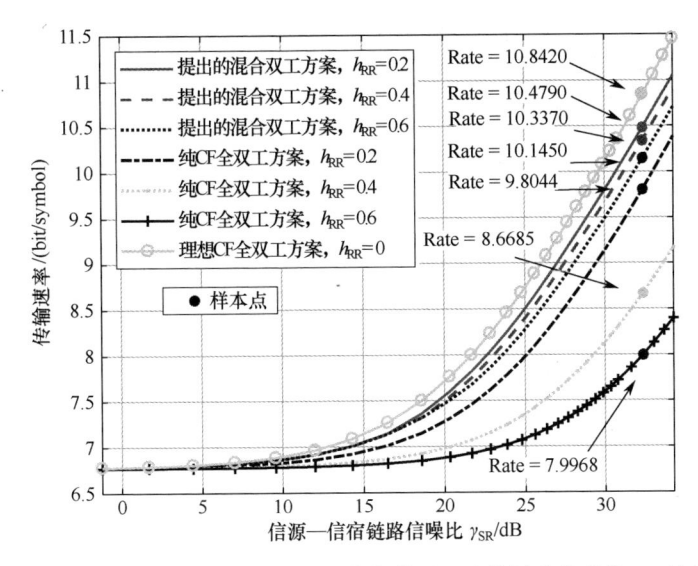

图 4-13　在不同 h_{RR} 条件下的传输速率与信源—中继链路信噪比 γ_{SR} 的关系

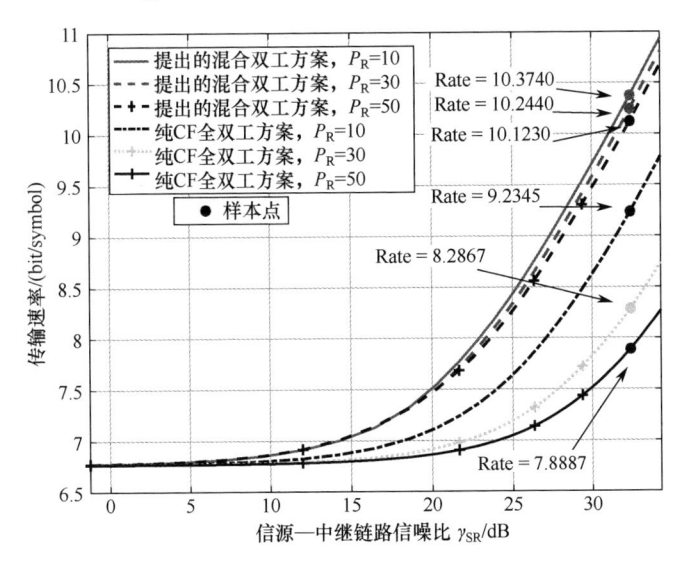

图 4-14　不同中继功率 P_R 条件下的传输速率与信源—中继链路信噪比 γ_{SR} 的关系

当回环链路信道增益 $h_{RR}=0.5$ 时，图 4-15 描述了所提出的混合双工中继方案的时隙因子 α_1、α_2、α_3 与中继功率 P_R 的关系。仿真参数设置为 $\gamma_{RD}=59.54$ dB、$\gamma_{SD}=20.33$ dB、$h_{SD}=6$、$h_{SR}=8$ 和 $h_{RD}=300$。仿真结果表明，随着中继功率 P_R 的增加，全双工所占时隙 α_2 减小，而 RO 阶段所占时隙

增大,这意味着在较强的 RSI 条件下,所提出的基于 CF 协议的混合双工中继方案仍然能带来速率增益。

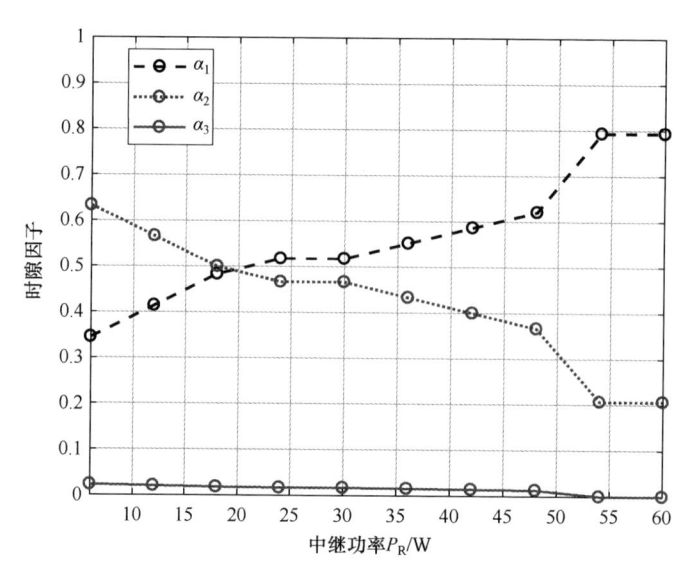

图 4-15 混合双工中继方案的时隙因子 α_1、α_2、α_3 与中继功率 P_R 的关系

图 4-16 所示为不同方案传输速率关于中继—信宿链路信噪比 γ_{RD} 的关系。仿真参数设置为 γ_{SR} =18.57 dB、γ_{SD} =15.05 dB、h_{SD} = 4、h_{SR} = 6 和 h_{RR} = 0.5。结果表明,所提出的混合双工中继方案及其两种变体方案都可以在大范围的 γ_{RD} 下实现速率提升,特别是在高信噪比情况下,这验证了命题 4.5 中的理论结果。特别地,当 $\gamma_{RD} \leqslant 28.72$ dB ($\gamma_{RD} \leqslant 21.20$ dB) 时,所提出的混合双工中继(变体 B)方案实现了与变体 A(纯 CF 全双工)方案相同的速率,即演化为变体 A(纯 CF 全双工)方案,并且优化的 α_3 取零。这是因为对于低的中继—信宿链路信噪比,分配给 TO 阶段时间的增益不能补偿信源信号传输的自由度损失程度。当 28.72 dB $\leqslant \gamma_{RD} \leqslant$ 45.85 dB 时,所提出的混合双工中继方案演化为变体 B 方案,即优化的 α_1 取零,因为信源—中继链路成为瓶颈。这也说明在 γ_{RD} = 28.72 dB 附近,最优值的搜索到达边界,不能在原搜索方向上继续搜索。因此,优化的传输速率函数的一阶导数突然改变。这也就解释了图 4-11 中所提出的混合双工中继方案的传输速率曲线不平滑的原因。当 γ_{RD} = 45.85 dB 时,与其他的方案相比,所提出的混合双工中继方案可以提供

正的速率增益，而纯 CF 全双工方案和纯 AF 全双工方案实现的传速速率曲线变得饱和。事实上，这是由于通过合理选取分割因子 $\theta_j(j=1,2)$，能够更有效地量化和传输中继节点接收到的信号，从而提高系统性能。样本点表明，当 $\gamma_{RD}=64.73$ dB 时，所提出的混合双工中继方案比变体 A 方案和变体 B 方案可以分别获得 3.55%和 1.06%的速率增益。与纯 CF 全双工方案对比，所提出的混合双工中继方案、变体 A 方案和变体 B 方案分别获得了 13.50%、9.61%和 12.30%的速率增益。

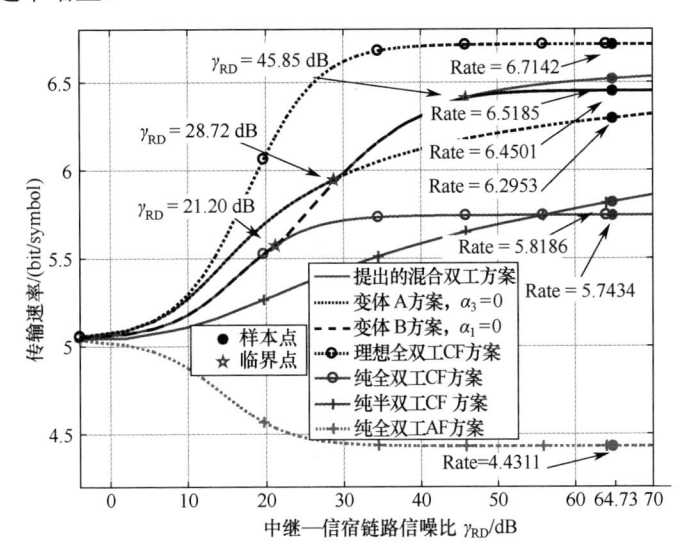

图 4-16 不同方案传输速率关于中继—信宿链路信噪比 γ_{RD} 的关系

表 4-1 给出了所提出的混合双工中继方案优于现有基准方案的条件及理由。

表4-1 所提出的混合双工中继方案优于现有基准方案的条件及理由

基准方案	优于基准方案的条件	优于基准方案的理由
纯全双工 CF 方案	$\forall \gamma_{RD}$ 或 $\forall \gamma_{SR}$	中继节点处的自干扰信号较强，对信源—中继链路的传输速率影响较大
纯半双工 CF 方案	$\forall \gamma_{RD}$ 或 $\forall \gamma_{SR}$	纯半双工 CF 方案频谱利用率低
纯全双工 AF 方案	$\forall \gamma_{RD}$ 或 $\forall \gamma_{SR}$	纯全双工 AF 方案放大了噪声信号，直接导致信号传输质量下降

本章附录

命题 4.1 的证明

令 $R^{(j)}$ 表示对应于 $\mathcal{M}_t^{(j)}(j=1,2,3)$ 的信号传输速率，则总的传输速率可表示为

$$\begin{aligned} R &= \alpha_1 R^{(1)} + \alpha_2 R^{(2)} + \alpha_3 R^{(3)} \\ &= \alpha_1 I(X_S^{(1)}; Y_D^{(1)}, \hat{Y}_R^{(1)}) + \alpha_2 I(X_S^{(2)}; Y_D^{(2)}, \hat{Y}_R^{(2)} | X_R^{(2)}) + \alpha_3 I(X_S^{(3)}; Y_D^{(3)} | X_R^{(3)}) \\ &= \alpha_1 I(X_S^{(1)}; Y_D^{(1)}, \hat{Y}_R^{(1)}) + \alpha_2 I(X_S^{(2)}; \tilde{Y}_D^{(2)}, \hat{Y}_R^{(2)}) + \alpha_3 I(X_S^{(3)}; \tilde{Y}_D^{(3)}) \end{aligned} \quad (4\text{-}56)$$

其中，$I(X_S^{(2)}; Y_D^{(2)}, \hat{Y}_R^{(2)} | X_R^{(2)}) = I(X_S^{(2)}; \tilde{Y}_D^{(2)}, \hat{Y}_R^{(2)})$ 的条件源于 $X_R^{(2)}$ 在 $X_S^{(2)}$ 解码之前就已经被中继节点解码并知晓；$I(X_S^{(3)}; Y_D^{(3)} | X_R^{(3)}) = I(X_S^{(3)}; \tilde{Y}_D^{(3)})$ 由式（4-7）与 $X_R^{(2)}$ 和 $(\tilde{Y}_D^{(2)}, \hat{Y}_R^{(2)})$ 的独立性推导而来。根据式（4-2）、式（4-4）、式（4-6）和式（4-7），可以发现 $X_S^{(1)}$ 和 $X_S^{(2)}$ 的传输信号模型可视为单输入双输出信道，即 $(Y_D^{(1)}, \hat{Y}_R^{(1)})$ 和 $(\tilde{Y}_D^{(2)}, \hat{Y}_R^{(2)})$ 为对应的输出。因此，对于 $j=1,2$，可以计算出

$$I_1 = \frac{1}{2}\log_2\left(1 + \frac{|h_{SD}|^2 P_S^{(1)}}{\alpha_1} + \frac{|h_{SR}|^2 P_S^{(1)}/\alpha_1}{1 + N^{(1)}/\alpha_1}\right) \quad (4\text{-}57)$$

$$I_2 = \frac{1}{2}\log_2\left(1 + \frac{|h_{SD}|^2 P_S^{(2)}}{\alpha_2} + \frac{|h_{SR}|^2 P_S^{(2)}}{\alpha_2 + N^{(2)} + |h_{RR}|^2 P_R^{(2)}}\right) \quad (4\text{-}58)$$

$$I_3 = \frac{1}{2}\log_2\left(1 + \frac{|h_{SD}|^2 P_S^{(3)}}{\alpha_3}\right) \quad (4\text{-}59)$$

将式（4-57）、式（4-58）和式（4-59）代入式（4-56）中，即可得到所提出的混合双工中继方案传输速率的式（4-20）。RO 阶段和 FD 阶段中继节点的量化

噪声功率 $N^{(1)}$ 和 $N^{(2)}$ 的分析见 4.3.3 节。

命题 4.2 的证明

证明：根据命题 4.1，可以得到对应特定参数 $\alpha_j(j=1,2)$，θ_1，$P_S^{(j)}(j=1,2)$，$P_R^{(2)}$ 的传输速率 R，这些参数对于 $\mathcal{P}_1$ 是可行的。因此，R^* 自然是可达的。证毕。

命题 4.3 的证明

命题 4.3 的证明过程与命题 4.1 的证明过程类似，其中，所提出的混合双工中继方案传输速率的表达式根据变体 A 方案的信号模型可以得到简化，从而将变体 A 方案的传输速率表征为式（4-40）的形式。由于中继"仅传输"功能失效的混合双工中继方案不存在中继"仅传输"阶段（$\alpha_3=0$），简化了方案的中继—信宿链路的传输速率表达式。所提出的混合双工中继方案 RO 阶段的量化噪声功率根据 $\alpha_3=0$ 能够得到简化，从而将变体 A 方案 RO 阶段中继节点的量化噪声功率简化为式（4-41）的形式。同理，变体 A 方案 FD 阶段中继节点的量化噪声功率可以被简化为式（4-42）的形式。

命题 4.4 的证明

命题 4.4 的证明过程与命题 4.1 的证明过程类似。根据变体 B 方案的信号模型，所提出的混合双工中继方案传输速率的表达式可以得到简化，因此变体 B 方案的传输速率可以被简化为式（4-50）。由于中继"仅接收"功能失效的混合双工中继方案不存在 RO 阶段（$\alpha_1=0$），因此只有 FD 阶段中继节点处存在量化噪声功率。并且此时中继—信宿链路传输速率分割因子的取值被考虑为 $\theta_1=0, \theta_2=1$。根据 $\alpha_1=0$ 和 $\theta_2=1$，从而将变体 B 方案 FD 阶段中继节点的量化噪声功率简化为式（4-51）。

命题 4.5 的证明

由于在可行集的一个子集上优化得到的最大值不大于全局最大值，因此，式（4-54）中的第一个不等式成立。针对式（4-54）中的第二个不等式，由于在变体 A（B）方案中，令 $\alpha_1 = 0$ 和 $P_S^{(1)} = 0$（$\alpha_3 = 0$ 和 $P_R^{(3)} = 0$），可以发现变体 A（B）方案演化为全双工方案；同理，令 $P_S^{(2)} = 0$（$P_R^{(2)} = 0$），可以发现变体 A（B）方案演化为半双工方案。因此，式（4-54）中的第二个不等式也成立。

第 5 章 全双工中继信道资源配置优化

在深入探讨并优化了 DF 与 CF 策略以提升其传输速率的基础上，本章将聚焦于探索并讨论一种创新的协作策略，旨在进一步挖掘并提升全双工中继信道的可达传输速率，从而拓展通信系统的性能边界。作为最小的单元传输网络，三节点中继信道是研究节点协作的重要平台。但迄今为止，中继信道的信道容量并没有一般性结论。本章基于 TS 技术、DF 策略和 CF 策略，提出一种可以进一步提高全双工中继信道可达传输速率的协作策略。通过引入 SD 的理念，本章在中继功率约束下将中继—信宿信道信噪比（SNR of Relay Destination link，SNR-RD）分解出两个新的 SNR-RD。然后将得到的 SNR-RD 配置到不同的时隙，并根据新的 SNR-RD 为每个时隙选择 DF 策略或 CF 策略。本章分析表明 SD 诱导出的新协作策略能够获得比 DF 策略和 CF 策略更高的传输速率。由于叠加 DF-CF 编码需要复杂精细的码字设计，新的 SD 方案提供了一种更实际的 DF-CF 策略组合结构，有效地控制了系统编解码的复杂度。为方便系统设计，还提供了一组最优 SD 和相应的时隙配置的理论近似解。此外，新的 SD 传输策略被推广到移动中继场景和准静态衰落中继信道，建立了移动中继场景中大尺度衰落模型下中继位置与协作策略选取的优化配置关系图和准静态衰落中继信道中不同信道下的最优信道层功率分配。最后，数值分析验证了理论结果的有效性。

5.1 引言

由于频谱资源有限，用户不断增长的数据传输带宽逐渐成为无线网络发展的瓶颈[63]。基于无线信道的衰减特性和广播特性，协作通信逐渐成为一种提高数据传输速率的有效解决方案[64]。作为无线网络中最基本的协作传输单元，中继信道成为研究节点间协作的典型网络和重要平台。

第 1 章提到，关于中继信道传输速率的研究可以追溯到两位香农奖获得者 Cover 和 El Gamal[24]。基于文献[23]中建立的中继信道概率转移模型，他们提出了两种著名的协作策略：DF 和 CF，给出了中继信道的一系列传输速率和容量外界[24]。随后，DF 策略和 CF 策略被推广到更一般的无线网络，用于研究无线网络的传输性能[65]。对于高斯中继信道，文献[66]得到了使用 DF 策略能达到的最高传输速率（简称 DF 速率）的解析表达式。然而，由于已有研究并未找到压缩码字对应随机变量的最优分布，使用 CF 策略能获得的最高传输速率并没有显式表达式。在已有研究工作中，人们通常假设压缩码字对应的随机变量服从正态分布。这是因为基于该假设，可以获知 CF 的最高传输速率的一个明确下界（通常称 CF 下界，简称 CF 速率）。另外，利用割集理论，也可获得中继信道容量的一个上界（通常称割集上界）。作为一般结果，割集上界通常比较松，在系统设计方面的指导能力有限。在文献[66]中，联合正态分布被证明是在高斯中继信道中获得准确割集上界的极限分布。基于这个结果，文献[67]证明了单位带宽上 DF 速率和割集上界之间的误差小于 1 bit/symbol。事实上，该结论同样适合于 CF 速率[66]。为获得一个更高的频谱效率，有必要设计更有效的协作策略来提升系统资源利用率。由于中继信道在无线网络中的普遍性，对于提升无线网络传输性能同样有重要作用。

实际上，在高斯中继信道中，DF 策略和 CF 策略均不能保证在所有信道条件下都获得最好的传输性能[66]。一种自然的想法是结合 DF 和 CF 两种协作策略去获得更高的传输速率。基于这种思想，文献[23]提出一种将 CF 码字叠加到 DF 码字的编码方案，并证明了该方案能保证获得的传输速率不比 DF 速率和 CF 速率低。基于叠加 DF-CF 编码，通过调整解码端的解码结构，叠加 DF-CF 编码的传输速率曾被屡次提升[68-69]。本质上，叠加 DF-CF 编码的速率增益来自在中继节点处压缩一部分解码后不能解调的信号，并采用叠加编码将已解码信息重新编码获得的码字和压缩码字同时发送到信宿节点。对于一般中继信道，通过对叠加 DF-CF 编码同步反向解码（Simultaneously Backward

第5章 全双工中继信道资源配置优化

Decoding，SBD）能获得最好的传输速率。文献[68]和文献[70]中的数值分析明确表明叠加 DF-CF 编码能提供速率增益。同时可以看到，对于高斯中继信道，已有工作致力于在同一个信号中叠加不同码字，这使系统的编解码设计更为精密，编解码复杂度明显上升。此外，即便假设压缩码字对应的随机变量服从正态分布，仍然难以获得叠加码字功率配置的准确值或近似解，限制了叠加 DF-CF 编码在无线网络中的推广和应用。

通过文献[24]和文献[68]中对中继信道传输速率的分析，可以看到时分共享（Time Sharing，TS）随机变量从信息论角度提供了另一个结合 DF 策略和 CF 策略的新技术。在已有研究中，TS 技术通过在不同维度，如时隙、频带上优化资源配置，能提升系统传输性能。例如，文献[32]利用 TS 技术深入研究了中继系统中的线性中继策略；基于 TS 技术，文献[71]分析了一类特殊的干扰信道中的信息分割和信号设计。但在这些研究中 TS 技术的运用都是在同一种传输策略下展开的。基于不同传输策略和 TS 技术结合可以展示不同策略的优势。DF 策略和 CF 策略具有完全不同的传输机制，利用 TS 技术，在不同时隙或频带上独立使用 DF 策略和 CF 策略并优化资源配置是提高中继信道传输速率的潜在手段。

为更有效地运用 TS 技术来结合 DF 策略和 CF 策略，本章引入 SD 的理念，考虑在不同的时隙使用不同的中继—信宿信道信噪比。具体来讲，将系统传输时间分为两类时隙，在一类时隙中采用低 SNR-RD，而在另一类时隙中采用高 SNR-RD。对于不同的时隙，根据 SNR-RD 采用 DF 策略和 CF 策略中能获得较高传输速率的协作策略。这种设计方法回避了使用具有较高复杂度的叠加码字，在获得传输速率增益的同时，有效地控制了编解码复杂度。

本章的主要贡献如下：

（1）本章指出在 DF 和 CF 之间切换协作策略获得的最高速率并不是一个关于 SNR-RD 的凸函数。特别地，对于某些 SNR-RD，传输速率并不随 SNR-RD 的增长而增长。为改善这种资源利用率低下的状况，本章提出 SD 法，先将系统传输时间分为两类时隙，再将 SNR-RD 分解为一个低 SNR-RD 和一个高 SNR-RD 并配置到两类时隙，最后根据 SNR-RD 为每类时隙选择协作策略。SD 本质上是 TS 技术在时域的一种表现形式，它提供了一种结合 DF 策略和 CF 策略的新结构。本章证明用 SD 法能获得的传输速率可以用 DF 速率和 CF 速率的一维包络表示。SD 法提供了速率增益和复杂度控制之间的良好折中。它通过调整中继功率来回避使用速率增益较低的 SNR-RD。通过这种设计，系统能够在获得较好的速率增益的同时回避使用叠加 DF-CF 编码，有效地控制了编解码复杂度。

（2）本章推导了 SD 中最优的时隙分配和各时隙对应的最优中继功率。为便于实际中继系统的使用和配置资源，本章还推导了一组近似中继功率分配和时隙分配因子。数值分析结果表明得到的近似解能有效地逼近 SD 法获得的最优传输速率。

（3）本章将 SD 策略推广到移动中继系统和衰落中继信道。在移动中继系统中给出了大尺度衰落模型下中继节点位置与协作策略选取（包括 DF、CF 和提出的 SD）的优化配置关系图，提高了移动中继系统的可达服务量。在准静态衰落中继信道中刻画了信道衰落对中继系统的影响，研究了基于 SD 的最优信道层功率分配。理论分析结果表明，SD 中避免 SNR-RD 落入低速率增益的理念同样为衰落信道带来遍历速率增益。通过数值分析验证了给出理论结果的正确性。在具体的数值结果中，SD 能获得比叠加 DF-CF 编码更高的传输速率。在衰落中继信道中，SD 能在较大的 SNR 范围内获得可观的遍历速率增益。

5.2 全双工中继信道模型及叠加编码

考虑图 5-1 中的中继信道，分别记信源节点为 N_1、信宿节点为 N_3 和中继节点为 N_2。假设信道为无记忆信道且所有的节点都是全双工的，此时，中继节点可以同时传输和发送信号。为扩大结果的应用范围，考虑系统在单位带宽

第5章 全双工中继信道资源配置优化

上传输信号,这样得到的传输速率在数值上也等于频谱效率。分别记节点 N_i ($i=1,2,3$) 处发送和接收的信号为 X_i 和 Y_i。则中继信道的转移概率可以描述为 $p(y_2 y_3 | x_1 x_2)$,其中,小写字母表示随机变量的实现。记节点 N_i 和节点 N_j 之间链路的信道增益为 g_{ji}。为关注信道增益对系统资源优化的影响,假设信道的相位偏置可以完全恢复。故本章考虑 g_{ji} 是实数。根据上述描述,中继系统的信号传输可具体写为

$$Y_2 = g_{21} X_1 + Z_2 \tag{5-1}$$

$$Y_3 = g_{31} X_1 + g_{32} X_2 + Z_3 \tag{5-2}$$

式中,Z_i ($i=2,3$) 为节点 N_i 处接收机引入的加性高斯白噪声(AWGN)。在一般情形下,Z_2 和 Z_3 可能是相关的[36]。为专注研究协作策略和传输速率的关系,本章假设 Z_2 和 Z_3 相互独立并且均服从均值为 0、方差为 1 的复高斯分布。

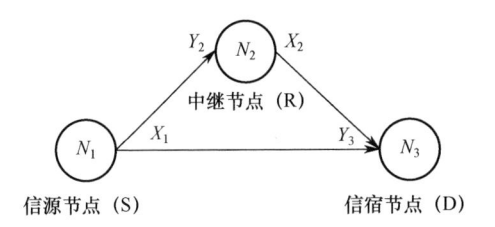

图 5-1 中继信道

分别记信源功率和中继功率为 P_1 和 P_2,则对于 $i=1,2$,X_i 的方差满足 $\mathbb{E}[|X_i|^2] \leqslant P_i$。其中,$\mathbb{E}[\cdot]$ 表示期望函数。记 $N_i - N_j$ 链路的信噪比为 S_{ji},则 $S_{ji} = g_{ji}^2 P_i$。一般地,传输速率是 S_{31}、S_{21} 和 S_{32} 的一个函数。为关注中继节点处的协作策略和资源配置,简记传输速率为只有单变量 S_{32} 的函数。

第 2 章分别介绍了 DF 速率和 CF 速率。然而,对于所有的信道增益组合,DF 策略和 CF 策略都不能保证一直获得最高的传输速率[66]。定义 $C_{\text{MAX}}^-(S_{32}) \triangleq \max\{C_{\text{DF}}^-(S_{32}), C_{\text{CF}}^-(S_{32})\}$。根据系统信道增益条件,计算并比较 DF 速率和 CF 速率,然后选择获得较高传输速率的协作策略,即能获得等于 DF 速率和 CF 速率二者最大值的传输速率函数 $C_{\text{MAX}}^-(S_{32})$。这里将这种策略称为选择策略。

为进一步提高传输速率，文献[24]、文献[68]和文献[69]利用叠加编码的思想，将 DF 码字和 CF 码字混合到一起，形成叠加 DF-CF 编码。具体来讲，中继节点首先部分解调接收到的信号，然后在扣除已解调信号后压缩剩余的信号。最后，中继节点在下一个块传输中将解出信号和压缩索引号同时发送给信宿节点。这种编码方式的编解码复杂度明显要比 DF 策略和 CF 策略都高。记叠加 DF-CF 编码获得的传输速率为 $C_{\mathrm{SP}}^{-}(S_{32})$。文献[24]表明 $C_{\mathrm{SP}}^{-}(S_{32})$ 不会比 $C_{\mathrm{MAX}}^{-}(S_{32})$ 小。但在已有研究中，即便假设信源和中继信号对应的随机变量服从联合正态分布，也很难求得 $C_{\mathrm{SP}}^{-}(S_{32})$ 的显式表达式。数值分析发现在 $C_{\mathrm{DF}}^{-}(S_{32})$ 等于 $C_{\mathrm{CF}}^{-}(S_{32})$ 的信道条件下，叠加 DF-CF 编码确实带来非零的速率增益[68,70]。这种编码增益以牺牲编解码复杂度作为代价，为控制编解码复杂度，下面提出一种新的能获得有效速率增益的传输方案。

5.3 信噪比分解及其传输速率

本节首先通过分析选择策略的传输速率 $C_{\mathrm{MAX}}^{-}(S_{32})$，证明对于某些信道增益条件，$C_{\mathrm{MAX}}^{-}(S_{32})$ 不随 S_{32} 的增长而增长。为避免在系统中使用这一类 S_{32}，本节将可用的传输时间分为两类时隙，在总的中继功率约束下调整每类时隙中的 S_{32}，且根据得到的 S_{32} 利用选择策略确定该 S_{32} 下的具体协作策略（DF 或 CF），保证在每一类时隙获得的 DF 速率和 CF 速率中较大值的传输性能。由于最优的时隙分配比例因子和功率分配比例因子是通过分解中继—信宿链路 SNR 获得的，故称该方法为 SD。之后将证明 SD 能够获得一个关于 S_{32} 具有凸性的传输速率。最后给出一组最优时隙分配和功率分配的近似解，进一步给出 SD 传输速率的近似表达式。

5.3.1 选择策略传输速率的非凸性

首先比较 $C_{\mathrm{DF}}^{-}(S_{32})$ 和 $C_{\mathrm{CF}}^{-}(S_{32})$，为分析 $C_{\mathrm{MAX}}^{-}(S_{32})$ 的具体表达式做铺垫。

第5章 全双工中继信道资源配置优化

如果 $S_{21} \leqslant S_{31}$，不难看出 $C_{DF}^-(S_{32}) = C(S_{21}) \leqslant C(S_{31}) \leqslant C(\gamma_c(S_{32})) = C_{CF}^-(S_{32})$。因此，在这种情况下，$C_{MAX}^-(S_{32}) = C_{CF}^-(S_{32})$。但如果 $S_{21} > S_{31}$，$C_{MAX}^-(S_{32})$ 的表达式会变得更加复杂。定义 $M \triangleq S_{21}(1+S_{21})/S_{31} - (1+S_{31})$。通过 M 的表达式可以知道：如果 $S_{21} > S_{31}$，则有

$$M = S_{21}(1+S_{21})/S_{31} - (1+S_{31}) = (S_{21} - S_{31})(1 + (1+S_{21})/S_{31}) \geqslant S_{21} - S_{31}$$

基于这些分析，可以获得关于 $C_{MAX}^-(S_{32})$ 的如下性质。

定理 5.1：如果 $S_{21} > S_{31}$，则以下命题成立。

（1）$C_{DF}^-(S_{32})$ 和 $C_{CF}^-(S_{32})$ 的最大值 $C_{MAX}^-(S_{32})$ 满足

$$C_{MAX}^-(S_{32}) = \begin{cases} C(\gamma_d(S_{32})), & 0 \leqslant S_{32} \leqslant S_{21} - S_{31} \\ C(S_{21}), & S_{21} - S_{31} < S_{32} \leqslant M \\ C(\gamma_c(S_{32})), & M < S_{32} \end{cases} \quad (5\text{-}3)$$

式中，$\gamma_d(S_{32}) = (\sqrt{S_{31}(S_{21}-S_{32})} + \sqrt{S_{32}(S_{21}-S_{31})})^2 / S_{21}$，$\gamma_c(S_{32}) = S_{31} + \dfrac{S_{21}S_{32}}{S_{31}+S_{21}+S_{32}+1}$。

（2）对于 $0 < S_{32} < S_{21} - S_{31}$ 和 $S_{32} > M$，$dC_{MAX}^-/dS_{32} \geqslant 0$ 和 $d^2C_{MAX}^-/dS_{32}^2 \leqslant 0$ 成立。

（3）$\lim\limits_{S_{32} \to 0} dC_{MAX}^- / dS_{32} = +\infty$。

证明：参见本章附录。

在定理 5.1 中，可以得到 $C_{DF}^-(S_{32})$ 和 $C_{CF}^-(S_{32})$ 最大值函数的一些性质。

第一，根据（1），M 满足 $\gamma_c(S_{32}) \triangleq C_{MAX}^-(M) = C_{CF}^-(M) = C_{DF}^-(M) = C(S_{21})$。即当 $S_{32} = M$ 时，CF 策略和 DF 策略获得的传输速率相等。如果 $S_{32} > M$，CF 策略能获得比 DF 策略更高的传输速率；反之如果 $S_{32} < M$，使用 DF 策略将会获得更高的传输速率。

第二，注意到如果 $S_{21} - S_{31} < S_{32} \leqslant M$，则 $dC_{MAX}^-/dS_{32} = 0$。在此种情形下，即便系统采用 DF 策略和 CF 策略中性能较好的一个，随着信噪比 S_{32} 的增加，系统传输速率也不会增加。

第三，根据（2），$C_{\text{MAX}}^-(S_{32})$ 对于 S_{32} 是单调递增的。这是因为对于任意正的 S_{32}，都有 $\text{d}C_{\text{MAX}}^- / \text{d}S_{32} \geqslant 0$。

第四，结合（1）和（2），可知 $C_{\text{MAX}}^-(S_{32})$ 在 $0 < S_{32} < S_{21} - S_{31}$ 和 $S_{32} > M$ 两种情况下都是凸函数。但对于整个非负的 S_{32} 轴，$C_{\text{MAX}}^-(S_{32})$ 并不凸。这一点可以通过如下分析 $\text{d}C_{\text{MAX}}^- / \text{d}S_{32}\big|_{S_{32}=M^-} = 0$ 且 $\text{d}C_{\text{MAX}}^- / \text{d}S_{32}\big|_{S_{32}=M^+} > 0$ 得到。

为更直观地分析各种传输速率之间的关系，图 5-2 给出了不同方案可获得的单位带宽瞬时速率。用于比较的方案有 DF 和 CF、文献[70]中使用的叠加 DF-CF 编码、使用叠加 DF-CF 编码和 SBD 解码[68]、割集上界。在图 5-2 中，横轴和纵轴分别代表中继—信宿信道信噪比 S_{32} 和单位带宽瞬时速率 R。为满足 $S_{21} > S_{31}$ 的条件，图中选取了 $S_{31} = 8$、$S_{21} = 16$。根据公式的定义，可以得出 $M = 25$。从图 5-2 中可以看出，如果 $S_{32} < 25$，DF 速率优于 CF 速率，且当 $S_{32} > 25$ 时，CF 速率反超 DF 速率，这和定理 5.1 中（1）和文献[66]中得到的结论一致。在 $S_{32} = 24$ 附近，叠加 DF-CF 编码能获得一个比 DF 速率和 CF 速率都要高的传输速率。此外，从图中 CF 速率和 DF 速率的最大值曲线能够看出 $C_{\text{MAX}}^-(S_{32})$ 对于整个 S_{32} 轴是非凸的。

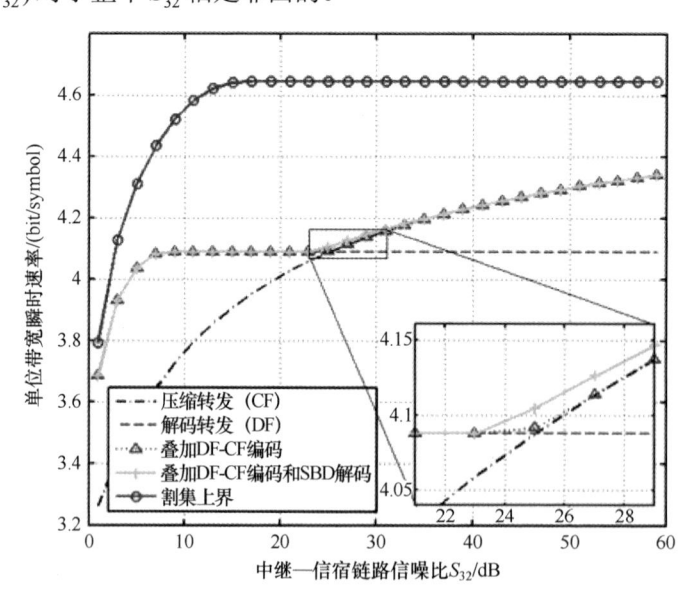

图 5-2　不同方案可获得的单位带宽瞬时速率

5.3.2 信噪比分解法传输速率分析

由于速率曲线 $C^-_{\text{MAX}}(S_{32})$ 是非凸的，这就提供了一种利用速率点的凸组合提高传输速率的可能。注意到 $S_{32}=g^2_{32}P_2$ 是与中继功率 P_2 成比例的。进一步分析 $S_{21}>S_{31}$ 且 $S_{32}=M$ 时的例子来说明 SD 的速率增益来源。若 $S_{32}=M$，中继节点需要满足功率约束 M/g^2_{32}。根据对 $C^-_{\text{MAX}}(S_{32})$ 的分析，系统能达到的传输速率为 $C^-_{\text{MAX}}(M)=C^-_{\text{CF}}(M)=C^-_{\text{DF}}(M)=C(S_{21})$。为获得传输速率 $C(S_{21})$，只需要在系统中使用中继功率 $(S_{21}-S_{31})/g^2_{32}$ 并采用 DF 策略。由于 $(S_{21}-S_{31})/g^2_{32}$ 小于 M/g^2_{32}，如果在某些维度（如频带、时隙）将中继功率设置为 $(S_{21}-S_{31})/g^2_{32}$，则节省的中继功率将可以用于推高其他维度中的 SNR-RD，使 S_{32} 大于 M。若在这些 SNR-RD 被推高的维度采用 CF 策略，系统可以获得比 $C^-_{\text{CF}}(M)$ 更高的传输速率。采用这种功率配置方案将有如下优点：S_{32} 不会落到没有速率增益的区间 $(S_{21}-S_{31}<S_{32}<M)$；相应地，系统在所有维度上的平均传输速率有望大于 $C(S_{21})=C^-_{\text{MAX}}(M)$。观察到这些特性，考虑在全双工中继信道中，当 $S_{21}>S_{31}$ 时，将可用时间分成两类时隙：一种具有较低的中继—信宿链路信噪比，另一种具有较高的中继—信宿链路信噪比。在每一类时隙中，系统根据信噪比 S_{32} 采用 DF 策略和 CF 策略中较好的一种作为该类时隙的基本协作策略。通过这种设计，系统运用了两种不同的传输策略，形成了有别于叠加 DF-CF 编码的新传输方案。

在每一类时隙中配置的中继功率决定了 SNR-RD，也就决定了该类时隙的协作策略和传输速率。基于中继功率约束，在不同时隙中使用差异化的 SNR-RD 会得到不同传输速率的加权和。因此，设计目标是找到最优的 SNR-RD 配置和最优的时隙分配，使系统获得最大的平均传输速率。因此，需要在满足中继功率约束条件下高效地将 S_{32} 分解成两个新的 SNR-RD。记 $C^-_{\text{MAX}}(S_{32})$ 的凸包为 $\overline{C^-_{\text{MAX}}}(S_{32})$。下面先给出 $\overline{C^-_{\text{MAX}}}(S_{32})$ 的表达式，然后证明通过使用 SD，$\overline{C^-_{\text{MAX}}}(S_{32})$ 是可达的。

首先考虑 $S_{21} \leqslant S_{31}$ 的情形。此时，$C^-_{\text{MAX}}(S_{32})=C^-_{\text{CF}}(S_{32})=C(\gamma_c(S_{32}))$。根据定理 5.1 的（2），$C(\gamma_c(S_{32}))$ 是凸的。故在这种情形下直接有 $\overline{C^-_{\text{MAX}}}(S_{32})=$

$\overline{C_{\text{MAX}}^{-}}(S_{32})$。

然后考虑 $S_{21} > S_{31}$ 的情形。如果 $S_{21} > S_{31}$，$C_{\text{MAX}}^{-}(S_{32})$ 在 $0 < S_{32} < S_{21} - S_{31}$ 和 $S_{32} > M$ 上分别是单调递增的，且对于每一部分也是凸的。这样，为找到 $C_{\text{MAX}}^{-}(S_{32})$ 的凸包，需要找到 $C(\gamma_{\text{d}}(S_{32}))$ 和 $C(\gamma_{\text{c}}(S_{32}))$ 的一条公切线。如果 $\mathrm{d}C_{\text{MAX}}^{-}/\mathrm{d}S_{32}$ 很小，那么这条公切线可能不存在。但根据定理 5.1，当 $S_{32} \to 0$ 时，$\mathrm{d}C_{\text{MAX}}^{-}/\mathrm{d}S_{32}$ 趋于无穷。因此可知所求的公切线一定存在。记公切线与曲线的两个切点分别为 $(p, C(\gamma_{\text{d}}(p)))$ 和 $(q, C(\gamma_{\text{c}}(q)))$。根据对 $C_{\text{MAX}}^{-}(S_{32})$ 的分析，可以推知 $0 \leqslant p \leqslant S_{21} - S_{31}$ 且 $q \geqslant M$。此外，由于 p 和 q 都是 S_{21} 和 S_{31} 的函数。为获得 p 和 q 的表达式，需要解式（5-4）~式（5-6）所列的方程：

$$\frac{\mathrm{d}C_{\text{DF}}^{-}}{\mathrm{d}S_{32}}\bigg|_{S_{32}=p} = K \tag{5-4}$$

$$\frac{\mathrm{d}C_{\text{CF}}^{-}}{\mathrm{d}S_{32}}\bigg|_{S_{32}=q} = K \tag{5-5}$$

$$C(\gamma_{\text{c}}(q)) - C(\gamma_{\text{d}}(p)) = K(q - p) \tag{5-6}$$

式中，K 代指所求公切线的斜率。由于 $C_{\text{MAX}}^{-}(S_{32})$ 是单调递增的，所以 K 为正数。若 p、q 和 K 被确定，则 $C_{\text{MAX}}^{-}(S_{32})$ 的凸包可以描述为

$$\overline{C_{\text{MAX}}^{-}}(S_{32}) = \begin{cases} C(\gamma_{\text{d}}(S_{32})), & 0 \leqslant S_{32} \leqslant p \\ C(\gamma_{\text{d}}(p)) + K(S_{32} - p), & p < S_{32} \leqslant q \\ C(\gamma_{\text{c}}(S_{32})), & q < S_{32} \end{cases} \tag{5-7}$$

下面证明通过使用 SD，$\overline{C_{\text{MAX}}^{-}}(S_{32})$ 是可达的。

定理 5.2：若最高传输速率 $R \leqslant \overline{C_{\text{MAX}}^{-}}(S_{32})$。通过将系统分为两类时隙并用 SD 为每类时隙配置 S_{32}、选择传输策略，可以获得最高传输速率 R。

证明：如果 $S_{21} \leqslant S_{31}$ 成立或 $S_{21} > S_{31}$ 且 $S_{32} \geqslant q$ 都成立，系统可以一直使用 CF 策略达到传输速率 $C_{\text{MAX}}^{-}(S_{32}) = C_{\text{CF}}^{-}(S_{32})$。类似地，对于 $S_{21} > S_{31}$ 且 $S_{32} \leqslant p$ 的情况，如果系统不使用 CF 策略而一直使用 DF 策略，可以获得大

第 5 章 全双工中继信道资源配置优化

小为 $C^-_{\text{MAX}}(S_{32}) = C^-_{\text{DF}}(S_{32})$ 的传输速率。因此，只需关注 $S_{21} > S_{31}$ 且 $p < S_{32} < q$ 的情形。

首先定义

$$\lambda \triangleq \frac{q - S_{32}}{q - p}, \bar{\lambda} \triangleq 1 - \lambda \tag{5-8}$$

并约定时隙 I 和时隙 II 分别占用 λ 和 $\bar{\lambda}$ 的总传输时间。无论哪种时隙，约定信源节点始终使用平均功率 P_1 传输信号。而对于中继节点，在时隙 I 中，令其使用平均功率 $P_\text{I} = p/g_{32}^2$ 传输信号，在时隙 II 中，它使用平均功率 $P_{\text{II}} = q/g_{32}^2$ 传输信号。相应地，时隙 I 中等效的中继—信宿信道信噪比为 $g_{32}^2 \cdot p/g_{32}^2 = p$，时隙 II 中等效的中继—信宿信道信噪比为 $g_{32}^2 \cdot q/g_{32}^2 = q$。考虑到两类时隙占用不同的传输时长，系统消耗的平均功率为

$$\lambda P_\text{I} + \bar{\lambda} P_{\text{II}} = \frac{p\lambda}{g_{32}^2} + \frac{q\bar{\lambda}}{g_{32}^2} = \frac{1}{g_{32}^2} \cdot \frac{p(q - S_{32}) + q(S_{32} - p)}{q - p} = \frac{S_{32}}{g_{32}^2} = P_2 \tag{5-9}$$

即中继的功率约束条件总是满足的。由于 $0 < p < S_{21} - S_{31}$，系统会在时隙 I 中选择 DF 策略传输信号。进而在时隙 I 中，传输速率 $\lambda C(\gamma_d(p))$ 是可达的。类似地，在时隙 II 中，系统应采用 CF 策略作为协作协议且可以达到传输速率 $\bar{\lambda} C(\gamma_c(q))$。结合两类时隙，系统总的传输速率可以表示为

$$\begin{aligned}
R &= \lambda C(\gamma_d(p)) + \bar{\lambda} C(\gamma_c(q)) \\
&= C(\gamma_d(p)) + \bar{\lambda}(C(\gamma_c(q)) - C(\gamma_d(p))) \\
&\stackrel{(a)}{=} C(\gamma_d(p)) + \left(1 - \frac{q - S_{32}}{q - p}\right) K(q - p) \\
&= C(\gamma_d(p)) + K(S_{32} - p) \\
&= \overline{C^-_{\text{MAX}}}(S_{32})
\end{aligned} \tag{5-10}$$

式中，(a) 由式（5-6）推出。因此，$R \leq \overline{C^-_{\text{MAX}}}(S_{32})$ 是可达的。证明完毕。

注 5.1：本质上，SD 是 TS 技术基于 DF 策略和 CF 策略在时域上的一种实现形式。这也是 SD 达到的传输速率是 DF 速率和 CF 速率的最大值函数凸

包络的原因。由于 TS 技术是基于不同维度的概念的，SD 也可以在频域上实现。具体来讲，系统需要将可用频带分为两个子带，记为子带 I 和子带 II。而此时，λ 可对应地作为子带 I 占用带宽的比例因子。中继节点为子带 I 分配功率 $Q_\text{I} = p\lambda / g_{32}^2$ 传输信号，为子带 II 分配功率 $Q_\text{II} = q\bar{\lambda} / g_{32}^2$ 传输信号。不难验证这种分配仍能保证满足中继节点的功率约束条件。由于子带 I 只占用 λ 的频带，噪声功率和子带的传输速率都要乘以因子 λ。相应地，时隙 I 中等效的中继—信宿信道信噪比为 $g_{32}^2 p\lambda / (\lambda g_{32}^2) = p$。同样，还可以得到在子带 II 中，等效的中继—信宿信道信噪比为 q。参照时域上的 SD 分析，可知系统此时能获得 $\overline{C_\text{MAX}^-}(S_{32})$ 的总传输速率。

对于频域实现的 SD，定义 $\beta \triangleq Q_\text{I} / P_2$。根据计算可以得到

$$\beta = \frac{Q_\text{I}}{P_2} = \frac{p\lambda}{S_{32}}, \frac{Q_\text{II}}{P_2} = \frac{q\bar{\lambda}}{S_{32}} = \bar{\beta} \tag{5-11}$$

因此，可以用 $\beta = Q_\text{I} / P_2$ 和 $\bar{\beta} = Q_\text{II} / P_2$ 作为系统的功率分配比例因子。$P_\text{I} = Q_\text{I} / \lambda$ 且 $P_\text{II} = Q_\text{II} / \bar{\lambda}$。在时域 SD 中，$\beta$ 和 $\bar{\beta}$ 可看成时隙 I 和时隙 II 的能量分配比例因子。而由于时隙 I 和时隙 II 时间长度分别被压缩为总时间的 λ 和 $\bar{\lambda}$，在时域形式的 SD 中，有效的传输功率根据能量和时长进行了调整。

注 5.2：在两类时隙中，中继节点都没有使用中等大小的 SNR-RD ($p < S_{32} < q$)，且在每一类时隙中，系统都只使用了单纯的 DF 策略或 CF 策略。因此，SD 的编解码复杂度相较于叠加 DF-CF 编码要低得多，更有利于系统传输设计。此外，式（5-8）和式（5-9）显式地给出了最优时隙分配和功率（能量）分配因子。这对于系统设计有直接的指导意义。观察得到的凸包络函数表达式，可发现当 $p < S_{32} < q$ 时，原来的中继—信宿信道信噪比 S_{32} 在中继功率约束下被分解成两个信噪比 p 和 q。由于当 $p < S_{32} < q$ 时，$\overline{C_\text{MAX}^-}(S_{32})$ 的导数为常数 K，因此，通过使用 SD，传输速率步进增益与信道信噪比步进增益之比是一个正的常数 K。

事实上，SD 可以被扩展到更复杂的编码模型。若不考虑系统的编解码复杂度，在 SD 中的策略选择步骤，可将叠加 DF-CF 编码作为一种基本的编码

策略供每类时隙选择和使用。通过类似的 SD 分析并为每类时隙配置系统资源，可以推出 $C_{\mathrm{SP}}^-(S_{32})$ 的凸包络速率函数同样是可达的。但由于叠加 DF-CF 编码在信号层的最优功率配置并没有闭式解，很难找到 $C_{\mathrm{SP}}^-(S_{32})$ 的显式表达式。也正因如此，利用叠加 DF-CF 编码作为基础选择策略之一的最优时隙分配和功率分配因子也很难求得。从控制编解码复杂度的角度看，将 DF 策略和 CF 策略作为备选协作策略更具有可操作性。

5.3.3 信噪比分解法的近似逼近

从定理 5.2 的证明中可看到当 $S_{21} > S_{31}$ 且 $p < S_{32} < q$ 时，中继节点需要 p 和 q 的准确值来决定时隙分配因子 λ 和功率（能量）分配因子 β。由于 $\mathrm{d}C_{\mathrm{DF}}^-/\mathrm{d}S_{32}$ 和 $\mathrm{d}C_{\mathrm{CF}}^-/\mathrm{d}S_{32}$ 的表达式中都有指数函数，获得 p 和 q 的闭式解并不容易。因此，希望利用 $C(\gamma_{\mathrm{d}}(S_{32}))$ 和 $C(\gamma_{\mathrm{c}}(S_{32}))$ 的一些性质找到一组 p 和 q 的近似解去逼近准确值。

先考虑 p 的近似。可以知道当 $q > M$ 时，对数函数的导数不大且 $K = \mathrm{d}C_{\mathrm{CF}}^-/\mathrm{d}S_{32}|_{S_{32}=q}$ 也不大。此外，根据定理 5.1 中的（2）和（3），$\mathrm{d}C_{\mathrm{DF}}^-/\mathrm{d}S_{32}$ 从 $+\infty$ 降到 0。当 S_{32} 从 0 增长到 $S_{21}-S_{31}$，p 离 $S_{21}-S_{31}$ 不远。如果 $S_{32} = S_{21}-S_{31}$，DF 策略优于 CF 策略且信源只需要设计一个达到信源—中继链路信道容量 $C(S_{21})$ 的码簿。特别地，在这种情况下，高斯中继信道可以被看成一个虚拟的并行信道，且采用独立的随机变量 X_1 和 X_2 就能获得最好的 DF 传输性能[72]。基于这些分析，选择用 $\tilde{p} \triangleq S_{21}-S_{31}$ 来近似 p。这种近似用较小的速率损失换来系统设计中的便利。

然后考虑对 q 的近似。注意有 $q > M$。也就是说，时隙Ⅱ通常在一个较高的信噪比 S_{32} 下执行 CF 策略。因而考虑用 $\tilde{\gamma}_{\mathrm{c}}(S_{32}) = S_{31} + S_{32}S_{21}/(S_{31}+S_{21}+S_{32}) - 1$ 来取代 $\gamma_{\mathrm{c}}(S_{32})$ 计算 q。对于较大的 S_{32}，$\tilde{\gamma}_{\mathrm{c}}(S_{32})$ 和 $\gamma_{\mathrm{c}}(S_{32})$ 之间的差异很小，基本可以忽略。

下面找一条通过点 $(S_{21}-S_{31}, C(S_{21}))$ 且与 $C(\tilde{\gamma}_{\mathrm{c}}(S_{32}))$ 相切的直线。记该切点为 $(\tilde{q}, C(\tilde{\gamma}_{\mathrm{c}}(\tilde{q})))$。则 $\tilde{q}$ 是下式的解：

$$C(\tilde{\gamma}_c(S_{32})) - C(S_{21}) = \frac{dC(\tilde{\gamma}_c(S_{32}))}{dS_{32}} \cdot (S_{32} - S_{21} + S_{31}) \tag{5-12}$$

将

$$\frac{dC(\tilde{\gamma}_c(S_{32}))}{dS_{32}} = \frac{S_{21}}{\ln 2(S_{32} + S_{31})(S_{32} + S_{21} + S_{31})} \tag{5-13}$$

代入式（5-12），可以得到

$$\ln\frac{(S_{21} + S_{31})(\tilde{q} + S_{31})}{(S_{21} + 1)(\tilde{q} + S_{31} + S_{21})} = \frac{S_{21}(\tilde{q} - S_{21} + S_{31})}{(\tilde{q} + S_{31})(\tilde{q} + S_{21} + S_{31})}$$

记

$$s \triangleq \frac{\tilde{q} + S_{31}}{\tilde{q} + S_{31} + S_{21}} \tag{5-14}$$

有

$$\ln s + 2s + \frac{1}{s} = 3 - \ln\frac{S_{31} + S_{21}}{S_{21} + 1} \tag{5-15}$$

假设式（5-15）的解为 s^*。利用 s 的定义，可以推出：

$$\tilde{q} = \frac{s^* S_{21}}{1 - s^*} - S_{31} \tag{5-16}$$

这样，通过近似 $p \approx \tilde{p}$ 和 $q \approx \tilde{q}$，可以得到一个关于全双工高斯中继信道中 SD 的近似可达传输速率。现将该结果概括成定理 5.3。

定理 5.3：考虑 $S_{21} > S_{31}$。对于 $\tilde{p} \leqslant S_{32} \leqslant \tilde{q}$，设置

$$\lambda = \frac{s^* S_{21} - (S_{31} + S_{32})(1 - s^*)}{(2s^* - 1)S_{21}}, \beta = \frac{\lambda(S_{21} - S_{31})}{S_{32}} \tag{5-17}$$

全双工高斯中继信道可达传输速率 $\lambda C(S_{21}) + \bar{\lambda} C(\gamma_c(\tilde{q}))$。

证明：该结果可以看成定理 5.2 中 $p = \tilde{p}$ 和 $q = \tilde{q}$ 时的一个自然推广。因此，可以写出

$$\lambda = \frac{\tilde{q}-S_{32}}{\tilde{q}-S_{21}+S_{31}} = \frac{\dfrac{s^*S_{21}}{1-s^*}-S_{31}-S_{32}}{\dfrac{s^*S_{21}}{1-s^*}-S_{21}} = \frac{s^*S_{21}-(S_{31}+S_{32})(1-s^*)}{(2s^*-1)S_{21}} \quad (5\text{-}18)$$

此外，根据式（5-11），也可以得到 β 的表达式。有了这些参数，并利用定理 5.2 中设计的 SD 方法，可以实现速率 $\lambda C(S_{21})+\bar{\lambda}C(\gamma_c(\tilde{q}))$。

由于 $\tilde{q}>M>S_{21}-S_{31}$，可以推断在大部分情形下，$s\in[0.5,1]$。因此，可以进一步将 $\ln s$ 替换成它在 $s=1$ 处的泰勒级数形式。通过这种办法，可以进一步得到具有不同精度的 s^* 和 $\tilde{q}$ 的近似表达式。如果将 $\ln s$ 替换为 $s-1-(s-1)^2/2$，那么 s^* 的一个近似值可以通过解一个三次方程获得。相对于式（5-4）～式（5-6），显然更容易解得 p 和 q。而得到的 p 和 q 的近似值可以直接应用到实际系统的资源配置中。

5.3.4　信噪比分解法的推广

对 S_{32} 的分解可以推广到对 S_{21} 和 S_{31} 的分解。调整 S_{32} 的大小本质上是通过调整中继功率来实现的，由于 S_{21} 和 S_{31} 同时和信源节点功率 P_1 相关，故很难通过调整 P_1 来单独改变 S_{21} 或 S_{31}。但正因如此，系统可以在每一类时隙中同时改变 S_{21} 和 S_{31}。基于全局 SD 的联合信源-中继功率调整需要严密的信源节点和中继节点合作。虽然它能获得不低于单纯中继 SD 对应的传输速率，但为了专注研究中继策略并控制编解码和合作协议的复杂度，本节并没有在这个方向上展开分析而是将重心放在寻找实际应用中可以实施的 SD 近似解上。本节的研究对于一些中继场景，如信源节点被安装在偏远地区或信源节点由于设备原因无法频繁调整功率等情况，具有更加实际的指导意义。

5.4　信噪比分解法的应用

新的 SD 提供了一个 DF 策略和 CF 策略之间的平滑过渡策略且回避使用

复杂的编解码结构,将其应用到无线中继信道中将会带来诸多便利。理论上,在中继信道中,中继节点可能在离信源节点和信宿节点较远的位置。例如,一列火车可作为铁轨上装配的传感器和固定于某处的数据收集中心之间的移动中继。类似地,高速公路上的汽车也可以作为移动中继协作其他节点传输数据。从大尺度角度讲,对于三节点中继系统,不同的中继节点位置将会有不同的信道增益条件。如果能够提供中继节点在不同位置时,系统选择 DF 策略、CF 策略和 SD 策略及设定数据传输速率的关系图,则系统的传输性能有望得到进一步提升。从小尺度角度讲,无线信道通常要经历衰落。即便中继节点是静止的,信道增益也会随时间和频率波动。根据信道的状态信息,中继节点可以适时合理地调整传输功率。本节将详细介绍并分析这些场景中如何高效地利用 SD 提升系统传输性能。

5.4.1 大尺度角度:策略选择图

假设发射天线到接收天线的距离为 d。根据电磁波在自由空间的传播模型,接收端信号的功率衰减与 $d^{-\alpha}$ 成正比。这里 α 表示路径损耗因子[73]。通常,α 取值在 2~4,用以刻画传播环境的路径损耗程度。从大尺度角度讲,高斯中继信道符合这种传播模型。记节点 N_i 到节点 N_j 的距离为 d_{ji},则链路增益和接收端信噪比可以分别写为 $g_{ji} = d_{ji}^{-\frac{\alpha}{2}}$ 和 $S_{ji} = P_i d_{ji}^{-\alpha}$。为方便理论分析,考虑用极坐标系对中继信道的位置进行建模。在极坐标系中,将信源节点 N_1 放在原点并将信宿节点 N_3 放到极坐标为 $(d_{31}, 0)$ 的点。假设中继节点 N_2 的极坐标为 (d_{21}, θ),根据余弦定理有 $d_{32} = \sqrt{d_{21}^2 + d_{31}^2 - 2\cos\theta d_{21} d_{31}}$。下面讨论为了获得更高的传输速率,中继节点应如何切换和在什么情况下切换协作策略。

事实上,从定理 5.3 可以得到针对 DF 策略和 CF 策略选取边界的函数表达式。但是,当 SD 策略引入后,准确的策略切换边界函数很难求得。因此,使用 p 和 q 的近似逼近来得到一个近似的且具有显式表达式的策略切换边界条件。在以大尺度为主要参考标准的系统部署中,近似的策略切换边界条件具有指导意义。

首先考虑 DF 策略和 SD 策略之间的切换。为使用 DF 策略，系统参数需要满足 $0 \leqslant S_{32} \leqslant S_{21} - S_{31}$。该条件可以等效地表示为

$$0 \leqslant P_1(d_{21}^2 + d_{31}^2 - 2\cos\theta d_{21}d_{31})^{-\frac{\alpha}{2}} \leqslant P_2(d_{21}^{-\alpha} - d_{31}^{-\alpha})$$

因此，需要满足 $d_{21} \leqslant d_{31}$。另一方面，若 $\eta \triangleq P_2/P_1$，还可以得到

$$\cos\theta \leqslant \frac{d_{21}^2 + d_{31}^2 - (\eta^{-1}d_{21}^{-\alpha} - \eta^{-1}d_{31}^{-\alpha})^{-\frac{2}{\alpha}}}{2d_{21}d_{31}} \tag{5-19}$$

进一步分析 SD 策略和 CF 策略的切换条件。从 SD 策略切换到 CF 策略等效于不等式 $S_{32} \geqslant \tilde{q}$ 成立，注意到 $\tilde{q}$ 是式（5-12）的解。由于 $C(\tilde{\gamma}_c(S_{32}))$ 也是关于 S_{32} 的凸函数，则 $S_{32} \geqslant \tilde{q}$ 可以等效为

$$C(\tilde{\gamma}_c(S_{32})) - C(ta) \geqslant \frac{dC(\tilde{\gamma}_c(S_{32}))}{dS_{32}}(S_{32} - S_{21} + S_{31}) \tag{5-20}$$

该式可以进一步等效为

$$\ln\frac{(S_{21}+S_{31})(S_{32}+S_{31})}{(S_{21}+1)(S_{32}+S_{31}+S_{21})} \geqslant \frac{S_{21}(S_{32}-S_{21}+S_{31})}{(S_{32}+S_{31})(S_{32}+S_{21}+S_{31})} \tag{5-21}$$

用 $P_i d_{ji}^{-\alpha}$ 替换 S_{ji}，可以得到式（5-22）。

$$\ln\frac{d_{21}^{-\alpha}+d_{31}^{-\alpha}}{d_{31}^{-\alpha}+P_1^{-1}} - \ln\left(1 + \frac{d_{21}^{-\alpha}}{\eta(d_{21}^2+d_{31}^2-2\cos\theta d_{21}d_{31})^{-\frac{\alpha}{2}}+d_{31}^{-\alpha}}\right)$$

$$\geqslant \frac{d_{21}^{-\alpha}}{\left(\eta(d_{21}^2+d_{31}^2-2\cos\theta d_{21}d_{31})^{-\frac{\alpha}{2}}+d_{31}^{-\alpha}\right)\left(\eta(d_{21}^2+d_{31}^2-2\cos\theta d_{21}d_{31})^{-\frac{\alpha}{2}}+d_{31}^{-\alpha}+d_{21}^{-\alpha}\right)}$$

$$\tag{5-22}$$

式（5-19）和式（5-22）中得到的两个边界函数将整个极坐标平面分割成三个区域。每个区域可以被明确地标注为 DF 策略区、CF 策略区或 SD 策略区。通过这种标注，整个极坐标平面形成一幅策略选择图。这种策略选择图将

为基础设施规划部署、系统设计和资源管理提供参考。以下将大尺度下对策略选取的分析概括成推论 5.1。

推论 5.1：对于一个具有坐标位置(d_{21},θ)的全双工中继节点，为获取已知最高的传输速率，系统应按如下原则选取协作策略：如果式（5-19）成立，则系统采用 DF 策略；如果式（5-22）成立，则系统选用 CF 策略；除此之外，系统采用定理 5.2 中给出的 SD 策略。

5.4.2 小尺度角度：准静态衰落信道

无线信道的另一个典型特征是信道衰落。由于多径效应，即便中继节点被固定在某处，中继信道的链路增益也会随时间波动。本节考虑准静态衰落信道。准静态衰落是指信道状态在整个码字传输期间（块传输）是一个常数，但在不同码字传输期间服从独立同分布（块衰落模型[73]）。假设所有的信道状态都能在每次码字传输之前通过接收机反馈到信源节点和中继节点处。为更高效地使用 SD 策略，依照每个块的信道状态将衰落中继系统划分为一系列的并行中继子信道。具体来讲，将那些同时具有相同 N_1-N_2 链路 SNR 和 N_1-N_3 链路 SNR 的块单元合并到一起，组成一个中继子信道。通过这种分割和组合，能得到一系列子信道，并且在每个子信道中，S_{21} 和 S_{31} 是固定不变的。故在这些子信道中，信源—中继信道和信源—信宿信道可以被看成 AWGN 信道，而中继—信宿链路经历着准静态衰落。以下基于这种划分逐一分析这些子信道。

如果在子信道中 $S_{21} \leqslant S_{31}$ 成立，则无论中继—信宿链路的信道增益如何变化，系统都应该选取 CF 策略来获得较高的传输速率。这是因为在这种情形下，CF 速率绝对不比信源—信宿信道容量 $C(S_{31})$ 小，而 DF 速率却总是小于 $C(S_{31})$。进一步考虑满足 $S_{21} > S_{31}$ 的子信道。记中继—信宿的信道增益为 H，则每一个衰落中继子信道中的信号传输可以被描述为

$$Y_2 = g_{21}X_1 + Z_2 \tag{5-23}$$

$$Y_3 = g_{31}X_1 + Hg_{32}X_2 + Z_3 \tag{5-24}$$

第5章 全双工中继信道资源配置优化

注意到可以将 H 的标准差合并到 g_{32}，不失一般性，可假设 H 的方差为 1。为便于分析，记 N_2-N_3 链路在信道增益为 h 时的链路信噪比为 $S_{32}(h)$，其中 h 指代 H 的实现，则有 $S_{32}(h)=h^2g_{32}^2P_2(h)$，其中，$P_2(h)$ 是信道增益为 h 时的中继功率。在衰落情形下设中继功率约束为 $\overline{P}_2$。

为评价 S_{21} 和 S_{31} 给定的中继子信道的传输性能，定义

$$E \triangleq \int_0^{+\infty} p(h)R(h)\mathrm{d}h \tag{5-25}$$

式中，$R(h)$ 是信道增益为 h 时的系统传输速率，$P_2(h)$ 必须满足平均功率约束条件。对于中继节点，一个最简单的功率配置是设置 $P_2(h)=\overline{P}_2$ 且无论中继—信宿信道增益如何变化都一直使用 DF 策略或 CF 策略。考虑到所有节点能通过反馈获知信道状态，另一种方案是在每个块传输时选择 DF 策略、CF 策略和 SD 策略中最好的一种作为协作协议传输信号，分别记 DF 策略、CF 策略和策略选择能获得的遍历速率为 E_{DF}、E_{CF} 和 E_{SW}。根据式（5-25），可以通过替换式（5-25）中的 $R(h)$ 为 $C_{\mathrm{DF}}^-(h^2g_{32}^2\overline{P}_2)$、$C_{\mathrm{CF}}^-(h^2g_{32}^2\overline{P}_2)$ 和 $\overline{C_{\mathrm{MAX}}}(h^2g_{32}^2\overline{P}_2)$ 的方式获得 E_{DF}、E_{CF} 和 E_{SW} 的表达式。

进一步利用全局已知信道状态及其统计分布的条件，系统还能继续使用中继功率分配回避使用落入中等信噪比 S_{32} 的信道来进行信号传输。因此，需要在系统中实施基于信道状态的功率分配。定义通过功率分配方案 $P_2(h)$ 获得的遍历速率为

$$E_{\mathrm{PA}}(P_2(h)) \triangleq \int_0^{+\infty} p(h)\overline{C_{\mathrm{MAX}}^-}(S_{32}(h))\mathrm{d}h$$

接下来，将上述功率分配问题在条件 $S_{21}>S_{31}$ 满足时的情形下进行概括介绍。

在平均功率约束条件下的最优信道状态层功率分配问题可以记为

$$\begin{aligned}&\max_{P_2(h)} E_{\mathrm{PA}}(P_2(h))\\&\mathrm{s.t.}\quad \int_0^{+\infty} p(h)P_2(h)\mathrm{d}h=\overline{P}_2\end{aligned} \tag{5-26}$$

目标函数关于 $P_2(h)$ 是联合凸的。因此可以通过拉格朗日乘子法求解该优化问题。为简单起见，记 $\overline{C_{\text{MAX}}^{-'}}(S_{32})$ 为 $F(S_{32})$。如果 $p \leqslant S_{32} \leqslant q$，$F(S_{32})$ 是一个常数 K。为求解该优化问题，需要准确定义 $F^{-1}(S_{32})$。具体来讲，为保证 $F^{-1}(S_{32})$ 是一个函数，需要约定当 $p \leqslant S_{32} \leqslant q$ 时 $F^{-1}(K) = p$。基于这个定义，可以得到该问题的最优解。具体来讲，拉格朗日算子函数可表达为

$$\mathcal{L}(P_2(h), \mu) = \int_0^{+\infty} p(h) \overline{C_{\text{MAX}}^{-}}(S_{32}(h)) \mathrm{d}h - \mu \left(\int_0^{+\infty} p(h) P_2(h) \mathrm{d}h - \overline{P}_2 \right)$$

取 $\partial \mathcal{L} / \partial P_2(h) = 0$，可以得到

$$F(S_{32}(h)) \cdot h^2 g_{32}^2 - \mu = 0 \tag{5-27}$$

根据式（5-27），可以得到 $S_{32}(h) = F^{-1}(\mu / (h^2 g_{32}^2))$，$P_2(h) = F^{-1}(\mu / h^2 g_{32}^2) / (h^2 g_{32}^2)$。

由于最优的功率分配需满足式（5-26），则

$$\int_0^{+\infty} p(h) P_2(h) \mathrm{d}h = \int_0^{+\infty} \frac{2\mathrm{e}^{-h^2}}{h g_{32}^2} F^{-1}\left(\frac{\mu}{W h^2 g_{32}^2} \right) \mathrm{d}h = \overline{P}_2 \tag{5-28}$$

根据上述推导，可总结得到的最优功率分配如下。

定理 5.4：式（5-26）的最优解为

$$P_2^*(h) = \frac{1}{h^2 g_{32}^2} F^{-1}\left(\frac{\mu^*}{h^2 g_{32}^2} \right) \tag{5-29}$$

式中，μ^* 是式（5-28）的解。

注 5.3：因为 $P_2^*(h)$ 是一个最优的功率分配方案，可以推知 $E_{\text{PA}}(P_2^*(h)) \geqslant E_{\text{SW}}$。

注 5.4：根据 $F^{-1}(S_{32})$ 的定义，$S_{32}^*(h)$ 满足 $S_{32}^*(h) \notin (p, q)$。换句话说，对于给定的 μ^*，选用 $P_2^*(h)$ 使得：即便 $p < \overline{S}_{32} \leqslant q$，瞬时的中继—信宿信道信噪比 $S_{32}(h)$ 也不会落入区间 $p < S_{32}(h) \leqslant q$。因此，利用最优的信道层中继功率

分配，中继系统不会出现中等信噪比的情况。但有别于没有衰落的高斯中继信道，中继不用再将时间分为两个时隙进行进一步的功率分配和协作策略选取。基于信道状态的功率分配，系统已经完成了高斯中继信道中 SD 的过程。

如果不使用 SD 策略，基于信道状态的功率分配只能在 $C_{\text{MAX}}^-(S_{32})$ 的基础上进行。但由于对于 $S_{21} > S_{31}$，$C_{\text{MAX}}^-(S_{32})$ 并不是凸的，求解最优的功率分配会非常难。此处考虑的中继子信道，最优的功率分配不仅延展了避免 $S_{32}(h)$ 落入区间 (p,q) 的 SD 理念，还给出了根据信道状态的概率调整瞬时信噪比的方案，因此能获得一个基于信道状态调整功率带来的遍历速率增益。

5.5 仿真结果与分析

本节利用一些数值结果来进一步分析 SD 带来的速率增益。首先比较高斯中继信道中使用各种协作策略的可达传输速率，然后分析一个移动中继系统利用策略选择图获得的可达服务量，最后验证在准静态衰落中继信道中，通过信道层功率分配获得的遍历速率增益。

5.5.1 静态中继信道速率增益

首先以图 5-2 中的信道为例比较各协作策略对应的传输速率并验证 SD 带来的速率增益。其中，图 5-2 中的速率曲线是在如下条件下获得的：$S_{31}=8$、$S_{21}=16$、$M=25$，且系统为单位信道带宽。图 5-3 所示为不同策略的传输速率与中继—信宿链路信噪比 S_{32} 的关系，给出了同样条件下使用 SD 达到的传输速率及利用定理 5.3 给出的近似解获得的近似速率。用于比较的方案有由 DF、CF、文献[70]中使用的叠加 DF-CF 编码、使用叠加 DF-CF 编码和 SBD 解码[68]、提出的 SD 策略，SD 策略的近似解及割集上界。从图 5-3 中可以看出，叠加 DF-CF 编码和提出的 SD 策略都在一定程度上汇集了 DF 策略和 CF

策略的优点。特别地，SD 策略达到的速率曲线与 DF 速率和 CF 速率相切，这和定理 5.2 中得到的结论一致。此外，定理 5.3 提供的近似解所得到的速率与理论最优的 SD 可达传输速率非常接近，二者之间的差异几乎可以忽略。这验证了定理 5.3 中的近似解是对理论最优配置的有效逼近。如图 5-3 所示，利用 SBD 解码，叠加 DF-CF 编码在 $23 < S_{32} < 40$ 区间带来速率增益。同时看到 SD 策略在一个更广的信噪比区间 $8 < S_{32} < 50$ 上获得了比叠加 DF-CF 编码更大的速率增益。相应地，当 $8 < S_{32} < 50$ 时，可达传输速率和割集上界之间的距离也因新的传输速率而减小。在该数值结果中，新的可达传输速率比 CF 速率、DF 速率、叠加 DF-CF 编码、基于 SBD 解码的叠加 DF-CF 编码达到的速率都要高。具体来说，没有中继节点的帮助，信源节点只能以速率 $C(S_{31}) \approx 3.17$ bit/symbol 向信宿节点传输信号。对于 $S_{32} = M = 25$，利用 CF 策略或 DF 策略，系统可以达到 4.08 bit/symbol 的传输速率，通过中继节点合作带来 4.08−3.17=0.91 bit/symbol 的速率增益。类似地，叠加 DF-CF 编码和 SD 分别能够带来 0.93 bit/symbol 和 1 bit/symbol 的协作增益。在该条件下，SD 回避了复杂度较高的叠加 DF-CF 编码结构，获得了 $(1-0.91)/0.91 \approx 10\%$ 的协作增益。

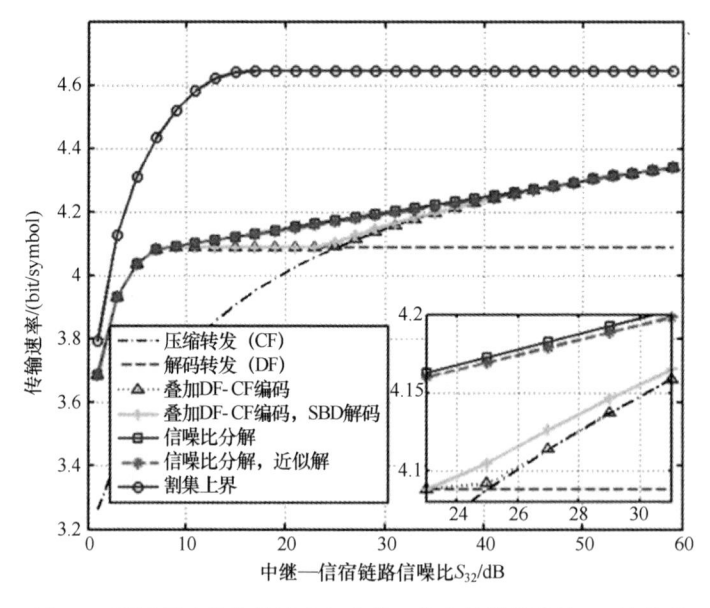

图 5-3　不同策略的传输速率与中继—信宿链路信噪比 S_{32} 的关系

考虑到信源—中继信道信噪比也会影响传输速率，图 5-4 给出了不同策略的传输速率与信源—中继链路信噪比 S_{21} 的关系。为了便于将提出的传输策略同文献[70]中的数值结果进行对比，图 5-4 的横轴坐标单位选为 dB，纵坐标单位选为 bit/symbol，在图 5-4 中，$S_{31}=5$ dB、$S_{32}=5.5$ dB，S_{21} 从 4 dB 到 9 dB 逐渐变化。可以看到当 6 dB$<S_{21}<$7.5 dB 时，利用 SBD 对叠加 DF-CF 编码解码能够带来速率增益；而在一个更大的信噪比范围 5.5 dB$<S_{21}<$8 dB 内，本章提出的 SD 策略也提供了速率增益。这验证了 SD 策略能够获得和叠加 DF-CF 编码一致的传输性能。在该数值结果中还看到新的 SD 策略优于叠加 DF-CF 编码。此外，定理 5.3 中给出的近似解同样能很好地逼近信噪比策略的理论最优值。

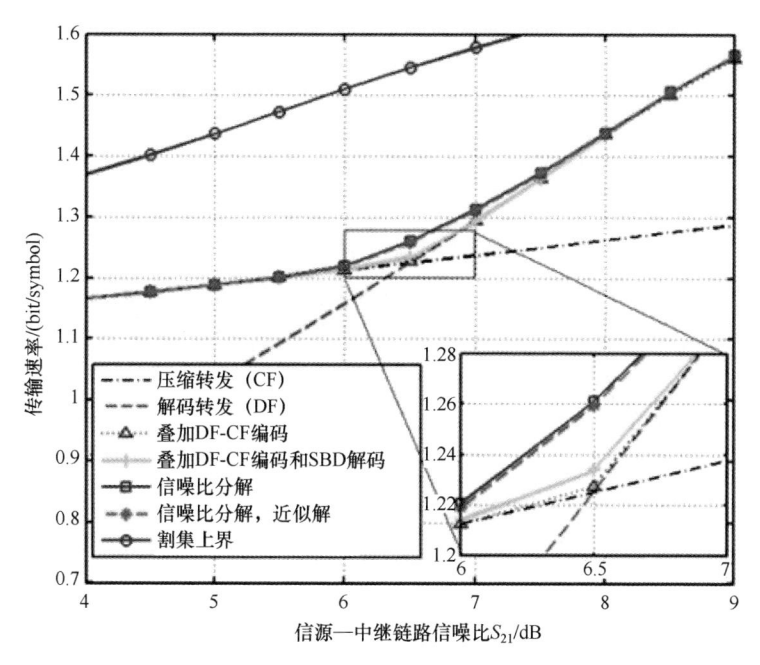

图 5-4　不同策略的传输速率与信源—中继链路信噪比 S_{21} 的关系

在没有中继节点的帮助下，信源节点可以按照 $C(S_{31})\approx 1.03$ bit/symbol 的速率传输信号。当 $S_{21}=6.5$ dB 时，使用 DF 策略或 CF 策略，叠加 DF-CF 编码和 SD 策略分别能够获得 1.225 bit/symbol、1.235 bit/symbol 和 1.26 bit/symbol 的传输速率，相应地能计算出上述策略中节点协作分别带来 0.195 bit/symbol、

0.205 bit/symbol 和 0.23 bit/symbol 的速率增益。在这个例子中，相较于 DF 策略和 CF 策略，叠加 DF-CF 编码获得了 $(0.205-0.195)/0.195 \approx 5\%$ 速率增益，而 SD 获得了 $(0.23-0.195)/0.195 \approx 18\%$ 的速率增益。

5.5.2 移动中继获得的服务量

基于推论 5.1，图 5-5 和图 5-6 给出了路径损耗因子 $\alpha=2$ 和 $\alpha=4$ 时的策略选择图。在这两个策略选择图中，d_{31} 被归一化到 1 个单位。节点功率设计为 $P_1=8\mathrm{W}$，$P_2=16\mathrm{W}$，噪声功率为 $1\mathrm{W}$。从图中可以看到整个区域被分割成三部分。其中最靠近信源节点的区域 $d_{21} \leqslant d_{31}$ 且式（5-19）成立，被标注为 DF 策略。类似地，在离信源节点较远的外围区域中，当式（5-22）成立时的区域被标注为 CF 策略。这表明当中继节点非常靠近信源节点时，使用 DF 策略能获得较高的传输速率，而当中继节点非常接近信宿节点时，使用 CF 策略能获得更高的传输速率。在 DF 区域和 CF 区域之间，有一个环状的区域使得式（5-19）和式（5-22）都不成立。在这种情况下，结合 DF 策略和 CF 策略能够获得更高的传输速率，该区域被标注为 SD 策略。根据两个不同的策略选择图，可以看到当中继节点落在信源节点和信宿节点之间时，SD 策略可以提升传输速率。而在实际系统中，这也恰巧是中继节点通常被部署的位置。因此策略选择图对基础设施部署和协作协议选择与制订有一定的指导意义。

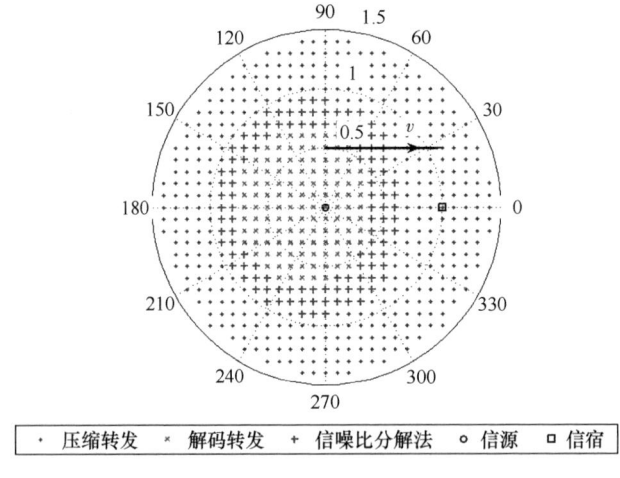

图 5-5 当 $\alpha=2$ 时的策略选择图

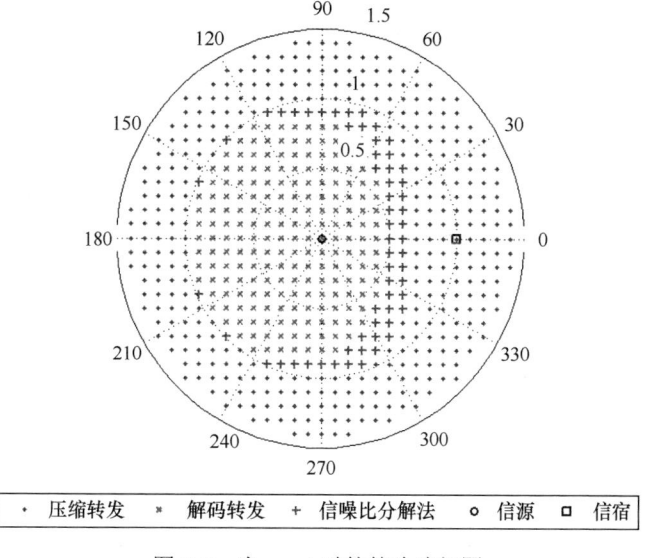

第 5 章 全双工中继信道资源配置优化

图 5-6 当 $\alpha=4$ 时的策略选择图

进一步,考虑一个移动中继系统的情形。如一辆在公路上行驶的汽车或一列运行中的火车。对于一个移动中继系统,它所处的位置可能会不停变化。因而,如果它能随位置的变化切换合适的协作策略,则系统在整个传输期间都能够获得一个较好的传输性能。为表征通过参考策略选择图切换协作策略获得的性能增益,定义瞬时传输速率从时间 $\tau=0$ 到 $\tau=t$ 的积分为系统的可达服务量 $S(t)$[74],即

$$S(t)=\int_0^t R(\tau)\mathrm{d}\tau \tag{5-30}$$

式中,(τ) 代表时间戳。在没有策略选择图时,中继节点只能一直使用 DF 策略或 CF 策略。如果系统有策略选择图,中继节点则能够根据自己的位置来选择系统的协作策略,达到提升传输速率的效果。分别记 DF 策略、CF 策略、叠加 DF-CF 编码和切换协作策略得到的可达服务量为 $S_{\mathrm{DF}}(t)$、$S_{\mathrm{CF}}(t)$、$S_{\mathrm{SP}}(t)$ 和 $S_{\mathrm{SW}}(t)$。虽然在不同路径下,$S_{\mathrm{DF}}(t)$、$S_{\mathrm{CF}}(t)$、$S_{\mathrm{SP}}(t)$ 和 $S_{\mathrm{SW}}(t)$ 有不同的表达形式,但若在式(5-30)中将 $R(\tau)$ 替换成 $C_{\mathrm{DF}}^-(S_{32}(\tau))$、$C_{\mathrm{CF}}^-(S_{32}(\tau))$、$C_{\mathrm{SP}}^-(S_{32}(\tau))$ 和 $\overline{C_{\mathrm{MAX}}^-}(S_{32}(\tau))$,则能获得 $S_{\mathrm{DF}}(t)$、$S_{\mathrm{CF}}(t)$、$S_{\mathrm{SP}}(t)$ 和 $S_{\mathrm{SW}}(t)$ 的一般表达式。需要注意的是在 $C_{\mathrm{DF}}^-(S_{32}(\tau))$、$C_{\mathrm{CF}}^-(S_{32}(\tau))$、$C_{\mathrm{SP}}^-(S_{32}(\tau))$ 和

$\overline{C_{\text{MAX}}^-}(S_{32}(\tau))$ 中，所有关于 τ 的量都应当更新为和位置相关的瞬时值。

不妨考虑中继节点沿着图 5-5 中标注的黑线运动的场景。假设它从 $(0.5, \pi/2)$ 以 0.2 单位/s 的速率运动到 $(\sqrt{1.25}, \arctan(1/2))$，可以计算出 $T = 5\,\text{s}$。考虑中继系统中 $\alpha = 2$、$P_1 = 8\,\text{W}$、$P_2 = 16\,\text{W}$，且噪声功率为 1W、带宽为单位带宽。图 5-7 和图 5-8 分别绘制了使用 DF 策略、CF 策略，叠加 DF-CF 编码和 SD 策略获得的单位带宽瞬时速率和可达服务量。根据图 5-7 和图 5-8，可以看到在 $[\tau_1, \tau_2]$ 时间区间，使用 SD 策略能够获得较高的瞬时速率。这和图 5-5 中给出的策略选择图一致。正如图 5-7 和图 5-8 描绘的一样，对于时间区间 $\tau \in [0, \tau_1]$，$S_{\text{SW}}(t)$ 和 $S_{\text{DF}}(t)$ 是一样的，这是因为 DF 策略在这个阶段是取得最高传输速率的协作策略。当 $t = \tau_1 \approx 1.15\,\text{s}$ 时，中继节点移动到地图中的 SD 策略区域，这时，它可将系统分为两个子带，实施 SD 策略。随着时间的增加，$S_{\text{SW}}(t)$ 和 $S_{\text{DF}}(t)$ 也在增长。当 $t = \tau_2 \approx 2.85\,\text{s}$ 时，系统将协作协议切换为 CF 策略。正如图 5-8 中展示的一样，$S_{\text{SW}}(t)$ 的增长和 $S_{\text{CF}}(t)$ 是同步的。最后，在本次路径的终点，$S_{\text{SW}}(T) \approx 22\,\text{bit}$，$S_{\text{DF}}(T) \approx S_{\text{CF}}(T) \approx 20\,\text{bit}$。因此，系统根据策略选择图切换协作策略能获得 $2/10 = 20\%$ 的服务量增益。从图 5-8 中可以看到叠加 DF-CF 编码也能获得大约 22 bit 的可达服务量，这也再次验证 SD 策略能够获得同叠加 DF-CF 编码一致的传输性能。

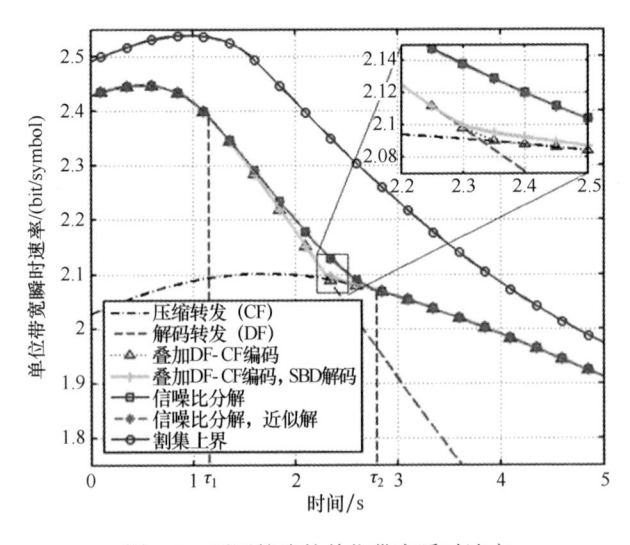

图 5-7 不同策略的单位带宽瞬时速率

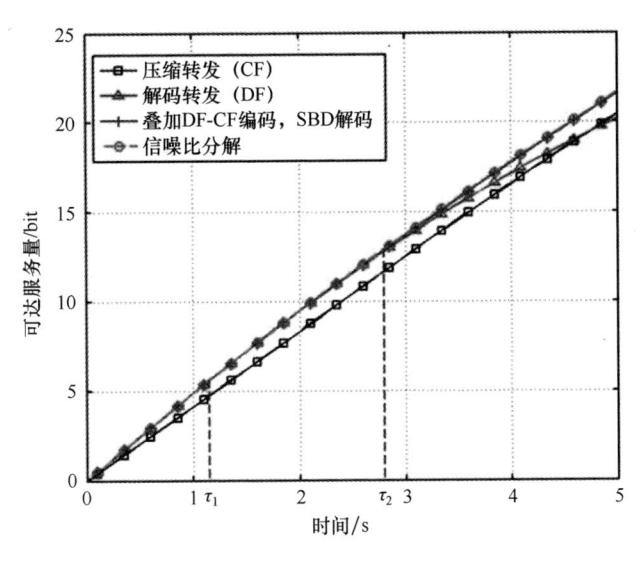

图 5-8 不同策略的可达服务量

5.5.3 功率分配遍历速率增益

图 5-9 给出了系统使用 DF 策略、CF 策略、SD 策略和在信道状态上依托 SD 进行功率分配达到的单位带宽遍历速率关于平均中继—信宿信道信噪比

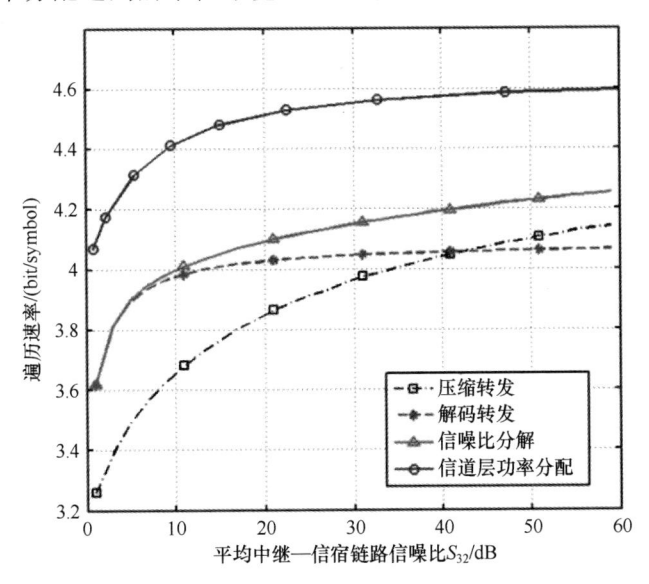

图 5-9 不同策略的单位带宽遍历速率

S_{32} 的数值结果。通过这个例子，可以分析 SD 为衰落信道带来的遍历速率增益。理论分析部分将衰落中继信道分成一系列具有相同 S_{21} 和 S_{31} 的衰落子信道。在图 5-9 的例子中，信道信噪比 S_{21} 和 S_{31} 被分别设置成 16 和 8。在图 5-9 中可以看到对于所有满足 $\bar{S}_{32} > 0$ 的平均中继—信宿信道信噪比，DF 策略和 CF 策略支持的遍历速率（E_{DF} 和 E_{CF}）之间没有固定的大小关系。但通过策略切换支持的遍历速率 E_{SW} 总是比 E_{DF} 和 E_{CF} 大。如果在中继节点处进一步使用最优的信道状态功率分配，获得的遍历速率 $E_{\mathrm{PA}}(P_2^*(h))$ 总是比 E_{DF}、E_{CF} 和 E_{SW} 都大。该数值结果验证了信道状态层功率分配会带来遍历速率增益。

本章附录

定理 5.1 的证明

首先证明如果 $S_{32} \leqslant S_{21} - S_{31}$，则 $C_{\mathrm{DF}}^-(S_{32}) \geqslant C_{\mathrm{CF}}^-(S_{32})$ 成立。因为 $S_{21} > S_{31}$，故 $C_{\mathrm{DF}}^-(x) = C(\gamma_\mathrm{d}(S_{32}))$。考虑

$$\gamma_\mathrm{d}(S_{32}) - \gamma_\mathrm{c}(S_{32}) = (\sqrt{S_{31}(S_{21} - S_{32})} + \sqrt{S_{32}(S_{21} - S_{31})})^2 / S_{21} - \left(S_{31} + \frac{S_{21}S_{32}}{S_{31} + S_{21} + S_{32} + 1}\right)$$

$$= S_{32} - \frac{S_{21}S_{32}}{S_{31} + S_{21} + S_{32} + 1} + \frac{2}{S_{21}}(\sqrt{S_{31}S_{32}(S_{21} - S_{31})(S_{21} - S_{32})} - S_{31}S_{32})$$

$$\overset{(c)}{\geqslant} \frac{(S_{31} + S_{32} + 1)S_{32}}{S_{31} + S_{21} + S_{32} + 1} + \frac{2}{S_{21}}(\sqrt{S_{31}^2 S_{32}^2} - S_{31}S_{32})$$

$$\geqslant 0$$

式中，(c) 根据 $S_{32} \leqslant S_{21} - S_{31}$ 得出。因此，$C_{\mathrm{MAX}}^-(S_{32}) = C_{\mathrm{DF}}^-(S_{32})$。

如果 $S_{32} > S_{21} - S_{31}$，则 $C_{\mathrm{DF}}^-(S_{32}) = C(S_{21})$。为确定 $C_{\mathrm{MAX}}^-(S_{32})$，考虑不等式 $C(S_{21}) \leqslant C_{\mathrm{CF}}^-(S_{32})$，其等效于

$$S_{21} - S_{31} \leqslant \frac{S_{21}S_{32}}{S_{31} + S_{21} + S_{32} + 1}$$

第 5 章　全双工中继信道资源配置优化

通过计算可进一步得出 $S_{32} \leqslant S_{21}(1+S_{21})/S_{31} - (1+S_{31}) = M$，$M \geqslant S_{21} - S_{31}$。因此，$C_{\text{DF}}^-(S_{32})$ 和 $C_{\text{CF}}^-(S_{32})$ 必有交点 $(M, C(S_{21}))$。相应地，如果 $S_{21} - S_{31} < S_{32} \leqslant M$，则 $C_{\text{MAX}}^-(S_{32}) = C(S_{21})$；反之，如果 $S_{32} > M$，则 $C_{\text{MAX}}^-(S_{32}) = C_{\text{CF}}^-(S_{32})$。这样，可以将 $C_{\text{MAX}}^-(S_{32})$ 写为定理 5.1 中（1）的式（5-3）。

下面证明命题（2）成立。根据对数函数的凸性和凹凸性组合的基本规律，只需要证明当 $0 < S_{32} < S_{21} - S_{31}$ 时，$\gamma_{\text{d}}'(S_{32}) > 0$ 和 $\gamma_{\text{d}}''(S_{32}) < 0$ 成立；而当 $S_{32} > 0$ 时，$\gamma_{\text{c}}'(S_{32}) > 0$ 和 $\gamma_{\text{c}}''(S_{32}) < 0$ 成立。

考虑

$$\gamma_{\text{d}}'(S_{32}) = \frac{1}{S_{21}} \left(S_{21} - 2S_{31} + \frac{S_{31}(S_{21} - S_{31})(S_{21} - 2S_{32})}{\sqrt{S_{31}S_{32}(S_{21} - S_{31})(S_{21} - S_{32})}} \right) \tag{5-31}$$

进一步计算

$$\gamma_{\text{d}}''(S_{32}) = \frac{\sqrt{S_{31}(S_{21} - S_{31})}}{S_{21}} \cdot \frac{-4S_{32}(S_{21} - S_{32}) - (S_{21} - 2S_{32})^2}{2(S_{32}(S_{21} - S_{32}))^{\frac{3}{2}}} \overset{\text{(d)}}{<} 0 \tag{5-32}$$

式中，(d) 是根据 $0 < S_{32} < S_{21} - S_{31}$ 得出的。将 $S_{32} = S_{21} - S_{31}$ 替换成式（5-31），容易得到

$$\frac{\text{d}C_{\text{DF}}^-}{\text{d}S_{32}} = \frac{\gamma_{\text{d}}'(S_{21} - S_{31}) \cdot \ln 2}{1 + \gamma_{\text{d}}(S_{21} - S_{31})} = \ln 2 \cdot \frac{S_{21} - 2S_{31} + \dfrac{S_{31}(S_{21} - S_{31})(2S_{31} - S_{21})}{\sqrt{S_{31}^2(S_{21} - S_{31})^2}}}{S_{21}(1 + \gamma_{\text{d}}(S_{21} - S_{31}))} = 0$$

结合式（5-32），可知对于 $0 < S_{32} < S_{21} - S_{31}$，$\gamma_{\text{d}}'(S_{32}) > 0$ 成立。

类似地，可注意到对于正的 S_{32}，有

$$\gamma_{\text{c}}'(S_{32}) = \frac{S_{21}(S_{31} + S_{21} + 1)}{(S_{31} + S_{21} + S_{32} + 1)^2} > 0 \tag{5-33}$$

和

$$\gamma_c''(S_{32}) = \frac{-2S_{21}(S_{31}+S_{21}+1)}{(S_{31}+S_{21}+S_{32}+1)^3} < 0 \quad (5\text{-}34)$$

最后，对于（3），因为 $\gamma_d(0)=S_{31}>0$，根据式（5-31），当 $S_{32}\to 0$ 时，有 $\gamma_d'(S_{32}) \to +\infty$。这样有

$$\lim_{S_{32}\to 0}\frac{\mathrm{d}C_{\mathrm{MAX}}^-}{\mathrm{d}S_{32}} = \lim_{S_{32}\to 0}\frac{\mathrm{d}C_{\mathrm{DF}}^-}{\mathrm{d}S_{32}} = \lim_{S_{32}\to 0}\frac{f_d'(S_{32})\cdot \ln 2}{1+\gamma_d(S_{32})} \to +\infty$$

证明完毕。

第 6 章　半双工中继系统联合功率分配和策略选择

基于第 5 章介绍的全双工中继信道资源配置优化，本章进一步探索半双工中继系统的对应扩展。本章将具体讨论如何通过联合功率分配和策略选择（Power Allocation and Strategy Selection，PASS）来实现速率性能的最大化。为充分结合 DF 和 CF 策略的优势，本章针对半双工中继信道提出了一种联合 PASS 方案。与常规的混合 DF/CF 方案相比，PASS 方案被证明可以实现更高的速率。PASS 方案通过主动调整和优化中继功率，然后在 DF 和 CF 之间选择更好的策略，可以在静态中继信道中获得速率增益。特别地，当中继节点在连续的时隙中接收和发送时，本章描述了 PASS 方案的速率提升区域，并给出了最佳速率性能的近似最优设置。随后 PASS 方案被扩展到衰落中继信道。分析结果表明，通过在不同信道状态下采用先进的中继功率分配技术，PASS 方案获得的速率增益被进一步放大。最后，基于 PASS 方案在静态中继信道中实现的速率的凸性，建立了相应的最优功率分配并给出了数值结果以验证分析的有效性。

6.1　引言

作为基本的传输单元，中继信道在协作通信中发挥着关键作用[75]。它由一个信源节点、一个中继节点和一个信宿节点组成。从信息论的角度来看，文献[23]为中继信道建立了一个通用的转移概率模型。基于这个模型，中继信道的研究为通信网络中的节点协作、链路调度、功率控制和信号设计提供了许多深刻的见解。在一般模型中，中继节点具有完美的自干扰消除能力以全双工方式运行，这在无线通信中难以完全实现。相比之下，半双工中继信道在实际协作通信网络中得到了广泛应用。研究如何在半双工中继信道中实现更高的速率对于协作网络中的系统设计同样有启发性。

对于半双工中继信道，资源分配提供了几种提高可达传输速率的方法[33,76-78]。首先，由于信号传输被分为中继接收阶段和中继传输阶段，因此可以通过让信源节点和中继节点在中继传输阶段发送相关信号来获得速率提升[76]。本质上，优化相关系数可以视为信号级的功率分配。其次，中继接收阶段和中继传输阶段的不同时间分配及在这两个阶段上的信源功率分配也会获得不同的传输速率[33,76]。此外，在无线通信中，链路通常由于多径效应而经历衰落[73]，信道增益或信道状态会随时间和频率变化。因此在信道状态上进行有效的功率分配通常有助于实现更高的数据传输速率[46-48]。

各种具有不同机制的中继策略使不同场景下的资源分配变得多样化。文献[24]提出了 DF 策略和 CF 策略，建立了中继信道的可达传输速率和容量上限。这两种策略已在无线通信网络中得到广泛应用[65,79]。另一种著名的中继策略，即 AF 策略，已被用于实现更好的分集–复用折中[80-81]。由于 AF 策略简单，它在信号实时处理中得到广泛使用，并在高信噪比条件下能实现并行中继网络的渐近容量[82]。然而，在大多数全双工情况下，AF 策略在传输速率方面比 DF 策略要差[66]。

基于这些中继策略，中继网络中的资源分配引起了广泛关注[3,5,14-22]。根据文献[50]和文献[51]中提出的 AF 策略，文献[83]中研究了经历瑞利衰落的多跳中继网络中的基于信道增益的功率分配。基于 AF 和 DF 策略，文献[84]分析了高斯并行中继信道的联合带宽和功率分配，根据信道增益的波动，对多中继场景下的中继选择与资源分配相结合进行了讨论[85-87]。此外，文献[88]研究了低能耗情况下的能效，文献[89]则针对多天线中继信道研究了中继选择策略。事实上，在文献[83-89]中考虑的拓扑结构与半双工中继信道不同。因此，这些研究获得的结果不能直接应用于半双工中继信道。基于 DF 策略，文献[90]对并行半双工中继信道的最佳功率分配进行了全面分析。在文献[91]中，AF 策略也被视

第 6 章　半双工中继系统联合功率分配和策略选择

为一种备选方案，用于基于信道状态的功率分配。值得注意的是，文献[90-91]中的结果适用于正交中继信道，其中中继节点使用独占的信道与信宿节点进行通信，这需要额外的频带。文献[46]考虑信源节点和中继节点具有总功率约束，详细分析了基于 DF 策略的全双工和半双工中继信道的完整容量界限和功率分配问题。文献[48]扩展了半双工中继信道中基于 DF 策略的、针对独立功率约束的信道状态功率分配。根据这些现有研究，信道状态级别的功率分配是基于静态中继信道建立的速率性能。因此可知应该更多地关注如何通过静态信道增益提高半双工中继信道的传输速率。

在静态信道增益的情况下，文献[31]将 CF 策略叠加在文献[24]中提出的 DF 策略中，从而获得了速率增益。这种叠加方案在文献[68]和文献[81]中进行了深入研究。然而，由于信号设计变得更加复杂，叠加 DF-CF 方案所实现的速率难以解析表征。相比之下，采用混合 DF/CF 方案更为直观，该方案在 DF 和 CF 策略之间选择较优的一个执行[92]。在文献[93]、文献[63]与本书第 5 章的工作中，基于混合 DF/CF 方案为全双工中继信道建立了一个新的可达传输速率。在衰落信道中，策略选择受益于信道增益的变化，从而提高了遍历速率。然而，在静态信道中，常规的混合方案会立即退化为 DF 或 CF 策略，其速率性能由链路增益决定。此外，由于混合 DF/CF 方案所实现的速率通常不是凸的，因此在衰落中继信道中根据信道状态进行功率分配的最优解仍然难以找到。

本章考虑中继节点在 DF 和 CF 策略之间选择之前主动调整发射功率。这样，中继节点在与信源节点和信宿节点进行合作时扮演了更积极的角色，同时系统也避免了使用复杂的叠加码字。在静态中继信道中，链路增益是固定的并由客观环境决定。此时中继节点功率随时间主动求变，为在静态中继信道中实现高于 DF 策略速率和 CF 策略速率中较高的速率提供了机会。文献[94]中观察到了这一点，并在文献[95]中将其扩展到中继节点以相等的时间发送和接收信号的半双工衰落中继信道中。这一过程可以视为在中继策略上的主动功率分配，它充分利用了静态系统中 DF 和 CF 两种策略。

根据 DF 和 CF 策略的不同机制，通过优化中继功率分配和选择有效的中继策略，可以获得额外的速率增益。本章的主要贡献如下：

（1）本章为半双工中继信道提出了一种基于 DF 和 CF 策略的联合 PASS 方案。在 PASS 方案中，中继节点随时间调整其传输功率，系统根据分配的中继功率选择 DF 和 CF 策略中速率更高的一个作为协作策略。分析表明，通过优化功率分配，系统不仅能够实现高于 DF 和 CF 策略的速率，而且实现的速率相对中继功率而言是凸的。这一新的可达传输速率为半双工中继信道的容量提供了最佳的下界。此外，新可达传输速率的凸性为衰落中继信道中的高级功率分配奠定了基础。

（2）当中继节点在相等的时间内顺序地接收和传输时，使用 PASS 方案可以获得严格的正速率增益。在这种情况下，本章给出了中继功率分配和时间划分的近似最优闭式解。根据近似最优解，我们确定了正速率提升区域的边界，并给出了 PASS 方案所能达到最高速率的近似值。

（3）将 PASS 方案进一步应用到准静态衰落中继信道中。基于 PASS 方案在静态中继信道上实现的速率的凸性，本章还研究了跨信道状态的进阶中继功率分配。分析了跨信道状态的最优功率分配及相应的遍历速率。仿真结果表明，跨策略和跨信道状态的两级功率分配可以在中继—信宿信道的信噪比方面实现 1.5～3 dB 的增益。

6.2 系统模型与相关速率界

本章考虑如图 6-1 所示的中继信道，其中 N_1、N_2 和 N_3 分别代表信源、中继和信宿节点。假定这些节点以半双工模式运行，并且已知三个链路的增益。考虑系统具有单位带宽，如图 6-1 所示，传输被分为两个阶段：在第一阶段，信源节点向中继节点和信宿节点发送信息；在第二阶段，信源节点和中继节点向信宿节点发送信息。令 X_i 表示在节点 $N_i (i=1,2)$ 处发送的信号，Y_j 表示

第6章 半双工中继系统联合功率分配和策略选择

在 $N_j(j=2,3)$ 处接收的信号。本章使用上标 k 来标识在第 k 阶段 ($k=1,2$) 发送的信号,并用 h_{ij} 表示从节点 N_i 到节点 N_j 的信道增益。则系统中的信号传输可表示为

$$Y_3^{(1)} = h_{31} X_1^{(1)} + Z_3^{(1)} \tag{6-1}$$

$$Y_2^{(1)} = h_{21} X_1^{(1)} + Z_2^{(1)} \tag{6-2}$$

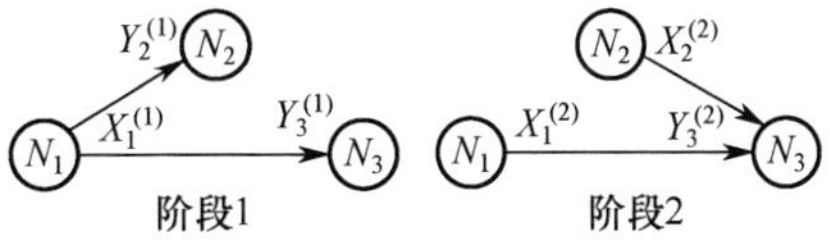

图 6-1 半双工中继系统模型

$$Y_3^{(2)} = h_{31} X_1^{(2)} + h_{32} X_2^{(2)} + Z_3^{(2)} \tag{6-3}$$

式中,$Z_j^{(k)}(j=2,3;k=1,2)$ 表示第 k 个阶段在节点 N_j 处的 AWGN。在系统中,设 $Z_j^{(k)}$ 服从均值为 0、方差为 1 的复高斯分布,即 $Z_j^{(k)} \sim \mathcal{CN}(0,1)$。令 α 表示双工比,即第一阶段的时间比例。令 P_1 和 P_2 分别表示信源节点 N_1 和中继节点 N_2 的平均功率约束。此外,令 $P_i^{(k)}$ 表示第 k 个阶段 ($k=1,2$) 在节点 $N_i(i=1,2)$ 上使用的功率,并假设信源节点在第一阶段使用了占总能量比例为 κ 的能量。则信源节点和中继节点在不同阶段使用的功率分配可以表示为

$$P_1^{(1)} = \frac{\kappa P_1}{\alpha}, \quad P_1^{(2)} = \frac{(1-\kappa)P_1}{(1-\alpha)}, \quad P_2^{(2)} = \frac{P_1}{(1-\alpha)} \tag{6-4}$$

注意到在每个信号持续时间内信道增益 $\{h_{ij}\}$ 是由系统确定的。令 R 表示系统的传输速率,则 R 是 α、$P_1^{(1)}$、$P_1^{(2)}$ 和 $P_2^{(2)}$ 的函数,或者等价为 α、κ、$P_1^{(2)}$ 和 $P_2^{(2)}$ 的函数。为方便起见,本章使用上标"*"来表示变量的最优值和函数的最大值。

本章考虑发送的信号服从高斯分布。基于该条件,割集上界(cut-set upper bound)及 DF 和 CF 策略所能达到的速率可以表示为[33]

$$R_{\text{UB}}(\alpha,\kappa,P_1,P_2) = \max_{0 \leqslant \rho \leqslant 1} \min\{\alpha C((|h_{21}|^2 + |h_{31}|^2)P_1^{(1)}) + \bar{\alpha}C((1-\rho)|h_{31}|^2 P_1^{(2)}),$$
$$\alpha C(|h_{31}|^2 P_1^{(1)}) + \bar{\alpha}C(|h_{31}|^2 P_1^{(2)} + |h_{32}|^2 P_2^{(2)} + 2\rho\sqrt{|h_{31}|^2 P_1^{(2)} |h_{32}|^2 P_2^{(2)}})\}$$

$$\tag{6-5}$$

$$R_{\text{DF}}(\alpha,\kappa,P_1,P_2) = \max_{0\leq\rho\leq 1}\min\{\alpha C(|h_{21}|^2 P_1^{(1)}) + \bar{\alpha} C((1-\rho)|h_{31}|^2 P_1^{(2)}),$$
$$\alpha C(|h_{31}|^2 P_1^{(1)}) + \bar{\alpha} C(|h_{31}|^2 P_1^{(2)} + |h_{32}|^2 P_2^{(2)} + 2\rho\sqrt{|h_{31}|^2 P_1^{(2)} |h_{32}|^2 P_2^{(2)}})\}$$

（6-6）

$$R_{\text{CF}}(\alpha,\kappa,P_1,P_2) = \alpha C\left(|h_{31}|^2 P_1^{(1)} + \frac{|h_{21}|^2 P_1^{(1)}}{1+\sigma^2}\right) + \bar{\alpha} C(|h_{31}|^2 P_1^{(2)}) \quad (6\text{-}7)$$

式中，$C(x)=\ln(1+x)$ 表示单位带宽下复基带信号模型对应的香农公式。下标 "UB" "DF" "CF" 分别代表割集上界、DF 速率和 CF 速率。σ^2 表示"压缩噪声"，其满足：

$$\sigma^2 = \frac{|h_{21}|^2 P_1^{(1)} + |h_{31}|^2 P_1^{(1)} + 1}{\left(\left(1+\frac{|h_{32}|^2 P_2^{(2)}}{1+|h_{31}|^2 P_1^{(2)}}\right)^{\frac{1}{\alpha}-1} - 1\right)(1+|h_{31}|^2 P_1^{(2)})} \quad (6\text{-}8)$$

如果 $|h_{21}|\leq|h_{31}|$，则 DF 速率公式中的第一项满足：

$$\alpha C(|h_{21}|^2 P_1^{(1)}) + (1-\alpha)C((1-\rho^2)|h_{31}|^2 P_1^{(2)}) \leq C(|h_{31}|^2 P_1)$$

即 DF 的速率小于直接传输的速率 $C(|h_{31}|^2 P_1)$。因此，本章仅在 $|h_{21}|>|h_{31}|$ 的情况下考虑 DF 策略。相比之下，由于 $R^*_{\text{CF}}(P_2) \geq C(|h_{31}|^2 P_1)$，CF 策略总是带来正的速率增益。

通常，DF 和 CF 策略的容量下界被定义为通过使用最优的 α^* 和 κ^* 实现的最大 DF 速率 R_{DF} 和 CF 速率 R_{CF}。为分析中继功率分配的影响，考虑固定 P_1，此时可将 DF 速率界和 CF 速率界分别表示为

$$R^*_{\text{DF}}(P_2) \triangleq R_{\text{DF}}(\alpha^*_{\text{DF}},\kappa^*_{\text{DF}},P_1,P_2)$$

$$R^*_{\text{CF}}(P_2) \triangleq R_{\text{CF}}(\alpha^*_{\text{CF}},\kappa^*_{\text{CF}},P_1,P_2)$$

式中，α_Θ 和 κ_Θ 都是 P_1 和 P_2 的函数，$\Theta\in\{\text{CF},\text{DF}\}$。由于 $R_{\text{DF}}(\alpha_{\text{DF}},\kappa_{\text{DF}},P_1,P_2)$ 和 $R_{\text{CF}}(\alpha_{\text{CF}},\kappa_{\text{CF}},P_1,P_2)$ 都是超越函数，实际上并不容易获得 α 和 κ 的闭式解。通

常可以通过文献[33]中的方法找到 DF 和 CF 策略下的 α 和 κ。

如图 6-2 所示，系统可以根据信道增益和功率约束选择一个在 DF 和 CF 中更有效的策略以实现更高的速率。本章称这种方法为混合 DF/CF 方案，并用 $R_{HB}(\alpha,\kappa,P_1,P_2)$ 表示其可达到的传输速率。$R_{HB}(\alpha,\kappa,P_1,P_2)$ 可以写为

$$R_{HB}(\alpha,\kappa,P_1,P_2) = \max\{R_{DF}(\alpha,\kappa,P_1,P_2), R_{CF}(\alpha,\kappa,P_1,P_2)\} \quad (6\text{-}9)$$

相应地，通过优化 α 和 κ 得到的混合 DF/CF 方案所实现的传输速率满足：

$$R_{HB}^*(P_2) = \max\{R_{DF}^*(P_2), R_{CF}^*(P_2)\} \quad (6\text{-}10)$$

对于给定的 (P_1,P_2) 和固定的信道增益，混合方案会退化为 DF 或 CF 策略之一。尽管这种简洁的 DF 和 CF 策略选择确保了无论是在静态还是动态信道增益情况下，所获速率性能都不比纯粹使用 DF 或 CF 更差，但应注意策略选择增益是被动地由 (P_1,P_2) 和信道增益决定的。

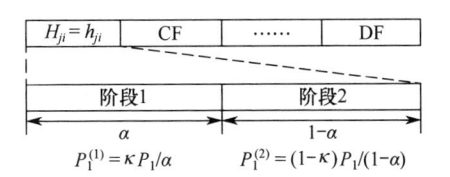

图 6-2 混合 DF/CF 方案

6.3 功率分配与策略选择方案及可达传输速率

为进一步扩大策略选择增益，中继节点可以主动地调整其功率。对于不同的中继功率，混合方案会选择不同的中继策略。因此，中继节点的功率控制可以通过恰当的功率分配来为提升可达传输速率创造契机。基于这一点，本节介绍一种 PASS 方案并分析其可达到的传输速率。

6.3.1 功率分配与策略选择方案

PASS 方案的核心在于：中继节点在策略选择之前即进行主动功率控制。为便于表述，在该方案中使用 λ 表示时间分割因子，使用 β 表示功率分配因子。PASS 方案的流程如图 6-3 所示，具体描述如下：

（1）系统在信号传输期间采用两种模式，即模式 I 和模式 II。系统分别在 λ 和 $1-\lambda$ 的时隙运行模式 I 和模式 II，$\lambda \in (0,1)$。

（2）在模式 I 中，中继节点以平均功率 $Q_\mathrm{I} = \beta P_2 / \lambda$ 发送信号。在模式 II 中，中继节点以平均功率 $Q_\mathrm{II} = (1-\beta)P_2 /(1-\lambda)$ 发送信号，$\beta \in [0,1]$。

（3）在每种模式下，系统使用经典的两阶段传输策略，即 DF 或 CF 策略。它根据在（2）中设定的中继功率和信道增益来选择 DF 和 CF 策略中可达传输速率较高的策略。

注 6.1：中继节点的平均功率约束总是满足：

$$\lambda Q_\mathrm{I} + (1-\lambda)Q_\mathrm{II} = \beta P_2 + (1-\beta)P_2 = P_2 \qquad (6\text{-}11)$$

中继节点会提前控制发射功率，通过调整 λ 和 β 来扩增可能的协作策略选择，而不是基于系统的信道增益来选择协作策略。通过这种方式，中继节点的协作能力可得到显著提升。

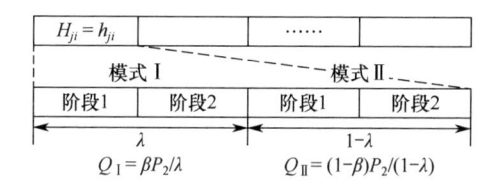

图 6-3　PASS 方案的流程

注 6.2：该方案包含了混合 DF/CF 方案。若使 $\lambda = 0$，$Q_\mathrm{I} = 0$，则 PASS 方案退化为混合 DF/CF 方案：即通过简单地选择 DF 策略或 CF 策略来实现 $R_\mathrm{HB}(\alpha,\kappa,P_1,P_2)$。

6.3.2 可达传输速率分析

令 $R_{\text{PASS}}(P_2)$ 表示 PASS 方案可达传输速率。鉴于信源节点能够频繁地进行功率控制，系统可以在模式 I 和模式 II 中使用不同的双工比率 α 与阶段级别的功率分配 κ。因此，系统可以在模式 $k(k=\text{I},\text{II})$ 中以速率 $R_{\text{HB}}^*(Q_k)$ 传输信号。令 $\overline{R_{\text{HB}}^*}(P_2)$ 表示 $R_{\text{HB}}^*(P_2)$ 的凸包络。基于 $\overline{R_{\text{HB}}^*}(P_2)$，可以给出 $R_{\text{PASS}}(P_2)$ 的一个解析表征。

定理 6.1：在高斯半双工中继信道中，PASS 方案所能达到的最高传输速率满足 $R_{\text{PASS}}(P_2) = \overline{R_{\text{HB}}^*}(P_2)$。

证明：首先证明通过使用 PASS 方案可以实现最高传输速率 $\overline{R_{\text{HB}}^*}(P_2)$，从而证明 $\overline{R_{\text{HB}}^*}(P_2) \leqslant R_{\text{PASS}}(P_2)$。

图 6-4 所示为 DF、CF、混合 DF/CF 及 PASS 方案的传输速率，一个关于 $R_{\text{DF}}^*(P_2)$、$R_{\text{CF}}^*(P_2)$、$R_{\text{HB}}^*(P_2)$，以及经过优化后具有最优 α^* 和 κ^* 的 $\overline{R_{\text{HB}}^*}(P_2)$ 的例子。从图 6-4 中可以直观地看到，如果 $\overline{R_{\text{HB}}^*}(P_2) = R_{\text{HB}}^*(P_2)$，则速率会退化为 $R_{\text{DF}}^*(P_2)$ 和 $R_{\text{CF}}^*(P_2)$ 之间的较大值。此时设 $\lambda=0$，则 $R_{\text{HB}}^*(P_2)$ 可达。如果 $\overline{R_{\text{HB}}^*}(P_2) \neq R_{\text{HB}}^*(P_2)$，则 $\overline{R_{\text{HB}}^*}(P_2)$ 上的每一个点都是 $R_{\text{HB}}^*(P_2)$ 上两个点的凸组合，这刚好遵循凸包络的定义。记这两个点为 $(P_{2,\text{I}}, R_{\text{HB}}^*(P_{2,\text{I}}))$ 和 $(P_{2,\text{II}}, R_{\text{HB}}^*(P_{2,\text{II}}))$，其中 $P_{2,\text{I}} < P_2 < P_{2,\text{II}}$（见图 6-4）。相应地，$\overline{R_{\text{HB}}^*}(P_2)$ 可以表示为

$$\overline{R_{\text{HB}}^*}(P_2) = \frac{R_{\text{HB}}^*(P_{2,\text{II}}) - R_{\text{HB}}^*(P_{2,\text{I}})}{P_{2,\text{II}} - P_{2,\text{I}}}(P_2 - P_{2,\text{I}}) + R_{\text{HB}}^*(P_{2,\text{I}}) \qquad (6\text{-}12)$$

在 PASS 方案中，设

$$\lambda = \frac{P_{2,\text{II}} - P_2}{P_{2,\text{II}} - P_{2,\text{I}}}, \quad \beta = \frac{P_{2,\text{II}}(P_{2,\text{II}} - P_2)}{P_2(P_{2,\text{II}} - P_{2,\text{II}})} \qquad (6\text{-}13)$$

由于 $P_{2,\text{I}} < P_2 < P_{2,\text{II}}$，容易证明 $\lambda \in (0,1)$ 和 $\beta \in [0,1]$。相应地，在模式 I 和模式 II 中使用的中继功率可分别由以下表达式给出：

$$\begin{cases} Q_{\mathrm{I}} = \dfrac{\beta P_2}{\lambda} = P_2 \cdot \dfrac{\dfrac{P_{2,\mathrm{I}}(P_{2,\mathrm{II}}-P_2)}{P_2(P_{2,\mathrm{II}}-P_{2,\mathrm{I}})}}{\dfrac{P_{2,\mathrm{II}}-P_2}{P_{2,\mathrm{II}}-P_{2,\mathrm{I}}}} = P_{2,\mathrm{I}} \\[2ex] Q_{\mathrm{II}} = \dfrac{1-\beta P_2}{1-\lambda} = P_2 \cdot \dfrac{1-\dfrac{P_{2,\mathrm{I}}(P_{2,\mathrm{II}}-P_2)}{P_2(P_{2,\mathrm{II}}-P_{2,\mathrm{I}})}}{1-\dfrac{P_{2,\mathrm{II}}-P_2}{P_{2,\mathrm{II}}-P_{2,\mathrm{I}}}} = P_{2,\mathrm{II}} \end{cases}$$

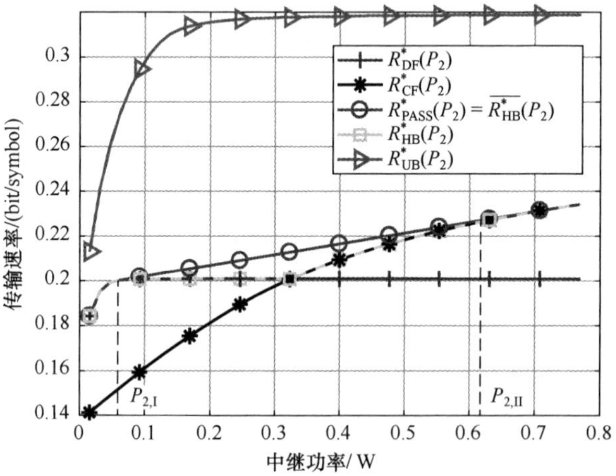

图 6-4 DF、CF、混合 DF/CF 及 PASS 方案的传输速率

在每个模式下，系统会在 DF 和 CF 策略之间选择速率更高的策略。如果系统选择了 DF（或 CF）策略，它可以在阶段级别的信号设计中分别设置 $\kappa = \kappa_{\mathrm{DF}}^*$（或 $\kappa = \kappa_{\mathrm{CF}}^*$）和 $\alpha = \alpha_{\mathrm{DF}}^*$（或 $\alpha = \alpha_{\mathrm{CF}}^*$）。因此，系统可以在整个时间的 λ 部分以速率 $R_{\mathrm{HB}}^*(P_{2,\mathrm{I}})$ 传输信号，并在剩下的 $1-\lambda$ 部分以速率 $R_{\mathrm{HB}}^*(P_{2,\mathrm{II}})$ 传输信号。因此，这两个模式下实现的总速率为

$$\begin{aligned} R &= \lambda R_{\mathrm{HB}}^*(P_{2,\mathrm{I}}) + (1-\lambda) R_{\mathrm{HB}}^*(P_{2,\mathrm{II}}) \\ &= \frac{P_{2,\mathrm{II}}-P_2}{P_{2,\mathrm{II}}-P_{2,\mathrm{I}}} R_{\mathrm{HB}}^*(P_{2,\mathrm{I}}) + \left(1 - \frac{P_{2,\mathrm{II}}-P_2}{P_{2,\mathrm{II}}-P_{2,\mathrm{I}}}\right) R_{\mathrm{HB}}^*(P_{2,\mathrm{II}}) \\ &= \frac{R_{\mathrm{HB}}^*(P_{2,\mathrm{II}})-R_{\mathrm{HB}}^*(P_{2,\mathrm{I}})}{P_{2,\mathrm{II}}-P_{2,\mathrm{I}}}(P_2-P_{2,\mathrm{I}}) + R_{\mathrm{HB}}^*(P_{2,\mathrm{I}}) \\ &= \overline{R_{\mathrm{HB}}^*}(P_2) \end{aligned}$$

也就是说达到了 $\overline{R_{HB}^*}(P_2)$。因此，$\overline{R_{HB}^*}(P_2) \leqslant R_{PASS}(P_2)$。

接下来证明 $R_{PASS}(P_2) \leqslant \overline{R_{HB}^*}(P_2)$。对于特定的 λ，PASS 方案实现的速率为

$$R = \lambda R_{HB}^*(Q_I) + (1-\lambda) R_{HB}^*(Q_{II})$$

即 R 为 $R_{HB}^*(Q_I)$ 和 $R_{HB}^*(Q_{II})$ 的凸组合。不同的模式级功率分配 β 和时间分割因子 λ 会导致 $R_{HB}^*(Q_I)$ 和 $R_{HB}^*(Q_{II})$ 的各种凸组合。注意到凸包络是所有 $R_{HB}^*(P_2)$ 凸组合的边界，因此可以得出结论，$R_{PASS}(P_2) \leqslant \overline{R_{HB}^*}(P_2)$ 总是成立的。$\overline{R_{HB}^*}(P_2) \leqslant R_{PASS}(P_2)$ 和 $R_{PASS}(P_2) \leqslant \overline{R_{HB}^*}(P_2)$ 确立了 $R_{PASS}(P_2)$ 与 $\overline{R_{HB}^*}(P_2)$ 之间的等价性。证明完毕。

定理 6.1 基于 DF 和 CF 下界的最大值，描述了 PASS 方案所能达到的最高速率。由于 PASS 速率 $R_{PASS}(P_2) = \overline{R_{HB}^*}(P_2)$ 不会低于 $R_{HB}^*(P_2)$，因此其可以被视为半双工中继信道容量新的可达传输速率界。虽然不恰当的 β 和 λ 可能会将传输速率降低到小于 $R_{HB}^*(P_2)$ 的某个值，但只要使用式（6-13）中给出的最优模式级别功率分配 β^* 和时间划分 λ^*，系统就有望获得额外的速率增益。

图 6-5 展示了当信道增益 $|h_{31}|^2 = 1$、$|h_{21}|^2 = 1.2$、$|h_{32}|^2 = 1$ 时，PASS 方案相对于混合 DF/CF 方案速率增益的等高线图。可以观察到，对于满足 $0.2P_1 \leqslant P_2 \leqslant P_1$ 的两射线环绕的区域，PASS 方案实现了超过 DF 和 CF 速率最大值的速率，获得了模式级别功率分配带来的速率增益。特别地，当 $P_2 \approx 0.5P_1$ 时，PASS 方案实现了 10% 的速率提升。事实上，与图 6-4 所示的趋势类似，当 $P_2 < 0.2P_1$ 时，PASS 方案退化为 DF 策略；当 $P_2 > P_1$ 时，PASS 方案退化为 CF 策略。应当指出的是，速率增益区域的边界（见图 6-5 中的 $P_2 = 0.2P_1$ 和 $P_2 = P_1$）会随着系统信道增益的变化而变化。因此，当信道增益改变时，速率提升区域的位置也会有所不同。

注 6.3：对 PASS 方案来说，采用两种模式就足够了。这是因为 n 维函数的凸包络可以表示为 $n+1$ 个点的凸组合。由于 $R_{HB}^*(P_2)$ 是关于中继功率 P_2 的一维函数，因此将传输分为两种模式就足以获得 $\overline{R_{HB}^*}(P_2)$。

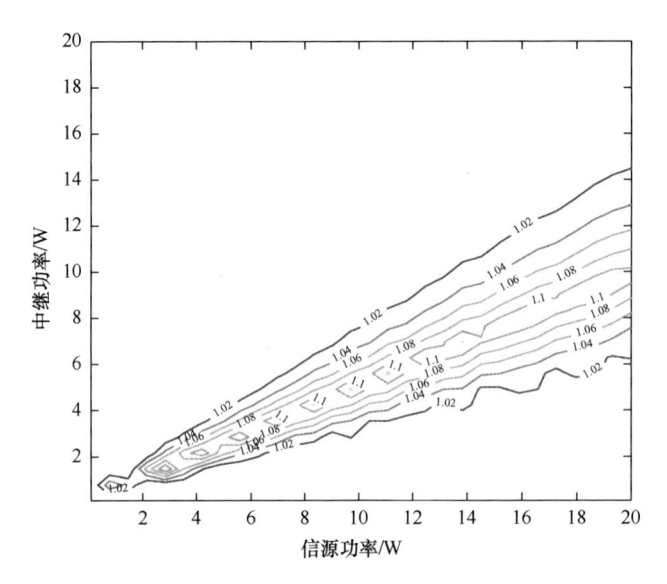

图 6-5　PASS 方案相对于混合 DF/CF 方案速率增益的等高线图

注 6.4：每种模式所使用的中继功率（$P_{2,\mathrm{I}}$ 和 $P_{2,\mathrm{II}}$）是中继功率约束 P_2 的函数。因此，λ^* 和 β^* 也与 P_2 有关。如果 $R_{\mathrm{HB}}^*(P_2)$ 在 $P_{2,k}(k=\mathrm{I},\mathrm{II})$ 处存在导数，那么它一定满足：

$$R'_{\mathrm{PASS}}(P_{2,k}) = \overline{R_{\mathrm{HB}}^*}{}'(P_{2,k}) = \frac{R_{\mathrm{HB}}^*(P_{2,\mathrm{II}}) - R_{\mathrm{HB}}^*(P_{2,\mathrm{I}})}{P_{2,\mathrm{II}} - P_{2,\mathrm{I}}} \quad (6\text{-}14)$$

这是由凸包络的性质决定的，该条件有助于找到 $P_{2,\mathrm{I}}$、$P_{2,\mathrm{II}}$、λ^*、β^* 和 $R_{\mathrm{HB}}^*(P_2)$ 的闭式解。

注 6.5：PASS 方案具有很强的兼容性。通过稍微修改 PASS 方案中的策略选择过程，如始终使用 Θ 策略（$\Theta \in \{\mathrm{DF}, \mathrm{CF}\}$），也可以实现 $R_\Theta^*(P_2)$ 的凸包络 $\overline{R_\Theta^*}(P_2)$。

$R_{\mathrm{PASS}}(P_2)$ 严格大于 $R_{\mathrm{HB}}^*(P_2)$ 的情况值得重点关注，因为在这种情况下，PASS 方案能提供非零的传输速率增益。本质上，PASS 方案所获得的增益来自两种基本协作策略（DF 和 CF）的不同机制。不同的信号设计、信号处理、双工比率 α^* 及阶段级别功率分配 κ^* 有助于在不同信道增益下提高中继功率的效率。为详细分析增益，需要明确地表示出 $\overline{R_{\mathrm{HB}}^*}(P_2)$。然而，一般情况下很难

找到 λ^* 和 β^* 的闭式解。不过在一些特殊情况下，$R_{DF}(P_2)$ 和 $R_{CF}(P_2)$ 可以具体表征，从而可以对 PASS 方案进行更详细的分析。下节将研究一类特殊的半双工中继信道，力图通过分析来显式描述非零传输速率增益区域。

6.4 "弱源"功率分配与策略选择方案

在实际场景中，由于电源管理、功率调控的粒度及其他限制因素，信源节点可能不具备频繁地功率控制和时序同步能力。这种情况在部署于偏远地区的传感器中很常见。本章称这类信源为"弱源"。对于两阶段传输，弱源难以及时调整 α 和 κ 到最优值 α^* 和 κ^*。与阶段级别功率分配相比，模式级别功率分配和时间划分通常会持续相对较长的时间，事实上，模式级别功率分配只需要系统在整个传输过程中切换一次中继策略。因此，在弱源中继系统中采用 PASS 方案更加合理，这也能充分利用弱源中继系统的协作能力。对于弱源，可以考虑在 DF 和 CF 策略中都设置 $\alpha = \kappa = 0.5$，即中继节点各用一半的时段接收和发送信号，这样信源节点避免了频繁的阶段级别功率控制。以下首先分析 PASS 方案确实能提高可达传输速率，然后讨论 λ^*、β^* 及相应的 PASS 传输速率近似值。

6.4.1 非零速率增益

本节采用下标"DS"表示弱源的传输速率。以下通过分别计算 $R_{DF}(1/2, 1/2, P_1, P_2)$ 和 $R_{CF}(1/2, 1/2, P_1, P_2)$ 来获得 $R_{DF,DS}(P_2)$ 和 $R_{CF,DS}(P_2)$。

定理 6.2：对于弱源半双工中继信道，DF 和 CF 策略实现的传输速率可分别表示为

$$R_{CF,DS}(P_2) = \frac{1}{2}C(|h_{31}|^2 P_1) + \frac{1}{2}C\left(|h_{31}|^2 P_1 + \frac{2|h_{21}|^2 P_1|h_{32}|^2 P_2}{1+|h_{21}|^2 P_1+|h_{31}|^2 P_1+2|h_{32}|^2 P_2}\right)$$

(6-15)

$$R_{\text{DF,DS}}(P_2) = \frac{1}{2}C(|h_{31}|^2 P_1) + \begin{cases} \frac{1}{2}C\left(|h_{31}|^2 P_1 + 2|h_{32}|^2 P_2 + 2\min\{\rho^*,1\}\sqrt{2|h_{31}|^2 P_1 |h_{32}|^2 P_2}\right), \\ \qquad\qquad\qquad\qquad\qquad\qquad\qquad\qquad\qquad 0 \leqslant P_2 < T_I \\ \frac{1}{2}C(|h_{21}|^2 P_1), \qquad\qquad\qquad\qquad\qquad\qquad P_2 \geqslant T_I \end{cases}$$

（6-16）

式中，

$$T_I \triangleq \frac{|h_{21}|^2 P_1 - |h_{31}|^2 P_1}{2|h_{32}|^2} \tag{6-17}$$

$$\rho^* = \frac{\sqrt{2|h_{32}|^2 P_2 + \frac{(|h_{21}|^2 P_1 - |h_{31}|^2 P_1 - 2|h_{32}|^2 P_2)(1+|h_{21}|^2 P_1)}{1+|h_{31}|^2 P_1}}}{\sqrt{|h_{31}|^2 P_1 (1+|h_{21}|^2 P_1)/(1+|h_{31}|^2 P_1)}} - \frac{\sqrt{2|h_{32}|^2 P_2}}{\sqrt{|h_{31}|^2 P_1 (1+|h_{21}|^2 P_1)/(1+|h_{31}|^2 P_1)}} \tag{6-18}$$

证明：见本章附录。

由此可以更清楚地描述 $R_{\text{HB,DS}}(P_2) \triangleq \max\{R_{\text{DF,DS}}(P_2), R_{\text{CF,DS}}(P_2)\}$。

定理 6.3：考虑 DF 和 CF 策略都设 $\alpha = \kappa = 0.5$。定义

$$M \triangleq \frac{|h_{21}|^2 - |h_{31}|^2}{2|h_{31}|^2 |h_{32}|^2}(1+|h_{21}|^2 P_1 + |h_{31}|^2 P_1) \tag{6-19}$$

如果 $P_2 < M$，DF 策略可以实现比 CF 策略更高的传输速率。相反，如果 $P_2 \geqslant M$，CF 策略可以实现比 DF 策略更高的传输速率。

证明：见本章附录。

注 6.6：基于定理 6.3，如果 $P_2 < M$，则 $R_{\text{HB,DS}}(P_2) = R_{\text{DF,DS}}(P_2)$。反之，$R_{\text{HB,DS}}(P_2) = R_{\text{CF,DS}}(P_2)$。因此，混合 DF/CF 方案所能实现的传输速率可以表示为

$$R_{\text{HB,DS}}(P_2) = \frac{1}{2}C(|h_{31}|^2 P_1) +$$

$$\frac{1}{2} \times \begin{cases} C(|h_{31}|^2 P_1 + 2|h_{32}|^2 P_2 + 2\min\{\rho^*, 1\}\sqrt{2|h_{31}|^2 P_1 |h_{32}|^2 P_2}), & 0 \leqslant P_2 < T_I \\ C(|h_{21}|^2 P_1), & T_I \leqslant P_2 < M \\ C\left(|h_{31}|^2 P_1 + \dfrac{2|h_{21}|^2 P_1 |h_{32}|^2 P_2}{1+|h_{21}|^2 P_1 + |h_{31}|^2 P_1 + 2|h_{32}|^2 P_2}\right), & M \leqslant P_2 \end{cases}$$

(6-20)

结合中继节点处的功率分配和策略选择，根据定理 6.1，$R_{\text{PASS,DS}}(P_2) = \overline{R_{\text{HB,DS}}}(P_2)$ 是可达的。接下来证明对于某些 P_2 值，$R_{\text{PASS,DS}}(P_2)$ 严格大于 $R_{\text{HB,DS}}(P_2)$。

定理 6.4：考虑 DF 和 CF 策略都设定为 $\alpha = \kappa = 0.5$，则存在一个中继功率 P_2 使通过 PASS 方案实现的速率满足 $R_{\text{PASS,DS}}(P_2) > R_{\text{HB,DS}}(P_2)$。

证明：考虑 $P_2 = M$ 的情况。在这种情况下，DF 和 CF 策略达到相同的传输速率 $R_{\text{HB,DS}}(M) = (1/2)C(|h_{31}|^2 P_1) + (1/2)C(|h_{21}|^2 P_1)$。假设 ε 是一个小的正数并在 PASS 方案中设置 $\lambda = 1/2$ 和 $\beta = (1-\varepsilon)/2$。不难计算出 $Q_I = M - \varepsilon$ 和 $Q_{II} = M + \varepsilon$。在模式 I 和模式 II 中，系统分别采用 DF 和 CF 策略。因此，系统的总传输速率为

$$R = \lambda R_{\text{HB,DS}}(Q_I) + (1-\lambda) R_{\text{HB,DS}}(Q_{II})$$
$$= \frac{1}{2}(R_{\text{DF,DS}}(M-\varepsilon) + R_{\text{CF,DS}}(M+\varepsilon))$$
$$\overset{(a)}{=} \frac{1}{2}(R_{\text{DF,DS}}(M) + R_{\text{CF,DS}}(M+\varepsilon))$$

式中，(a) 基于当 $\varepsilon < M - T_I$ 时，$R_{\text{DF,DS}}(M-\varepsilon) = R_{\text{DF,DS}}(M)$ 的事实。$R_{\text{CF,DS}}(P_2)$ 可以写为

$$R_{\text{CF,DS}}(P_2) = \frac{1}{2}C\left(|h_{31}|^2 P_1 + \frac{2|h_{21}|^2 P_1 |h_{32}|^2}{(1+|h_{21}|^2 P_1 + |h_{31}|^2 P_1)/P_2 + 2|h_{32}|^2}\right) + \frac{1}{2}C(|h_{31}|^2 P_1)$$

(6-21)

可以推导出 $R_{\mathrm{CF,DS}}(P_2)$ 是关于 P_2 的单调递增函数。因此有

$$R = \frac{1}{2}(R_{\mathrm{DF,DS}}(M) + R_{\mathrm{CF,DS}}(M+\varepsilon)) > \frac{1}{2}(R_{\mathrm{DF,DS}}(M) + R_{\mathrm{CF,DS}}(M)) = R_{\mathrm{HB,DS}}(P_2)。$$

由于 $R_{\mathrm{PASS,DS}}(P_2) > R$ 恒成立，因此定理 6.4 成立。证明完毕。

定理 6.4 的证明表明，如果 $|h_{21}| > |h_{31}|$，则 $M > 0$，并且总是可以如证明中那样通过恰当的参数设置来获得正的速率增益 $R - R_{\mathrm{HB,DS}}(M)$。受该证明启发，接下来进一步明确估计 $R_{\mathrm{PASS,DS}}(P_2)$ 的大小。

6.4.2 次优解配置

根据定理 6.1 的证明，如果已知 $\overline{R_{\mathrm{HB,DS}}}(P_2)$，则可以基于 $\overline{R_{\mathrm{HB,DS}}}(P_2)$ 的分解推导出 Q_{I} 和 Q_{II}。相应地，可以通过找到 $\overline{R_{\mathrm{HB,DS}}}(P_2)$ 来优化 λ 和 β。为此，首先分析 $R_{\mathrm{HB,DS}}(P_2)$ 的凸性。

定理 6.5：当 $0 \leqslant P_2 \leqslant M$ 和 $M \leqslant P_2$ 时，$R_{\mathrm{HB,DS}}(P_2)$ 是凸的。

证明：见本章附录。

注 6.7：基于定理 6.5，可以推断系统应该在两种模式下使用不同的策略，因为 $R_{\mathrm{HB,DS}}(P_2)$ 中的 $R_{\mathrm{DF,DS}}(P_2)$ 和 $R_{\mathrm{CF,DS}}(P_2)$ 部分各自都是凸的。基于定理 6.5 和定理 6.4 的证明，可以推导出找到 $\overline{R_{\mathrm{HB,DS}}}(P_2)$ 相当于找到分别与 $R_{\mathrm{DF,DS}}(P_2)$ 和 $R_{\mathrm{CF,DS}}(P_2)$ 在 $q_{\mathrm{I}} \in [0, T_{\mathrm{I}}]$ 和 $q_{\mathrm{II}} \in [M, +\infty]$ 上相切的线。因此，q_k 是 PASS 方案中的中继在模式 $k, k = \mathrm{I}, \mathrm{II}$ 时应该使用的发射功率。根据式（6-14），q_{I} 和 q_{II} 满足如下条件：

$$R'_{\mathrm{DF,DS}}(q_{\mathrm{I}}) = \frac{R_{\mathrm{CF,DS}}(q_{\mathrm{II}}) - R_{\mathrm{DF,DS}}(q_{\mathrm{I}})}{q_{\mathrm{II}} - q_{\mathrm{I}}} = R'_{\mathrm{CF,DS}}(q_{\mathrm{II}}) \quad (6\text{-}22)$$

此外，当 $P_2 < M$ 时，PASS 方案相对于混合 DF/CF 方案的速率增益为 $\overline{R_{\mathrm{HB,DS}}}(P_2) - R_{\mathrm{DF,DS}}(P_2)$。对其求导，得到的结果是 $R'_{\mathrm{DF,DS}}(q_{\mathrm{I}}) - R'_{\mathrm{DF,DS}}(P_2)$。根据定理 6.5，这个结果是正的。类似地，可以推导出当 $P_2 > M$ 时，速率提升的导数是负的。这意味着 PASS 方案在 $P_2 = M$ 时实现了最大的速率提升。根

据式（6-19），当 P_1 很大时，$M \approx (|h_{21}|^4 - |h_{31}|^4)P_1/2|h_{31}|^2|h_{32}|^2$。因此，对于较高的信源功率，PASS 方案沿着线 $P_2/P_1 = |h_{21}|^4 - |h_{31}|^4/2|h_{31}|^2|h_{32}|^2$ 能带来最大的速率增益。

通常，从式（6-20）中获取 q_I 和 q_II 需要求解超越方程，这很难得到闭式解[①]。作为替代方案，可以通过设置适当的 q_I 和 q_II 来近似最优的 PASS 方案。

DF 策略在 $0 \leqslant P_2 \leqslant T_\mathrm{I}$ 时保持连续增量，但在 $T_\mathrm{I} \leqslant P_2 \leqslant M$ 时保持恒定速率。如果 $P_2 = T_\mathrm{I}$，则信源节点只需要设计一个码簿以达到第一阶段信源—中继信道的容量，而中继节点在第二阶段不与信源节点进行任何协作地转发信号，形成一个具有两个独立信源的多址接入信道。系统最终表现为一个并行信道。对于在第一阶段传输的信号，信宿节点从 $Y_3^{(1)}$ 和 $Y_3^{(2)}$ 中解码它，同时将 $X_1^{(2)}$ 视为高斯噪声，形成一个单输入-双输出信道。在从 $Y_3^{(3)}$ 消除 $X_2^{(2)}$ 后，信宿节点可以对信源节点在第二阶段传输的信号进行解码，形成另一个独立的信源—信宿信道。这样能够避免生成相关码簿和使用叠加编码，为系统设计带来诸多便利。因此，应考虑将 q_I 近似为 T_I。基于该近似，可将 q_II 近似表征如下。

定理 6.6：假设 $q_\mathrm{I} = T_\mathrm{I}$，弱源半双工中继信道中 PASS 方案的一个近似最优速率可通过下式得到：

$$q_\mathrm{II} = T_\mathrm{II} \triangleq \frac{P_1}{2|h_{32}|^2}\left(\frac{|h_{21}|^2}{K^*} - |h_{31}|^2\right) \tag{6-23}$$

式中，K^* 是如下方程的解：

$$\ln\left(1 + \frac{|h_{31}|^2}{|h_{21}|^2}\right) = \ln(1+K) + \frac{K(1-K)}{1+K} \tag{6-24}$$

证明：见本章附录。

[①] 事实上，如果 $P_1 < |h_{21}|^2 - |h_{31}|^2/|h_{31}|^4$，则存在一个 $\tilde{P}_2 \in (0, T_\mathrm{I})$ 使 $\rho^* = 1$ 成立。在这种情况下，$R'_\mathrm{DF,DS}(\tilde{P}_2^+) \neq R'_\mathrm{DF,DS}(\tilde{P}_2^-)$，并且 $R'_\mathrm{DF,DS}(\tilde{P}_2)$ 不存在。因此，式（6-22）中的第一个方程将不再适用，寻找 q_I 和 q_II 将变得更加复杂。

注 6.8：式（6-24）与 P_1 和 P_2 无关。因此，最优解 K^* 仅由信道增益决定，并且 K^* 可以被视为功率分配中的一个系统参数。同时，T_I 和 T_II 都与 P_1 成线性关系，其中线性系数 $K_\mathrm{I} \triangleq T_\mathrm{I}/P_1 = (|h_{21}|^2 - |h_{31}|^2)/2|h_{32}|^2$ 和 $K_\mathrm{II} \triangleq T_\mathrm{II}/P_1 = (1/2|h_{32}|^2)((|h_{21}|^2/K^*) - |h_{31}|^2)$ 都由信道增益决定。K_I 和 K_II 为策略选择提供了标准，并确定了一个两射线环绕的区域，在这个区域内，PASS 方案提供了正的速率增益。

基于 T_I 和 T_II，可以采用如下近似最优 PASS 方案：

（1）如果 $P_2 \leqslant T_\mathrm{I}(P_2 \geqslant T_\mathrm{II})$，设 $\lambda = \beta = Q_\mathrm{I} = 0$ 和 $Q_\mathrm{II} = P_2$。系统在模式 II 中始终采用 DF（CF）策略。

（2）如果 $T_\mathrm{I} \leqslant P_2 \leqslant T_\mathrm{II}$，设 $\lambda = T_\mathrm{II} - P_2/T_\mathrm{II} - T_\mathrm{I}$ 和 $\beta = T_\mathrm{I}(T_\mathrm{II} - P_2)/P_2(T_\mathrm{II} - T_\mathrm{I})$，系统在模式 I 中使用 DF 策略，在模式 II 中采用 CF 策略。

在这些设置下，通过 PASS 方案实现的次优速率 $\tilde{R}_{\mathrm{PASS,DS}}(P_2)$ 可以通过定理 6.1 推导出来。具体来讲，$\tilde{R}_{\mathrm{PASS,DS}}(P_2)$ 可表示为

$$\tilde{R}_{\mathrm{PASS,DS}}(P_2) = \frac{1}{2}C(|h_{31}|^2 P_1) + \frac{1}{2} \times \begin{cases} C(|h_{31}|^2 P_1 + 2|h_{32}|^2 P_2 + 2\min\{\rho^*,1\}\sqrt{2|h_{31}|^2 P_1 |h_{32}|^2 P_2}), & 0 \leqslant P_2 < T_\mathrm{I} \\ \dfrac{T_\mathrm{II} - P_2}{T_\mathrm{II} - T_\mathrm{I}} C(|h_{21}|^2 P_1) + \dfrac{P_2 - T_\mathrm{I}}{T_\mathrm{II} - T_\mathrm{I}} \left(R_{\mathrm{CF,DS}}(T_\mathrm{II}) - \dfrac{1}{2}C(|h_{21}|^2 P_1) \right), & T_\mathrm{I} \leqslant P_2 < M \\ C\left(|h_{31}|^2 P_1 + \dfrac{2|h_{21}|^2 P_1 |h_{32}|^2 P_2}{1 + |h_{21}|^2 P_1 + |h_{31}|^2 P_1 + 2|h_{32}|^2 P_2}\right), & M \leqslant P_2 \end{cases} \quad (6\text{-}25)$$

6.5 衰落中继信道方案应用

本节将提出的 PASS 方案应用于衰落中继信道。由于 PASS 方案在静态情况下能够实现比 DF、CF 及混合 DF/CF 方案更高的传输速率，因此，基于

PASS 方案的信道状态级别功率分配可以在衰落中继信道中提供更高的遍历速率。本节在介绍准静态衰落中继信道的基础上分析基于 PASS 方案的信道状态级别功率分配及相应的遍历速率。

6.5.1 准静态衰落信道

准静态衰落信道是指信道增益在整个信号传输时间段内保持恒定的一类衰落信道。对于 $i=1,2$，$j=2,3$，令 H_{ji} 和 h_{ji} 分别表示 $N_i - N_j$ 链路的随机信道增益及其实现。为简化表述，令 $\vec{h} = (|h_{31}|,|h_{21}|,|h_{32}|)$ 表示信道增益的绝对值。对于不同的信号传输持续时间，假设 H_{ji} 为独立的并服从相同的分布。令 $p_{|H_{ji}|}(|h_{ji}|)$ 表示 H_{ji} 幅度的分布。为关注信道状态级别的功率分配，考虑节点之间已建立了时序同步，即每个节点在每个信号传输时间段开始时就已知信道增益。因为 $R_{\mathrm{PASS}}(P_2)$ 也是 $\vec{h}$ 的函数，如果系统采用 PASS 方案，则瞬时速率 $R_{\mathrm{PASS}}(P_2)$ 会随时间变化。根据准静态性质，遍历速率（定义为信道状态上的平均速率）可以作为反映系统速率性能的指标。为关注中继节点，将信道状态级别中继功率分配描述为信道增益 $P_2(\vec{h})$ 的函数。并令 $R_{\mathrm{PASS}}(P_2(\vec{h}))$ 表示对应于信道状态实现 $\vec{h}$ 和信道状态级别中继功率分配 $P_2(\vec{h})$ 的瞬时可达传输速率。由此可以将系统的遍历速率描述为

$$S(P_2(\vec{h})) \triangleq \int_0^{+\infty}\int_0^{+\infty}\int_0^{+\infty} p(\vec{h}) R_{\mathrm{PASS}}(P_2(\vec{h})) d|h_{31}|d|h_{21}|d|h_{32}| \quad (6\text{-}26)$$

式中，$p(\vec{h}) \triangleq p(|h_{31}|)p(|h_{21}|)p(|h_{32}|)$ 是基于信道增益的独立性得出的。

6.5.2 最优功率分配

考虑 $P_2(\vec{h})$ 满足平均功率约束 P_2。因此可以将信道状态中继功率的分配问题总结如下。

问题 6.1：在平均中继功率约束下的遍历速率为

$$\max_{P_2(\vec{h})} S(P_2(\vec{h}))$$

$$\text{s.t.} \int_0^{+\infty}\int_0^{+\infty}\int_0^{+\infty} p(\vec{h})P_2(\vec{h})d|h_{31}|d|h_{21}|d|h_{32}| \leqslant P_2 \tag{6-27}$$

如果 $P_2(\vec{h})$ 被设置为 P_2，无论信道增益组合 $\vec{h}$ 如何变化，$S(P_2(\vec{h})) = S(P_2)$ 即为没有基于信道状态级别功率分配的情况下所能达到的遍历速率。

定理 6.7：问题 6.1 最优功率的解为

$$P_2^*(\vec{h}) = [R_{\text{PASS}}'^{(-1)}(\mu^*)]^+ \tag{6-28}$$

式中，$[x]^+ = \max\{x,0\}$，μ^* 是使式（6-27）成立的解，而 $R_{\text{PASS}}'^{(-1)}(\mu^*)$ 是 $R_{\text{PASS}}'(P_2(\vec{h}))$ 的逆函数。

证明：由于 $R_{\text{PASS}}(P_2(\vec{h}))$ 和 $S(P_2(\vec{h}))$ 关于 $P_2(\vec{h})$ 是非减的，对于任何满足式（6-27）不等式约束的 $P_2(\vec{h})$，增加 $P_2(\vec{h})$ 可以得到更大的 $S(P_2(\vec{h}))$。因此，问题 6.1 的最优解总是使式（6-27）的等号成立。这和增加发射功率能提高可达传输速率的直观认知一致。此外，由于 $R_{\text{PASS}}(P_2) = \overline{R_{\text{HB}}^*}(P_2)$ 关于 P_2 是凸的，问题 6.1 的目标函数关于 $P_2(\vec{h})$ 也是联合凸的，这个优化问题可以通过拉格朗日乘子法来求解。考虑拉格朗日函数：

$$\mathcal{L}(P_2(\vec{h}),\mu) = \int_0^{+\infty}\int_0^{+\infty}\int_0^{+\infty} p(\vec{h})R_{\text{PASS}}(P_2(\vec{h}))d|h_{31}|d|h_{21}|d|h_{32}| - \\ \mu\left(\int_0^{+\infty}\int_0^{+\infty}\int_0^{+\infty} p(\vec{h})P_2(\vec{h})d|h_{31}|d|h_{21}|d|h_{32}| - P_2\right) \tag{6-29}$$

令 $\partial \mathcal{L}(P_2(\vec{h}),\mu)/\partial P_2(\vec{h}) = 0$，有

$$R_{\text{PASS}}'(P_2(\vec{h})) - \mu_T = 0 \tag{6-30}$$

由于功率分配方案应该满足式（6-27），将式（6-30）代入式（6-27）中，可以得到最优的功率分配。证明完毕。

注 6.9：针对信道状态的最优中继功率分配呈现一种经典的"注水"形式。但在相应的解中，基本的香农公式被 $R_{\text{PASS}}(P_2)$ 所替换。最优功率分配可

以理解为使对于所有信道状态 $\vec{h}$ 速率增加与功率增加的比率相同。而这个比率等于 μ^*。

注 6.10：为明确表征 $P_2(\vec{h})$，需要明确定义 $R'_{\text{PASS}}(P_2(\vec{h}))$ 的逆函数。与香农公式的一阶导数连续不同，$R_{\text{PASS}}(P_2)$ 的一阶导数有可能不存在。其原因如下：一方面，对于给定的 $\vec{h}$，可能存在多个 $P_2(\vec{h})$ 满足式（6-30）。例如，在 $P_{2,\text{I}} < P_2 < P_{2,\text{II}}$ 成立且式（6-14）也成立的情况下可以找到这样的例子（见图 6-4）。另一方面，式（6-30）可能没有解，因为 $R'_{\text{PASS}}(P_2(\vec{h}))$ 可能不连续。幸运的是，基于 $R'_{\text{PASS}}(P_2(\vec{h}))$ 的凸性，总是可以在满足最优条件式（6-26）的解中恰当地选择中继功率。这是由于对于给定的 $0 \leqslant \mu^* \leqslant R'_{\text{PASS}}(0)$，总是存在一个 x 使得左导数和右导数满足 $R'_{\text{PASS}}(x^+) \leqslant \mu^* \leqslant R'_{\text{PASS}}(x^-)$。因此可以考虑定义

$$R'^{(-1)}_{\text{PASS}}(\mu^*) = \min\{x \mid R'_{\text{PASS}}(x^+) \leqslant \mu^* \leqslant R'_{\text{PASS}}(x^-)\} \tag{6-31}$$

这样定义得到的功率分配解不仅可以节省中继功率，还能保证式（6-28）是合理的。

注 6.11：根据式（6-31），应避免将中继功率设置为满足 $R_{\text{PASS}}(P_2) > R^*_{\text{HB}}(P_2)$ 的某个 P_2，可以通过以下方式证明。如果 $R_{\text{PASS}}(P_2) > R^*_{\text{HB}}(P_2)$，则 $R_{\text{PASS}}(P_2)$ 可以表示为式（6-12）。如果 $R'_{\text{PASS}}(P_{2,\text{I}})$ 存在，根据式（6-14），$R'_{\text{PASS}}(P_2) = R'_{\text{PASS}}(P_{2,\text{I}})$ 成立。根据 $R'^{(-1)}_{\text{PASS}}(\mu)$ 的定义，由于 $P_{2,\text{I}} < P_2$，$R'^{(-1)}_{\text{PASS}}(R'_{\text{PASS}}(P_2)) = P_{2,\text{I}}$，且 $R_{\text{PASS}}(P_{2,\text{I}}) = R^*_{\text{HB}}(P_{2,\text{I}})$。如果 $R'_{\text{PASS}}(P_{2,\text{I}})$ 不存在，根据凸包络的性质，它必须满足 $R_{\text{PASS}}(P_{2,\text{I}}) = R^*_{\text{HB}}(P_{2,\text{I}})$。因此，如果使用基于 $R^*_{\text{HB}}(P_2)$ 的功率分配，由于定理 6.7 中的最优功率分配是建立在满足 $R_{\text{PASS}}(P_2) = R^*_{\text{HB}}(P_2)$ 的某个中继功率 P_2 上的，因此可以获得相同的遍历速率。然而，由于 $R^*_{\text{HB}}(P_2)$ 通常不是凸的，因此在衰落情况下无法找到信道状态的最优功率分配。由于 PASS 方案在静态信道增益情况下实现了凸速率，因此能够较为显式地为信道状态级别最优功率分配提供指导。此外，由于 $R_{\text{PASS}}(P_2) \geqslant R^*_{\text{HB}}(P_2)$ 总是成立的，因此在衰落情况下基于 PASS 方案而不是混合 DF/CF 方案来进行信道状态级别功率分配也是容易理解的。

注 6.12：基于信道状态的最优功率分配解适用于任何衰落分布，从该角度来讲这种隐式解的形式是鲁棒的。

注 6.5 曾指出 $\overline{R_\Theta}(P_2)(\Theta\in\{\text{DF},\text{CF}\})$ 也可以通过修改 PASS 方案来实现。如果在式（6-26）中将 $R_{\text{PASS}}(P_2)$ 替换为凸速率函数 $\overline{R_\Theta}(P_2)$，通过讨论 $\overline{R}'_\Theta(P_2)$ 的逆函数，同样可以得到对应于策略 Θ 的最优信道状态级别功率分配。此外，如果 $\alpha=\kappa=0.5$，根据定理 6.5 证明中的分析，$R_{\text{DF,DS}}(P_2)$ 和 $R_{\text{CF,DS}}(P_2)$ 都是凸的。特别地，如果 $\rho^*\leqslant 1$ 始终成立，则可以将对应于 DF 策略、CF 策略和 PASS 方案的最优信道状态级别功率分配表示为

$$P^*_{2,\Theta,\text{DS}}(\vec{h})=[R'^{(-1)}_{\Theta,\text{DS}}(\mu^*_{\Theta,\text{DS}})]^+,\quad \Theta\in\{\text{DF},\text{CF}\}$$

$$P^*_{2,\text{PASS,DS}}(\vec{h})=\begin{cases}[R'^{(-1)}_{\text{CF,DS}}(\mu^*_{\text{PASS,DS}})]^+, & \mu^*_{\text{PASS,DS}}<R'_{\text{DF,DS}}(q_I(\vec{h}))\\ [R'^{(-1)}_{\text{DF,DS}}(\mu^*_{\text{PASS,DS}})]^+, & \mu^*_{\text{PASS,DS}}\geqslant R'_{\text{DF,DS}}(q_I(\vec{h}))\end{cases}$$

$q_I(\vec{h})$ 表示针对不同信道状态 $\vec{h}$ 的 q_I。基于本章附录中呈现的 $R'_{\text{CF,DS}}(P_2)$ 的单调性，可以直接看到 $R'^{(-1)}_{\text{CF,DS}}(\nu)$ 是方程 $R'_{\text{CF,DS}}(P_2)=\nu$ 关于 P_2 的解。通过计算可以证明：

$$R'_{\text{CF,DS}}(P_2)=\frac{|h_{32}|^2/(1+|h_{31}|^2P_1+2|h_{32}|^2P_2)}{1+|h_{21}|^2P_1+|h_{31}|^2P_1+2|h_{32}|^2P_2}$$

因此，$R'^{(-1)}_{\text{CF,DS}}(\nu)$ 可以表示为

$$R'^{(-1)}_{\text{CF,DS}}(\nu)=\frac{|h_{21}|^2P_1/\nu}{\sqrt{|h_{21}|^4P_1^2+4|h_{32}|^2|h_{21}|^2P_1+|h_{21}|^2P_1}}-\frac{|h_{31}|^2P_1+1}{2|h_{32}|^2}$$

同样地，$R'^{(-1)}_{\text{DF,DS}}(\nu)$ 是方程 $R'_{\text{DF,DS}}(P_2)=\nu$ 关于 P_2 的解，这在文献[78]中也有讨论。

注 6.13：在衰落中继信道中，并不要求 $\mathbb{E}\{|H_{31}|^2\}<\mathbb{E}\{|H_{21}|^2\}$ 恒成立。这是因为在衰落情况下，总是存在信道增益随机变量的实现满足 $|h_{31}|<|h_{21}|$。因此，PASS 方案几乎能够在所有衰落中继信道中提高传输速率。

6.6 仿真结果与分析

图 6-6 和图 6-7 给出了弱源情况下不同方案的传输速率与中继功率。其中，$|h_{31}|^2=1$，$|h_{21}|^2=1.5$，和 $|h_{32}|^2=1$。横轴坐标单位为 W，纵轴坐标单位为 bit/symbol。信源功率设置为 2 W。根据式（6-17）和式（6-19），可以得到 $T_I=0.5$ 和 $M=1.5$。从图 6-6 可以看出，当 $P_2<M<1.5$ 时，DF 速率高于 CF 速率，而当 $P_2>1.5$ 时，CF 策略表现则优于 DF 策略。这是因为 DF 速率受到第一阶段信源节点到中继节点传输容量的限制，而中继功率的增加总是有助于减少压缩噪声 σ^2。混合 DF/CF 方案实现了 DF 速率和 CF 速率中的最大值。如图 6-6 所示，当 $q_I<P_2<q_{II}$ 时，尽管系统中的信道增益是固定的，但 $R_{\text{PASS,DS}}(P_2)$ 严格大于 $R_{\text{HB,DS}}(P_2)$。为了比较，图 6-6 中还给出了 $\tilde{R}_{\text{PASS,DS}}(P_2)$。图 6-6 显示 $\tilde{R}_{\text{PASS,DS}}(P_2)$ 与 $R_{\text{PASS,DS}}(P_2)=\overline{R_{\text{HB,DS}}(P_2)}$ 几乎重合，这验证了 q_I 和 q_{II} 用于近似最优方法的有效性。

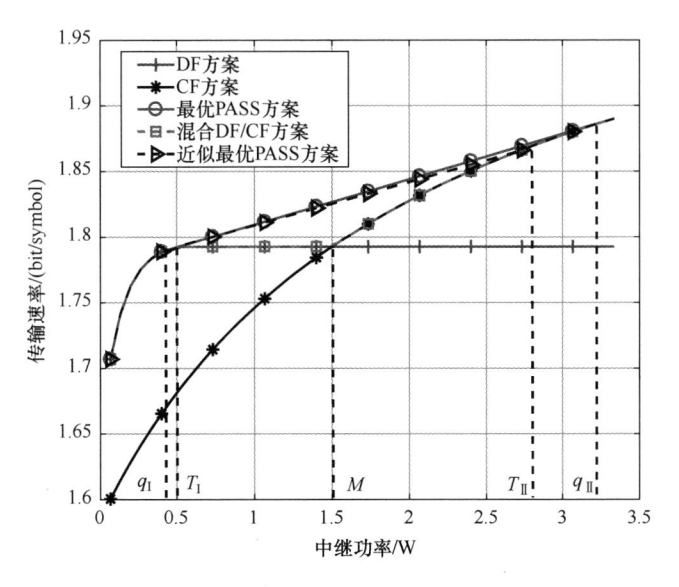

图 6-6 弱源情况下不同方案的传输速率与中继功率

图 6-7 呈现了最优时间分配因子 λ^* 和功率分配因子 β^* 关于中继功率 P_2 的变化的情况。当 $P_2 < q_1$ 时，$\lambda^* = \beta^* = 1$，系统将所有时间和中继功率分配给使用 DF 策略的模式。当 P_2 从 q_1 增加到 q_{II} 时，λ^* 关于 P_2 线性减少，并且 $\beta^* \leqslant \lambda^*$ 始终成立，这与式（6-13）是一致的。因此，在 PASS 方案中，系统分配给使用 DF 策略模式的时间和功率都减少了。最后，当 $P_2 > q_{\mathrm{II}}$ 时，PASS 方案通过设置 $\lambda^* = \beta^* = 0$ 退化为 CF 策略。结合图 6-6 和图 6-7，可以发现 PASS 方案通过调整 λ 和 β，在 DF 策略和 CF 策略之间实现了平滑过渡。

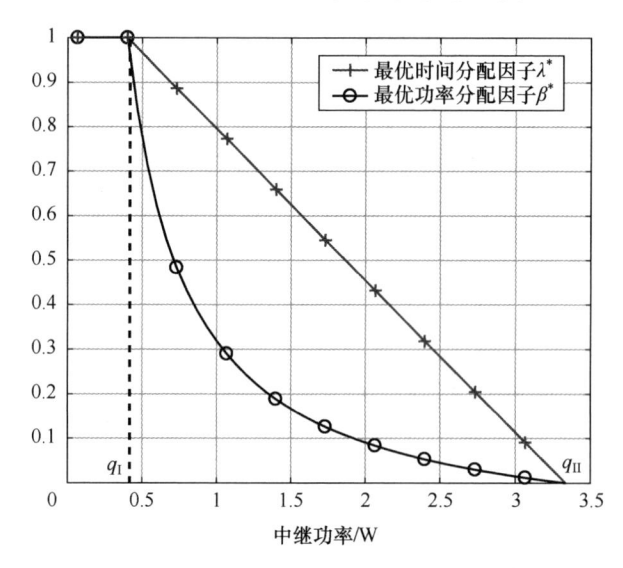

图 6-7 最优时间分配因子 λ^* 和功率分配因子 β^* 关于中继功率 P_2 的变化

图 6-8 所示为在单源情况下，PASS 方案相对于混合 DF/CF 方案的速率增益等高线图。其中信道增益为 $|h_{31}|^2 = 1$、$|h_{21}|^2 = 1.5$、$|h_{32}|^2 = 1$。从图中可以看出，当 $0.25P_1 < P_2 < 1.35P_1$ 时，PASS 方案优于混合 DF/CF 方案，提供了模式级别的功率分配增益。特别地，当 $P_2 \approx 0.625P_1$ 时，PASS 方案实现了最大达 12% 的归一化速率提升。在该图中，可以验证：$(|h_{21}|^4 - |h_{31}|^4)/2|h_{31}|^2|h_{32}|^2 = 0.625$，$K_{\mathrm{I}} = (|h_{21}|^2 - |h_{31}|^2)/2|h_{32}|^2 = 0.25$，$K^* \approx 0.4068$，$K_{\mathrm{II}} = (1/2|h_{32}|^2)((|h_{21}|^2/K^*) - |h_{31}|^2) = 1.34$。因此，图 6-8 中的结果验证了注 6.7 和 6.8 中关于速率增益的讨论，特别是关于非零速率增益区域边界 $K_{\mathrm{I}}P_1 \leqslant P_2 \leqslant K_{\mathrm{II}}P_1$ 的讨论。这表明在给定信道条件下，PASS 方案通过动态调整时间分

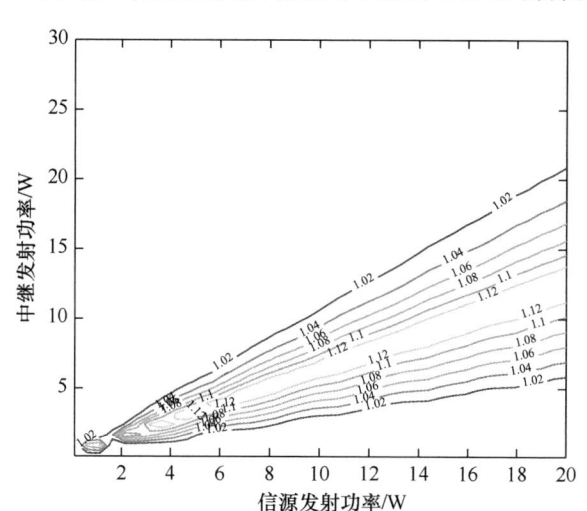

第 6 章 半双工中继系统联合功率分配和策略选择

配和功率分配,可以在一定范围内实现相对于混合 DF/CF 方案的速率提升。

图 6-8 在单源情况下,PASS 方案相对于混合 DF/CF 方案速率增益等高线图

接下来通过数值结果比较瑞利(Rayleigh)衰落中继信道和 Nakagami 衰落中继信道下不同中继策略实现的遍历速率。首先考虑一个准静态瑞利衰落中继信道,其信道增益的幅度服从瑞利分布:$p_{|H_{ji}|}(|h_{ji}|) = (2|h_{ji}|/\sigma_{ji}^2)\exp(-(|h_{ji}|^2/\sigma_{ji}^2))$,其中 $\sigma_{ji}^2 = \mathbb{E}\{|H_{ji}|^2\}$。设 $\sigma_{ji}^2 = 1 (i=1,2; j=2,3)$,$P_1 = 1$,并设 $\alpha = \kappa = 0.5$。图 6-9 所示为不同方案在有和无信道状态级别功率分配下所实现的遍历速率。由于 $R_{\text{HB,DS}}(P_2)$ 不是凸函数,混合 DF/CF 方案的信道状态级别功率分配是以类似注水的形式实现的。如图 6-9 所示,与混合 DF/CF 方案相比,即使没有信道状态级别功率分配,PASS 方案也能带来一定的速率提升。这是因为,在衰落情况下,系统从 PASS 方案中的一部分信道增益实现中受益。利用信道状态级别功率分配,DF、CF、混合 DF/CF 和 PASS 方案的遍历速率都得到了进一步提高,大约节省了 5 dBW、2 dBW、2 dBW 和 3 dBW 的中继功率。从图 6-9 还可看出,依托于其信道状态级别功率分配的最优性,与混合 DF/CF 方案相比 PASS 方案能获得 1 dB 的增益。由于 $R_{\text{HB,DS}}(P_2)$ 的非凸性导致其注水形式解不具备最优性,因此混合 DF/CF 方案在低中继功率下比 DF 策略更差。相反,PASS 方案在所有情况下都优于其他方案。这验证了定理 6.7 中所给出的最优解的有效性。

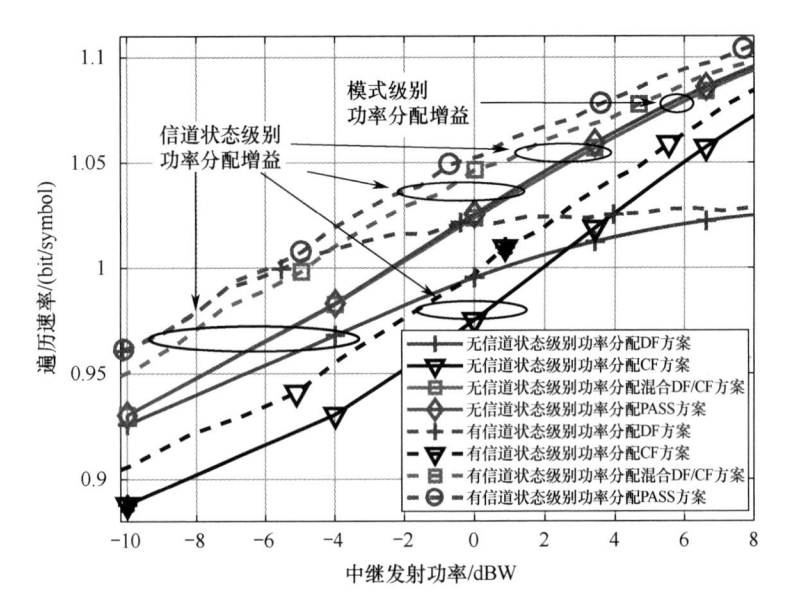

图 6-9　不同中继方案在有和无信道状态级别功率分配下所实现的遍历速率

接下来进一步考虑信道增益幅度服从 Nakagami 分布的情况。即 $p_{|H_{ji}|}(|h_{ji}|) = (2m^m / \Gamma(m)\omega_{ji}^m)|h_{ji}|^{2m-1}\exp(-(m/\omega_{ji}|h_{ji}|^2))$，其中 $\omega_{ji} = \mathbb{E}\{|H_{ji}|^2\}$。设 $P_1 = 1$，$\alpha = \kappa = 0.5$，并且对所有链路增益 $\omega_{ji} = 1$，并设 $m = 5$ 表征弱衰落。图 6-10 所示为在该情况下不同中继方案可实现的遍历速率。与瑞利衰落情况类似，PASS 方案与混合 DF/CF 方案相比，获得了模式级别功率分配增益。在相同遍历速率的条件下，考虑信道状态级别功率分配时，DF、CF 和 PASS 方案分别节省了约 4 dBW、1 dBW 和 1.5 dBW 的中继功率。相反，虽然混合 DF/CF 方案的信道状态级别功率分配在低中继功率下与 DF 和 PASS 方案表现相同，但在高中继功率下，它需要多 1 dBW 的功率来达到相同的遍历速率，这是由 $R_{\text{HB,DS}}(P_2)$ 的非凸性造成的损失。比较图 6-10 和图 6-9 可以发现，如果衰落较弱所有中继方案的性能都会更好，但信道状态级别功率分配增益也会减弱。在中等中继功率范围内，PASS 与 DF、CF 和混合 DF/CF 方案相比，提供了速率增益。

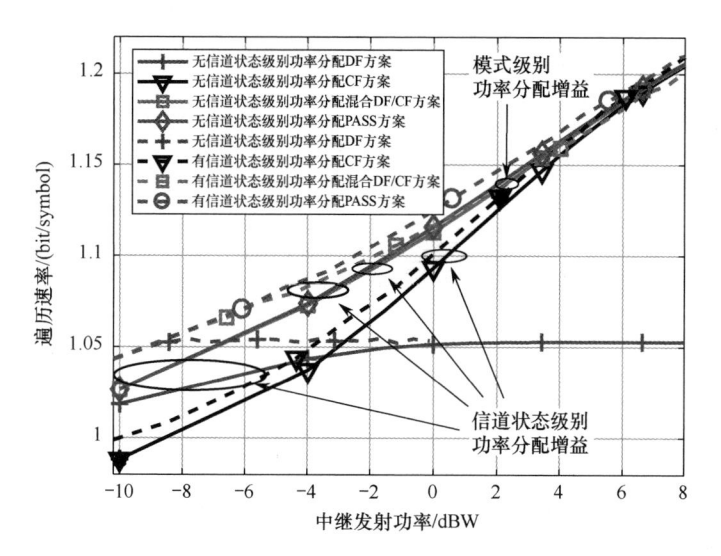

图 6-10 Nakagami 衰落情况下不同中继方案可实现的遍历速率

本章附录

定理 6.2 的证明

在给定 $\alpha=\kappa=0.5$ 的条件下，可以从式（6-4）中得出 $P_1^{(1)}=P_1^{(2)}=P_1$ 和 $P_2^{(2)}=2P_2$。为得到 $R_{CF,DS}(P_2)$ 的简化表达式，需要计算 σ^2：

$$\sigma^2=\frac{|h_{21}|^2 P_1+|h_{31}|^2 P_1+1}{\left(\left(1+\dfrac{2|h_{32}|^2 P_2}{1+|h_{31}|^2 P_1}\right)-1\right)(1+|h_{31}|^2 P_1)}=\frac{|h_{21}|^2 P_1+|h_{31}|^2 P_1+1}{2|h_{32}|^2 P_2}$$

将 σ^2 代入 $R_{CF}(1/2,1/2,P_1,P_2)$ 可以得到式（6-15）。

将 α、κ、$P_1^{(1)}$、$P_1^{(2)}$ 和 $P_2^{(2)}$ 代入式（6-6），可以得到 $R_{DF,DS}(P_2)$。

$$R_{\text{DF,DS}}(P_2) \triangleq R_{\text{DF}}\left(\frac{1}{2},\frac{1}{2},P_1,P_2\right)$$

$$= \max_{0\leq\rho\leq 1}\min\left\{\frac{1}{2}C(|h_{21}|^2 P_1)+\frac{1}{2}C(\overline{\rho^2}|h_{31}|^2 P_1), \frac{1}{2}C(|h_{31}|^2 P_1)+ \right.$$

$$\left. \frac{1}{2}C(|h_{31}|^2 P_1 + 2|h_{32}|^2 P_2 + 2\rho\sqrt{2|h_{31}|^2 P_1|h_{32}|^2 P_2})\right\} \quad (6\text{-}32)$$

为简化 $R_{\text{DF,DS}}(P_2)$，考虑

$$C(|h_{21}|^2 P_1) + C((1-\rho^2)|h_{31}|^2 P_1) = C(|h_{31}|^2 P_1) +$$

$$C(|h_{31}|^2 P_1 + 2|h_{32}|^2 P_2 + 2\rho\sqrt{2|h_{31}|^2 P_1|h_{32}|^2 P_2})$$

其等于

$$\frac{(1+|h_{21}|^2 P_1)|h_{31}|^2 P_1 \rho^2}{1+|h_{31}|^2 P_1} + 2\rho\sqrt{2|h_{31}|^2 P_1|h_{32}|^2 P_2} -$$

$$(|h_{21}|^2 P_1 - |h_{31}|^2 P_1 - 2|h_{32}|^2 P_2) = 0$$

解关于 ρ 的二次方程并舍弃非合理的解后，可以得到 $\rho = \rho^*$。由于式（6-32）中 $\rho \in [0,1]$，需要确定 ρ^* 也落在这个范围内的条件。如果 $\rho^* > 0$，可以从式（6-18）中推导出 P_2 的一个上界，即 $P_2 < (|h_{21}|^2 P_1 - |h_{31}|^2 P_1)/2|h_{32}|^2 = T_1$。式（6-32）中的 $\min\{\cdot\}$ 的第一项和第二项分别关于 ρ 在 $\rho \in [0,1]$ 范围内是单调递减和单调递增的。因此，当 $P_2 \geq T_1$ 时，$R_{\text{DF,DS}}(P_2) = (1/2)C(|h_{31}|^2 P_1) + (1/2)C(|h_{21}|^2 P_1)$。这就是式（6-16）所表示的结果。

定理 6.3 的证明

首先考虑 $0 \leq P_2 < T_1$ 的情况，即 $\rho^* > 0$。在这种情况下：

$$R_{\text{DF,DS}}(P_2) = \frac{1}{2}C(|h_{31}|^2 P_1) + \frac{1}{2}C(|h_{31}|^2 P_1 + 2|h_{32}|^2 P_2 + 2\rho\sqrt{2|h_{31}|^2 P_1|h_{32}|^2 P_2})$$

$$\geq \frac{1}{2}C(|h_{31}|^2 P_1) + \frac{1}{2}C(|h_{31}|^2 P_1 + 2|h_{32}|^2 P_2)$$

$$\geqslant \frac{1}{2}C(|h_{31}|^2 P_1) + \frac{1}{2}C\left(|h_{31}|^2 P_1 + \frac{2|h_{21}|^2 P_1 |h_{32}|^2 P_2}{1+|h_{21}|^2 P_1 + |h_{31}|^2 P_1 + 2|h_{32}|^2 P_2}\right)$$

$$= R_{\mathrm{CF}}(P_2)$$

然后考虑 $P_2 \geqslant T_1$ 的情况。假设 $R_{\mathrm{DF}}(P_2) < R_{\mathrm{CF}}(P_2)$，这意味着：

$$\frac{1}{2}C(|h_{21}|^2 P_1) < \frac{1}{2}C\left(|h_{31}|^2 P_1 + \frac{2|h_{21}|^2 P_1 |h_{32}|^2 P_2}{1+|h_{21}|^2 P_1 + |h_{31}|^2 P_1 + 2|h_{32}|^2 P_2}\right)$$

等价于

$$|h_{21}|^2 P_1 - |h_{31}|^2 P_1 < \frac{2|h_{21}|^2 P_1 |h_{32}|^2 P_2}{1+|h_{21}|^2 P_1 + |h_{31}|^2 P_1 + 2|h_{32}|^2 P_2}$$

即 $P_2 > M$。由于 $T_1 \leqslant M$，如果 $P_2 \geqslant M$，则 $R_{\mathrm{DF}}(P_2) < R_{\mathrm{CF}}(P_2)$。否则，情况相反。

定理 6.5 的证明

首先证明 $R_{\mathrm{DF,DS}}(P_2)$ 和 $R_{\mathrm{CF,DS}}(P_2)$ 都是凸函数。定义：

$$g(P_2) \triangleq |h_{31}|^2 P_1 + \frac{2|h_{21}|^2 P_1 |h_{32}|^2 P_2}{1+|h_{21}|^2 P_1 + |h_{31}|^2 P_1 + 2|h_{32}|^2 P_2}$$

$$f_1(P_2) \triangleq |h_{31}|^2 P_1 + 2|h_{32}|^2 P_2 + 2\sqrt{2|h_{31}|^2 P_1 |h_{32}|^2 P_2}$$

$$f_2(P_2) \triangleq |h_{31}|^2 P_1 + 2|h_{32}|^2 P_2 \left(1 - \frac{2}{\eta} + \frac{2\sqrt{(\eta-1)(\eta_0-1)}}{\eta}\right)$$

式中，$\eta \triangleq (1+|h_{21}|^2 P_1)/(1+|h_{31}|^2 P_1)$，$\eta_0 \triangleq (1+|h_{21}|^2 P_1)/2|h_{32}|^2 P_2$。因此，$R_{\mathrm{CF,DS}}(P_2)$ 和 $R_{\mathrm{DF,DS}}(P_2)$ 可以写为

$$R_{\mathrm{CF,DS}}(P_2) = \frac{1}{2}C(|h_{31}|^2 P_1) + \frac{1}{2}C(g(P_2)) \quad (6\text{-}33)$$

$$R_{\mathrm{DF,DS}}(P_2) = \frac{1}{2}C(|h_{31}|^2 P_1) + \frac{1}{2}C(\min\{f_1(P_2), f_2(P_2), |h_{21}|^2 P_1\}) \quad (6\text{-}34)$$

根据凸函数的组合律及取最小值的保凸性，只需要证明 $g(P_2)$、$f_1(P_2)$,和 $f_2(P_2)$ 是凸函数。由于 $\mathrm{d}\eta_0/\mathrm{d}P_2 = -(\eta_0/P_2)$，经过计算不难得出：

$$g''(P_2) = -\frac{(8|h_{32}|^4 |h_{21}|^2 P_1)(1+|h_{21}|^2 P_1 + |h_{31}|^2 P_1)}{(1+|h_{21}|^2 P_1 + |h_{31}|^2 P_1 + 2|h_{32}|^2 P_2)^3} \leqslant 0$$

$$f_2'(P_2) = 2|h_{32}|^2 \left(1 - \frac{2}{\eta} + \frac{2\sqrt{(\eta-1)(\eta_0-1)}}{\eta} + \frac{-\eta_0\sqrt{\eta-1}}{\eta\sqrt{\eta_0-1}} \right)$$

$$f_2''(P_2) = \frac{2|h_{32}|^2 \sqrt{\eta-1}}{\eta} \left(\frac{-\eta_0(\sqrt{\eta_0-1} - \frac{\eta_0-2}{2\sqrt{\eta_0-1}})}{P_2(\eta_0-1)} \right) = \frac{-\eta_0^2 |h_{32}|^2 \sqrt{\eta-1}}{P_2\sqrt{\eta_0-1}(\eta_0-1)\eta} \leqslant 0 \quad (6\text{-}35)$$

$f_1(P_2)$ 的凸性可以很容易从平方根函数的凸性和 $|h_{31}|^2 P_1 + 2|h_{32}|^2 P_2$ 的线性性质中推导出来。因此，对于 $P_2 \geqslant M$，$R_{\mathrm{HB,DS}}(P_2) = R_{\mathrm{CF,DS}}(P_2)$ 是凸的。对于 $P_2 < M$，$R_{\mathrm{HB,DS}}(P_2) = R_{\mathrm{DF,DS}}(P_2)$ 也是凸的。

定理 6.4 的证明显示了在 $R_{\mathrm{HB,DS}}(P_2)$ 上两个点的凸组合大于 $R_{\mathrm{HB,DS}}(M)$。因此 $R_{\mathrm{HB,DS}}(P_2)$ 不是凸的。

定理 6.6 的证明

基于 $R_{\mathrm{HB,DS}}(P_2)$ 的分析，q_{II} 应该大于 M。在这种情况下，系统选择 CF 策略而不是 DF 策略，并且中继会压缩功率相对较大的信号。因此，$g(P_2)$ 可以近似为

$$\tilde{g}(P_2) = |h_{31}|^2 P_1 - 1 + \frac{2|h_{21}|^2 P_1 |h_{32}|^2 P_2}{|h_{21}|^2 P_1 + |h_{31}|^2 P_1 + 2|h_{32}|^2 P_2}$$

定义 $\tilde{R}_{\mathrm{CF,DS}}(P_2) \triangleq (1/2)C(|h_{31}|^2 P_1) + (1/2)C(\tilde{g}(P_2))$。对于较大的 P_2，$R_{\mathrm{CF,DS}}(P_2)$ 和 $\tilde{R}_{\mathrm{CF,DS}}(P_2)$ 之间的差异可以忽略不计。

既然 $q_{\mathrm{I}} = T_{\mathrm{I}}$，可将 $R_{\mathrm{CF,DS}}(P_2)$ 替换为 $\tilde{R}_{\mathrm{CF,DS}}(P_2)$ 并解式（6-22）中的第二个方程以获得 q_{II} 的解 T_{II}。这等价于：

第6章 半双工中继系统联合功率分配和策略选择

$$\tilde{R}_{\text{CF,DS}}(T_{\text{II}}) - R_{\text{DF,DS}}(T_{\text{I}}) = \tilde{R}'_{\text{CF,DS}}(T_{\text{II}})(T_{\text{II}} - T_{\text{I}})$$

即

$$\frac{1}{2}\ln\left(\frac{|h_{31}|^2 P_1 + \dfrac{2|h_{21}|^2 P_1 |h_{32}|^2 T_{\text{II}}}{|h_{21}|^2 P_1 + |h_{31}|^2 P_1 + 2|h_{32}|^2 T_{\text{II}}}}{1+|h_{21}|^2 P_1}\right) = \frac{\tilde{g}'(T_{\text{II}})}{2(\tilde{g}(T_{\text{II}})+1)}\left(T_{\text{II}} - \frac{(|h_{21}|^2 - |h_{31}|^2)P_1}{2|h_{32}|^2}\right)$$

将 $\tilde{g}'(T_{\text{II}}) = 2|h_{32}|^2|h_{21}|^2 P_1(|h_{21}|^2 P_1 + |h_{31}|^2 P_1)/(|h_{21}|^2 P_1 + |h_{31}|^2 P_1 + 2|h_{32}|^2 T_{\text{II}})^2$ 代入前一个方程，并且当 $|h_{21}|^2 P_1$ 很大时，忽略 $1+|h_{21}|^2 P_1$ 中的"1"，可以得到

$$\ln\frac{(|h_{21}|^2 + |h_{31}|^2)(|h_{31}|^2 P_1 + 2|h_{32}|^2 T_{\text{II}})}{|h_{21}|^2(|h_{31}|^2 P_1 + |h_{21}|^2 P_1 + 2|h_{32}|^2 T_{\text{II}})} = \frac{|h_{21}|^2 P_1(|h_{32}|^2 T_{\text{II}} - |h_{21}|^2 P_1 + |h_{31}|^2 P_1)}{(|h_{31}|^2 P_1 + 2|h_{32}|^2 T_{\text{II}})(|h_{21}|^2 P_1 + |h_{31}|^2 P_1 + 2|h_{32}|^2 T_{\text{II}})} \quad (6\text{-}36)$$

定义 $K \triangleq |h_{21}|^2 P_1 / (|h_{31}|^2 P_1 + 2|h_{32}|^2 T_{\text{II}})$。可以将式（6-36）改写为式（6-24）。由于 K^* 是式（6-24）的解，根据 K 的定义，不难将 T_{II} 写成式（6-23）的形式。

第 7 章 全双工中继信道的频谱效率和中继能效

前面系统研究了全双工中继通信系统的基础传输方案设计和性能优化方案,并通过全双工中继信道的性能优化和半双工中继系统的方案选择与功率分配,逐步揭示了中继技术在提升通信系统性能方面,尤其是提高通信系统频谱效率方面的巨大潜力。然而,由于 RSI 的存在,增加中继功率并不总是能提高频谱效率。为充分利用全双工中继在协作通信中的优势,需要研究 RSI 对不同中继方案频谱效率的影响。本章研究在存在 RSI 的情况下,采用 DF 中继、CF 中继和 AF 中继的全双工中继信道的频谱效率界限。对于每种方案,均以闭式形式推导出最优中继功率和对应的最大频谱效率。同时为不同方案呈现了 REE 的界限,这对于在节点能效约束下进行系统设计具有较大的指导作用。基于频谱效率性能,本章详细阐述了采用全双工中继的条件,在 DF、CF 和 AF 方案之间选择中继方案的准则,以及根据 RSI 强度采用混合全双工或半双工模式的条件。总体来说,本章重点是在考虑 RSI 影响的情况下,频谱效率、REE 和系统设计之间的关系,这些分析可推广至更通用的协作方案。

7.1 引言

全双工传输是 6G 通信中一个具有前景的技术。在全双工系统中,节点可以同时发送和接收信号,因此有望有效提高频谱效率(Spectral Efficiency,SE)[35,96]。在相关文献中,全双工中继的一个关键因素是中继节点所遭受的自

第 7 章 全双工中继信道的频谱效率和中继能效

干扰,这种自干扰源于中继节点从发射天线到其接收天线的链路[97-98]。基于这一点,已有多项工作聚焦于减小自干扰的影响,如文献[10]、文献[19]、文献[99]和文献[100]中的研究使在存在自干扰的情况下实现全双工中继成为可能[62,101]。通常,在抑制自干扰之后,接收到的信号中仍会存在一些残留自干扰[62,102]。为了在通信系统中充分利用全双工中继,当系统中采用特定的协作方案时,研究 RSI 对基本性能度量(如 SE)的影响至关重要[96,103]。

在有效地抑制自干扰的情况下,有工作关注了存在 RSI 的全双工双跳中继系统。在文献[45]中,作者推导了采用 AF 方案和 DF 方案的双跳中继系统的瞬时和平均 SE。Shende 等人在文献[104]中指出,在存在 RSI 的情况下,中继功率控制有助于最大化通信自由度。在个体和全局功率的约束下,文献[105]获得了基于 DF 方案的全双工中继系统的最优功率分配。当利用多天线提供空分干扰抵消能力时,文献[37-38]分别研究了双跳中继系统的可达传输速率和资源分配。从能效角度出发,文献[106]研究了双跳中继系统的资源分配。文献[107]围绕能效指标,提出一种机会中继方案选择机制。文献[108]讨论了全双工双跳中继系统的分集阶数。在这些工作中,信源节点和信宿节点之间的直连链路被忽略或被视为对信宿节点的干扰链路。

由于直连链路提供了基本的通信信道,因此在中继系统中利用直连链路进行信号传输极具价值。在假设没有 RSI 的条件下,一些工作已经探索了基于 DF、AF 和混合 DF-CF 方案中继信道的信号设计和资源分配[32-33,105]。另一些工作则将直连链路的利用扩展到存在 RSI 的衰落中继信道[25,109-112]。例如,文献[25]针对一类 RSI 功率模型,讨论了基于 AF 方案的全双工中继信道的误码率和分集性能。在文献[109]、文献[110]和文献[111]中分别研究了常规 DF 中继、选择性 DF 中继和增量选择性 DF 中继,重点探讨了 Nakagami 衰落中继信道的中断性能。文献[112]获得了基于 AF 方案的全双工中继信道的中断性能。由于 RSI 的存在,不同方案的性能受中继功率的影响也随之增加。但增加中继功率并不总是有助于性能提升的,这推动了研究 RSI 强度和中继功率对基于直连链路的中继信道基础性能的影响。

全双工模式也一度被扩展到中继网络,如多中继系统的分集性能分析[113-114]、多源中继系统的传输调度[115]、认知无线电的协作[116],以及双向中继系统的波束成形设计和功率控制[117]。全双工中继并不总是优于半双工中继[38,45,107,113],这是因为较强的 RSI 抑制了全双工接收机上有用信号的接收信噪比。

受现有工作的启发,本章探讨了在存在直连链路的中继信道中,RSI 对不同中继方案 SE 的影响。基于高斯 RSI 模型,本章引入 RSI 强度用以关联 RSI 功率和中继功率。基于独立的信源节点和中继节点信号,本章建立了不同 RSI 强度下中继功率与 SE 之间的关系,并探讨了使用全双工中继的必要条件、最优中继功率控制、中继方案选择和混合双工模式的准则,这些结果对于在全双工中继信道中实现高 SE 很有启示。由于中继功率既影响 RSI 功率又影响中继—信宿链路 SNR,本章进一步引入 REE 指标来表征协作效率。直连链路传输保障了基本的 SE 性能,因此本章将 REE 定义为中继通信带来的 SE 增益与消耗的中继功率之比。它不仅代表了全双工中继的能效,也可用来指导在节点能效约束下的系统设计。本章的主要贡献如下:

(1) 本章详细阐述了在存在 RSI 的情况下,DF、CF 和 AF 方案所实现的 SE,以及全双工中继信道 SE 的可达界近似值。特别地,在 RSI 存在的情况下获得了基于独立信号传输的 DF 方案、CF 方案和基于前向/后向解码的 AF 方案的 SE。并证明对于每种方案,都存在一个最优的中继功率以最大化相应的 SE。通过推导,得到了近似的最优中继功率及其对应 SE 的闭式形式。同时给出了中继传输优于直接传输的条件。基于 SE 性能为不同方案提出了 REE 的性能界,这些性能界评估了从单位中继功率消耗中可以获得多少协作增益。还证明了时分共享可以提高 AF 方案的 SE 和 REE。

(2) 本章通过比较不同中继方案的 SE,证明了,就 SE 而言,在较低的中继—信宿信噪比情况下,DF 优于 CF 方案,而 CF 又优于 AF 方案。同时给出了最优 CF-SE 大于最优 DF-SE 的条件,并在这种情况下,提出基于 DF 和 CF 方案开展时分共享来提高 SE,从而获得中继方案选择增益。为进一步提高

SE，还比较了全双工模式和半双工模式所获得的 SE。并建立了在系统中采用全双工和半双工模式之间时分共享的条件，获得了混合双工增益。

7.2 中继系统模型与中继能效

考虑如图 7-1 所示的三节点全双工中继信道，其中中继节点 N_2 使用一个发射天线和一个接收天线帮助信源节点 N_1 与信宿节点 N_3 进行通信。信源节点 N_1 向中继节点 N_2 和信宿节点 N_3 发送信号，同时中继节点 N_2 向信宿节点 N_3 发送信号。由于中继节点同时收发信号，中继节点接收机会因从发射天线到接收天线的回环链路而受到自干扰。h_{ji} 表示从 N_i 到 N_j 的信道增益。假设 $\{h_{31},h_{21},h_{32}\}$ 三个节点在传输前均已通过信道估计和反馈获知。

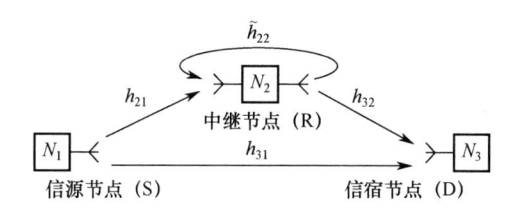

图 7-1 三节点全双工中继系统

令 X_i 和 Y_j 分别表示在 $N_i(i=1,2)$ 发射和在 $N_j(j=2,3)$ 接收的信号。在实际中，中继节点使用 X_2 和环回链路增益 h_{22} 的最佳估计来消除自干扰 $h_{22}X_2$，从而在 Y_2 中产生 RSI[62]。令 $\tilde{h}_{22}\tilde{X}_2$ 表示 RSI，其中 $\tilde{X}_2$ 是一个与 X_2 具有相同方差的随机变量，而 $\left|\tilde{h}_{22}\right|^2 / \left|h_{22}\right|^2$ 表示自干扰消除的不完美程度。用 $Z_j(j=2,3)$ 表示 N_j 接收机处的 AWGN。则自干扰消除以后的系统信号模型可以表示为

$$Y_2 = h_{21}X_1 + \tilde{h}_{22}\tilde{X}_2 + Z_2 \tag{7-1}$$

$$Y_3 = h_{31}X_1 + h_{32}X_2 + Z_3 \tag{7-2}$$

分别记信源节点 N_1 和中继节点 N_2 的平均功率约束为 P_1 和 P_2。即对于 $i=1,2$，有 $\mathbb{E}[|X_i|^2] \leq P_i$，其中 $\mathbb{E}[\cdot]$ 表示随机变量的期望。为了关注 SE，这里同样考虑单位带宽系统。不失一般性，假设 $Z_j(j=2,3)$ 是具有单位方差的复高斯分布：$Z_j \sim \mathcal{CN}(0,1)(j=2,3)$。定义 $S_{ji}:=|h_{ji}|^2 P_i$，那么 S_{31}、S_{21} 和 S_{32} 分别代表链路 N_1-N_3、N_1-N_2 和 N_2-N_3 的 SNR。为分析 SE，引入中继强度 $\eta_1:=|h_{21}|^2/|h_{31}|^2=S_{21}/S_{31}$ 和 RSI 强度 $\eta_2:=|\tilde{h}_{22}|^2/|h_{32}|^2=|\tilde{h}_{22}|^2 P_2/S_{32}$，它们与信源节点和中继节点功率无关。因此，$|\tilde{h}_{22}|^2 P_2 = \eta_2 S_{32}$ 既表示 RSI 的功率也表示 $\mathbb{E}[Z_2]=1$ 时的 RSI 噪声比。考虑到信源节点和中继节点采用独立的高斯信号传输，这简化了信源节点信号设计，并可以更多地关注中继节点处的 RSI。由于 RSI 是由多种不完美的自干扰抑制方式造成的，可以假设 $\tilde{X}_2$ 是高斯分布的，并且与 X_1 和 X_2 是独立的[25,45,108-110,112]。信号传输以"块传输"的形式来组织开展[24]。为研究 RSI 对 SE 的影响，本章从静态中继系统开始探索，此时多个块之间的信道增益是不变的。基于这个假设，块可以维持很长时间，从而使码字设计尽可能长。为了明确基于块传输的信号设计，本章在随机变量中添加块索引号 $[k]$。用 $R_\phi(S_{32})$ 来表示 SE 的值，其等于单位带宽系统中实现的速率，其中 ϕ 用以标识中继方案。

当不使用中继方案时，系统直接传输的 SE 为

$$C(S_{31}) := \log_2(1+S_{31}) \tag{7-3}$$

当采用中继方案 ϕ 时，协作通信为系统贡献了 $R_\phi(S_{32})-C(S_{31})$ 的频谱效率增益，其中 $P_2 = S_{32}/|h_{32}|^2$ 是中继的功率消耗。在全双工中继方案中，增加中继功率并不总是带来频谱效率的提升，这是因为 RSI 的功率也会随之增加。为评估协作效率，定义与中继方案 ϕ 相对应的 REE，记作 $Q_\phi(P_2)$，它表示中继带来的频谱效率增益与消耗的中继功率之比，即

$$Q_\phi(P_2) := \frac{R_\phi(S_{32})-C(S_{31})}{P_2} \tag{7-4}$$

其单位为 bit/J。REE 以更精细的粒度评估了中继节点的能效。这对于具有节点能效约束的系统设计具有较大参考价值和指导意义。

7.3 不同中继方案的频谱效率与中继能效

本节将分析不同中继方案中最大化频谱效率的最优中继功率,并研究可达到的最优 REE。此外,通过割集理论给出了频谱效率的上界,这为存在 RSI 的全双工中继提供了基本性能界。

7.3.1 解码转发性能

首先介绍 DF 方案的频谱效率与 REE。在 DF 方案中,节点 N_1 在块 k 中将信号 $m[k]$ 编码为码字 $X_1[k]$。在接收到 $Y_2[k]$ 后,节点 N_2 恢复信号 $m[k]$ 并将其重新编码为 $X_2[k+1]$。因此,DF 方案以马尔可夫块编码的方式实现[24]。节点 N_3 在连续的两个块(块 k 和 $k+1$)中接收到对应于 $m[k]$ 的两个有噪信号副本。具体来说:

$$Y_3[\ell] = h_{31}X_1[\ell] + h_{32}X_2[\ell] + Z_3[\ell], \quad \ell = k, k+1 \qquad (7\text{-}5)$$

考虑到独立的高斯信号传输,DF 方案实现的 SE 可以表示为文献[24]中给出的形式:

$$R_{\text{DF}}(S_{32}) = \min\left\{C(S_{31}+S_{32}), C\left(\frac{S_{21}}{\eta_2 S_{32}+1}\right)\right\} \qquad (7\text{-}6)$$

在式(7-6)的 min{} 中,第二项保证了中继节点能够成功解码,其中 RSI 的功率被纳入 SNR 的分母中。第一项则是通过在连续两个块中联合典型解码接收到的信号来实现的[24]。由于信源节点和中继节点采用独立的高斯信号传输,因此在等效 SNR $(S_{31}+S_{32})$ 中没有相关项。在式(7-6)中,如果 $S_{21}/(\eta_2 S_{32}+1) \leq S_{31}$,即 $S_{32} \geq (\eta_1-1)/\eta_2$,那么 $R_{\text{DF}}(S_{32}) \leq C(S_{31})$,这意味着系统应该避免使用 DF 中继。相反,如果中继强度满足 $\eta_1 > 1$,则存在一个功率范围

$P_2 \in (0, (\eta_1-1)/\eta_2|h_{32}^2|^2)$ 使 DF 方案的中继的性能超过直连链路传输。

接下来讨论 DF 方案的最优中继功率分配与最大 SE。由于式（7-6）min{·} 中的第一项和第二项分别随着 S_{32} 的增加而增加和减少，因此当 $\eta_1 > 1$ 时，存在最优的中继功率。要找到最优的中继功率，等价于找到能够最大化 $R_{DF}(S_{32})$ 的最优 S_{32} 值。

命题 7.1：考虑 $\eta_1 > 1$。定义 $S_{DF} := (\sqrt{(\eta_2 S_{31}-1)^2 + 4\eta_2 S_{21}} - (\eta_2 S_{31}+1))/2\eta_2$，$R_{DF}^\star := C(2S_{21}/(\sqrt{(\eta_2 S_{31}-1)^2 + 4\eta_2 S_{21}} - (\eta_2 S_{31}-1)))$。当 $P_2 = S_{DF}/|h_{32}|^2$ 时，$R_{DF}(S_{32})$ 实现其最大值 $R_{DF}^\star$。

证明：根据 $S_{31} + S_{32}$ 和 $S_{21}/(\eta_2 S_{32}+1)$ 关于 S_{32} 的单调性，最优的 S_{32} 可以通过求解关于 S_{32} 的方程 $S_{31} + S_{32} = S_{21}/(\eta_2 S_{32}+1)$ 找到。解这个二次方程并丢弃负解后，可以得到 $S_{32} = S_{DF}$。因此，通过将 S_{DF} 替换式（7-6）中的 S_{32}，可以得到最大的频谱效率 $R_{DF}^* = C(S_{21}/\eta_2 S_{DF}+1) = C(S_{21}/(\sqrt{(\eta_2 S_{31}-1)^2 + 4\eta_2 S_{21}} - (\eta_2 S_{31}-1)))$。证明完毕。

根据式（7-6），有 $\lim_{P_2 \to \infty} R_{DF}(S_{32}) = C(\lim_{S_{32} \to \infty} S_{31}/(\eta_2 S_{32}+1)) = 0$。这是因为较高的中继功率会产生较强的 RSI，从而降低中继节点处的成功解码率。因此，中继节点可以使用功率回退来节省功率并实现更高的 SE。基于这一认识，只需聚焦研究当频谱效率随中继功率增加而增加时的 REE。遵循命题 7.1 的证明，当 $S_{32} > S_{DF}$ 时，$R_{DF}(S_{32})$ 随着 S_{32} 的增加而减小。因此，可考虑当 $\eta_1 > 1$ 和 $0 \leqslant S_{32} \leqslant S_{DF}$ 同时满足时的 REE。为分析 REE 的界限，首先给出以下关于 $R_\phi(S_{32})$ 的引理。

引理 7.1：如果 $R_\phi(S_{32})$ 在区间 $[0, S]$ 上是连续且凸的，并且 $R_\phi(0) = C(S_{31})$，则 $Q_\phi(P_2)$ 在区间 $P_2 \in [0, S/|h_{32}|^2]$ 是非增的。

证明：见本章附录。

记连续函数 $f(x)$ 的一阶导数和二阶导数分别为 $f'(x)$ 和 $f''(x)$。基于引理 7.1，可以描述 DF 方案的 REE。

命题 7.2：对于 $0 < P_2 \leq S_{DF}/|h_{32}|^2$，DF 方案的 REE 满足 $C(S_{DF}/(1+S_{31}))|h_{32}|^2/S_{DF} \leq Q_{DF}(P_2) \leq |h_{32}|^2/(1+S_{31})$。

证明：对于 $0 < P_2 \leq S_{DF}/|h_{32}|^2$，$R_{DF}(S_{32}) = C(S_{31} + S_{32})$ 关于 S_{32} 是凸的。根据引理 7.1，由于 $R_{DF}(0) = C(S_{31})$，DF 方案的 REE 的下界被 $Q_{DF}(S_{DF}/|h_{32}|^2) = [R_{DF}^\star - C(S_{31})]|h_{32}|^2/S_{DF} = C(S_{DF}/(1+S_{31}))|h_{32}|^2/S_{DF}$ 限制，上界被 $\lim_{P_2 \to 0} Q_{DF}(P_2) = |h_{32}|^2 R'_{DF}(0) = |h_{32}|^2/(1+S_{31})$ 限制。证明完毕。

当 $0 < P_2 \leq S_{DF}/|h_{32}|^2$ 成立时，可以得出 $R_{DF}(S_{32}) = C(S_{31} + S_{32})$。同时得到 $Q_{DF}(P_2) = [R_{DF}(S_{32}) - C(S_{31})]/P_2 = C(|h_{32}|^2 P_2/(1+|h_{31}|^2 P_1))/P_2$。注意到该式随着 P_1 的增加而减小。这表明较大的信源功率会导致较低的 DF 能效。特别地，当信源功率增加时，同样的中继功率消耗对速率改进的贡献会变小。

7.3.2 压缩转发性能

不同于 $X_1[k]$ 从 $Y_2[k]$ 中解码出来，CF 方案将 $Y_2[k]$ 压缩成另一个码字 $\hat{Y}_2[k]$，并将 $\hat{Y}_2[k]$ 的索引编码成 $X_2[k]$，然后在第 $k+1$ 个块将其传输到信宿节点。由于 RSI 的影响，需注意信源—中继链路的 SNR 等于 $S_{21}/(\eta_2 S_{32}+1)$。在进行高斯压缩之后，CF 方案的 SE 可以表示为文献[66]中的形式：

$$R_{CF}(S_{32}) = C(\gamma_{CF}(S_{32}))$$

$$\gamma_{CF}(S_{32}) := S_{31} + \frac{S_{21}S_{32}}{S_{21}+(S_{31}+S_{32}+1)\eta_2 S_{32}+1} \quad (7\text{-}7)$$

根据式（7-7），可以观察到无论 η_2 和 S_{32} 的值如何，始终有 $R_{CF}(S_{32}) \geq C(S_{31})$。也就是说，即使中继节点工作在强 RSI 环境中，或者信源—中继和中继—信宿链路经历严重的功率衰减，系统通过采用 CF 方案总是能实现比直连链路传输更高的 SE。

同时，根据式（7-7），可以得到

$$\lim_{P_2 \to \infty} R_{\mathrm{CF}}(S_{32}) = C\left(S_{31} + \lim_{S_{32} \to \infty} \frac{\dfrac{S_{21}S_{32}}{\eta_2 S_{32} + 1}}{\dfrac{S_{21}}{\eta_2 S_{32} + 1} + S_{31} + S_{32} + 1}\right) = C(S_{31})$$

因此，当 $S_{32} \to 0$ 和 $S_{32} \to +\infty$ 时，$R_{\mathrm{CF}}(S_{31})$ 趋向于 $C(S_{31})$。考虑到 $R_{\mathrm{CF}}(S_{32})$ 是连续的，并且 $R_{\mathrm{CF}}(S_{32}) \geqslant C(S_{31})$，可以推断出至少存在一个最优的中继功率使 CF 方案的频谱效率 $R_{\mathrm{CF}}(S_{32})$ 达到最大。

命题 7.3：定义 $S_{\mathrm{CF}} := \sqrt{(1 + S_{21} + S_{31})/\eta_2}$。当 $P_2 = S_{\mathrm{CF}}/|h_{32}|^2$ 时，$R_{\mathrm{CF}}(S_{32})$ 达到其最大值 $R_{\mathrm{CF}}^\star := C(S_{31} + S_{21}/(2\sqrt{(1 + S_{21} + S_{31})\eta_2} + \eta_2(S_{31} + 1) + 1))$。

证明：为找到最优的中继功率 P_2，需要最大化 $\gamma_{\mathrm{CF}}(S_{32})$。根据式（7-7），$\gamma_{\mathrm{CF}}(S_{32})$ 的导数 $\gamma'_{\mathrm{CF}}(S_{32})$ 满足：

$$\gamma'_{\mathrm{CF}}(S_{32}) = \frac{S_{21}(-\eta_2 S_{32}^2 + S_{21} + S_{31} + 1)}{[(S_{31} + S_{32} + 1)(\eta_2 S_{32} + 1) + S_{21}]^2} \tag{7-8}$$

令 $\gamma'_{\mathrm{CF}}(S_{32}) = 0$，可以得到唯一的合理解 $S_{32} = S_{\mathrm{CF}}$。则最优的中继功率 P_2 可以通过 $P_2 = S_{\mathrm{CF}}/|h_{32}|^2$ 得到。将 S_{32} 在式（7-7）中替换为 S_{CF}，可以简化 CF 方案所能达到的最大 SE 为 $R_{\mathrm{CF}}^\star$。证明完毕。

CF 方案的 REE 由以下命题给出。因为 $0 \leqslant S_{32} \leqslant S_{\mathrm{CF}}$，$\gamma'_{\mathrm{CF}}(S_{32}) \geqslant 0$。故仅考虑 $0 \leqslant S_{32} \leqslant S_{\mathrm{CF}}$ 这个范围内 CF 方案的 REE 的变化。

命题 7.4：对于 $0 < P_2 \leqslant S_{\mathrm{CF}}/|h_{32}|^2$，CF 方案的 REE 满足：

$$\frac{C\left(\dfrac{S_{21}}{[2\sqrt{(1 + S_{21} + S_{31})\eta_2} + \eta_2(S_{31} + 1) + 1](1 + S_{31})}\right)|h_{32}|^2}{\sqrt{(1 + S_{21} + S_{31})/\eta_2}} \leqslant Q_{\mathrm{CF}}(P_2)$$

$$\leqslant \frac{S_{21}|h_{32}|^2}{(1 + S_{31})(1 + S_{31} + S_{21})}$$

证明：首先，对于 $0 \leqslant S_{32} \leqslant S_{\mathrm{CF}}$，$\gamma_{\mathrm{CF}}(S_{32})$ 的二阶导数 $\gamma''_{\mathrm{CF}}(S_{32})$ 为

$$\gamma''_{\text{CF}}(S_{32}) = \frac{-2\eta_2 S_{32} S_{21}}{[(S_{31}+S_{32}+1)(\eta_2 S_{32}+1)+S_{21}]^2} -$$
$$\frac{2S_{21}(-\eta_2 S_{32}^2 + S_{21}+S_{31}+1)[\eta_2(2S_{32}+S_{31}+1)+1]}{[(S_{31}+S_{32}+1)(\eta_2 S_{32}+1)+S_{21}]^3}$$

经过计算可以得到

$$\gamma''_{\text{CF}}(S_{32}) = \frac{-2S_{21}}{[(S_{31}+S_{32}+1)(\eta_2 S_{32}+1)+S_{21}]^3} \times [-\eta_2 S_{32}(\eta_2 S_{32}^2 - 3(S_{21}+S_{31}+1))$$
$$+ (S_{21}+S_{31}+1)(\eta_2 S_{31}+\eta_2+1)]$$
$$< 0$$

与式（7-8）联立可知，$\gamma_{\text{CF}}(S_{32})$ 在 $0 \leqslant S_{32} \leqslant S_{\text{CF}}$ 的范围内是单调递增且凸的。由于 $C(x) = \log_2(1+x)$ 是凸的，根据凸性的组合律，$R_{\text{CF}}(S_{32}) = C(\gamma_{\text{CF}}(S_{32}))$ 在 $0 \leqslant S_{32} \leqslant S_{\text{CF}}$ 的范围内也是递增且凸的。由于 $R_{\text{CF}}(0) = C(S_{31})$，使用引理 7.1，CF 方案的 REE 下界为

$$Q_{\text{CF}}\left(\frac{S_{\text{CF}}}{|h_{32}|^2}\right) = \frac{[R_{\text{CF}}^\star - C(S_{31})]|h_{32}|^2}{S_{\text{CF}}}$$

$$= \frac{C\left(\dfrac{S_{21}}{[2\sqrt{(1+S_{21}+S_{31})\eta_2} + \eta_2(S_{31}+1)+1](1+S_{31})}\right)|h_{32}|^2}{\sqrt{(1+S_{21}+S_{31})/\eta_2}}$$

其上界为

$$\lim_{P_2 \to 0} Q_{\text{CF}}(P_2) = |h_{32}|^2 R'_{\text{CF}}(0) = |h_{32}|^2 \gamma'_{\text{CF}}(0)/(1+\gamma_{\text{CF}}(0))$$
$$= S_{21}|h_{32}|^2 / ((1+S_{31})(1+S_{31}+S_{21}))$$

证明完毕。

7.3.3 放大转发性能

AF 方案是另一种用于高斯中继系统的简单中继方案。受块马尔可夫编码的启发，可考虑在块级别上让中继节点转发信号。具体来说，在每个块中，中

继节点放大并转发上一个块接收到的信号。在块 k 中，信源节点像往常一样将 $m[k]$ 编码为码字 $X_1[k]$。然而，中继节点通过放大 $Y_2[k-1]=h_{21}X_1[k-1]+\tilde{h}_{22}\tilde{X}_{22}[k-1]+Z_2[k-1]$ 来形成 $X_2[k]$。为同时满足功率约束，放大系数应选取为 $\sqrt{P_2}\big/\sqrt{\mathbb{E}[|Y_2[k-1]|^2]}$。因此，$X_2[k]=\sqrt{P_2}Y_2[k-1]\big/\sqrt{\mathbb{E}[|Y_2[k-1]|^2]}$。注意，$\mathbb{E}[|Y_2[k-1]|^2]=S_{21}+\eta_2 S_{32}+1$。通过这种方式，信宿节点在块 k 和 $k+1$ 中接收到对应于 $m[k]$ 的两个有噪副本。具体来说，对于 $\ell=k,k+1$，

$$Y_3[\ell]=h_{31}X_1[\ell]+h_{32}X_2[\ell]+Z_3[\ell]$$
$$=h_{31}X_1[\ell]+\frac{\sqrt{P_2}h_{32}(h_{21}X_1[\ell-1]+\tilde{h}_{22}\tilde{X}_2[\ell-1])}{\sqrt{S_{21}+\eta_2 S_{32}+1}}+\frac{\sqrt{P_2}h_{32}Z_2[\ell-1]}{\sqrt{S_{21}+\eta_2 S_{32}+1}}+Z_3[\ell] \quad (7\text{-}9)$$

接下来介绍两种解码算法，用于从 $Y_3[k]$ 和 $Y_3[k+1]$ 中恢复 $m[k]$。

（1）前向解码：在这种情况下，信宿节点在解码信号 $m[k]$ 之前先解码信号 $m[k-1]$。因此，它可以从 $Y_3[k]$ 中消除 $X_1[k-1]$ 的影响。也就是说，信宿节点可以构造：

$$\hat{Y}_3[k]=h_{31}X_1[k]+\frac{\sqrt{P_2}h_{32}(\tilde{h}_{22}\tilde{X}_2[k-1]+Z_2[k-1])}{\sqrt{S_{21}+\eta_2 S_{32}+1}}+Z_3[k] \quad (7\text{-}10)$$

然后，信宿节点从 $Y_3[k]$ 和 $Y_3[k+1]$ 中解码 $m[k]$，同时把 $X_1[k+1]$ 视为高斯干扰，该方案将产生一个块长度的延迟。

（2）后向解码：在这种情况下，信宿节点在解码信号 $m[k]$ 之前先解码信号 $m[k+1]$。因此，它可以从 $Y_3[k+1]$ 中消除 $X_1[k+1]$。也就是说，信宿节点可以构造：

$$\check{Y}_3[k+1]=\frac{\sqrt{P_2}h_{32}(h_{21}X_1[k]+\tilde{h}_{22}\tilde{X}_2[k]+Z_2[k])}{\sqrt{S_{21}+\eta_2 S_{32}+1}}+Z_3[k+1] \quad (7\text{-}11)$$

然后，信宿节点从 $Y_3[k+1]$ 和 $Y_3[k]$ 中解码 $m[k]$，它将 $X_1[k-1]$ 视为高斯干扰。由于系统在所有信号传输完成后才开始解码，因此当传输 K 个信号时，该方案解码延迟将多达 $K+1$ 个块的长度。

第 7 章 全双工中继信道的频谱效率和中继能效

无论是前向解码还是后向解码，从 $X_1[k]$ 来看，所形成的信道都可以被视为单输入双输出信道。以下先计算前向解码所能达到的 SE。由于 $\tilde{h}_{22}\tilde{X}_2[k-1]$ 是 RSI，$X_1[k]$ 在 $\hat{Y}_3[k]$ 中的有效 SNR 是 $S_{31}(S_{21}+\eta_2 S_{32}+1)/(S_{32}+1)(\eta_2 S_{32}+1)+S_{21}$。将 $X_1[k+1]$ 视为高斯干扰，$X_1[k]$ 在 $Y_3[k+1]$ 中的有效 SNR 是 $S_{32}S_{21}/((S_{31}+1)(S_{21}+\eta_2 S_{32}+1)+S_{32}(\eta_2 S_{32}+1))$。使用最大比合并，采用前向解码的 AF 方案所实现的 SE 由下式给出[①]：

$$R_{\text{AF,FW}}(S_{32}) = C(\gamma_{\text{AF,FW}}(S_{32}))$$

$$\gamma_{\text{AF,FW}}(S_{32}) := \frac{S_{31}(S_{21}+\eta_2 S_{32}+1)}{((S_{32}+1)(\eta_2 S_{32}+1)+S_{21})} + \frac{S_{32}S_{21}}{((S_{31}+1)(S_{21}+\eta_2 S_{32}+1)+S_{32}(\eta_2 S_{32}+1))}$$

（7-12）

类似地，可以推导出使用后向解码的 AF 方案所实现的 SE 为

$$R_{\text{AF,BW}}(S_{32}) = C(\gamma_{\text{AF,BW}}(S_{32}))$$

$$\gamma_{\text{AF,BW}}(S_{32}) := \frac{S_{31}}{S_{32}+1} + \frac{S_{31}(S_{21}+\eta_2 S_{32}+1)}{((S_{32}+1)(\eta_2 S_{32}+1)+S_{21})} \quad （7-13）$$

接下来进一步讨论 AF 方案的最大 SE。在 AF 方案中，RSI 不仅注入中继接收机，还注入目标接收机。因此较大的中继功率可能导致较差的 SE 性能。实际上，可以验证有 $\lim_{S_{32}\to\infty} \gamma_{\text{AF,FW}}(S_{32}) = \lim_{S_{32}\to\infty} \gamma_{\text{AF,BW}}(S_{32}) = 0$。因此有望通过精细控制中继功率来最大化 AF 频谱效率。由于 Y_2 和 Y_3 都包含 RSI 分量，AF 频谱效率函数随 S_{32} 的变化相对复杂。为找到最优中继功率，需要求解由 $\gamma'_{\text{AF,FW}}(S_{32})=0$ 和 $\gamma'_{\text{AF,BW}}(S_{32})=0$ 导出的关于 S_{32} 的高阶方程，而这些方程相当复杂。面向工程实际，在分析 $R_{\text{AF,FW}}(S_{32})$ 和 $R_{\text{AF,BW}}(S_{32})$ 的基础上，以下分别为前向解码和后向解码提出近似最优的中继功率控制。

命题 7.5：定义 $S_{\text{AF,FW}} := \sqrt{(S_{31}+1)(S_{21}+1)/\eta_2}$ 和 $S_{\text{AF,BW}} := \sqrt{(S_{21}+1)/\eta_2}$。若

[①] 在 AF 中继协议中，RSI 很可能具有相关性。一个值得进一步讨论的问题是连续块之间 RSI 的相关性对 AF-SE 的影响。这涉及有码间干扰的信道容量分析[37]和对 $\hat{Y}_3[k]$ 与 $Y_3[k+1]$ 之间组合系数的优化。为深入理解基于马尔可夫编码的 AF 方案，本章重点关注 RSI 不相关的情况。

$\eta_1 \gg 1$，令 $P_2 = S_{\text{AF,FW}}/|h_{32}|^2$ 用于前向解码，$P_2 = S_{\text{AF,BW}}/|h_{32}|^2$ 用于后向解码，则 $R_{\text{AF,FW}}(S_{32})$ 和 $R_{\text{AF,BW}}(S_{32})$ 可以分别达到它们的近似最大值：

$$R_{\text{AF,FW}}^* = C\left(\frac{S_{31}}{\frac{\sqrt{(S_{31}+1)(S_{21}+1)/\eta_2} + (S_{31}+1)(S_{21}+1)}{S_{21} + \sqrt{(S_{31}+1)(S_{21}+1)\eta_2} + 1} + 1} \right. $$
$$\left. + \frac{S_{21}}{2\sqrt{(S_{31}+1)(S_{21}+1)\eta_2 + 1} + \eta_2(S_{31}+1)}\right) \quad (7\text{-}14)$$

$$R_{\text{AF,BW}}^* = C\left(\frac{S_{31}}{\sqrt{(S_{21}+1)/\eta_2} + 1} + \frac{S_{21}}{2\sqrt{(S_{21}+1)\eta_2} + \eta_2 + 1}\right) \quad (7\text{-}15)$$

证明：由于目标是找到使 $\gamma_{\text{AF,FW}}(S_{32})$ 和 $\gamma_{\text{AF,BW}}(S_{32})$ 达到最大的 S_{32}。因此，二者可以简化为

$$\gamma_{\text{AF,FW}}(S_{32}) = \frac{S_{31}}{\frac{S_{32}(\eta_2 S_{32}+1)}{S_{21}+\eta_2 S_{32}+1}+1} + \frac{S_{21}}{\frac{(S_{31}+1)(S_{21}+1)}{S_{32}} + \eta_2 S_{32} + \eta_2(S_{31}+1)+1}$$

$$\gamma_{\text{AF,BW}}(S_{32}) = \frac{S_{31}}{S_{32}+1} + \frac{S_{21}}{\eta_2 S_{32} + \frac{S_{21}+1}{S_{32}} + \eta_2 + 1}$$

如果 $\eta_1 \gg 1$，则有 $S_{21} \gg S_{31}$。在该种情况下，$\gamma_{\text{AF,FW}}(S_{32})$ 和 $\gamma_{\text{AF,BW}}(S_{32})$ 的第二项比第一项更大。因此，可以通过最大化 $\gamma_{\text{AF,FW}}(S_{32})$ 和 $\gamma_{\text{AF,BW}}(S_{32})$ 的第二项来找到一个近似最优的 P_2。对于后向解码，相当于最小化 $\eta_2 S_{32} + (S_{21}+1)/S_{32} + \eta_2 + 1$，因而可以得到一个近似最优的 $P_2 = S_{\text{AF,BW}}/|h_{32}|^2$。相应地，$R_{\text{AF,BW}}(S_{\text{AF,BW}}) = R_{\text{AF,BW}}^*$ 是通过后向解码实现的最大 AF-SE 的近似值。对于前向解码，通过类似的分析，可以得到近似最优的中继功率 $P_2 = S_{\text{AF,FW}}/|h_{32}|^2$ 和对应的 AF-SE $R_{\text{AF,FW}}(S_{\text{AF,FW}}) = R_{\text{AF,FW}}^*$。证明完毕。

由于 AF 方案实现的 SE 在一般情况下并不是凸的。这给 REE 分析带来困难。为刻画 AF 方案的 REE 性能界，首先注意到通过时分共享方案可以提高 AF 方案的频谱效率。

命题 7.6：对于 $\phi \in \{\text{FW}, \text{BW}\}$，$R_{\text{AF},\phi}(S_{32})$ 的凸包络 $\overline{R}_{\text{AF},\phi}(S_{32})$ 是可达的。

证明：考虑通过使用时分共享方案来实现 $\overline{R}_{\text{AF},\phi}(S_{32})$ 的可达性。在时分共享方案中，系统由多个块组成，每个块将可用时间分为两个时隙：时隙 1 和时隙 2，其中每个时隙分别占据 $\alpha \in [0,1]$ 和 $1-\alpha$ 的时间比例。在时隙 $i(i=1,2)$ 中，中继节点以功率 P_{2i} 发送信号。系统可以在平均中继功率约束下优化时间分配因子 α 和实际中继传输功率 $\{P_{2i}\}$，以最大化两个时隙的平均 SE，即

$$\max_{\alpha, P_{21}, P_{22}} R_{\text{AF},\phi}(P_{21}|h_{32}|^2) + (1-\alpha) R_{\text{AF},\phi}(P_{22}|h_{32}|^2)$$

$$\text{s.t.} \quad \alpha P_{21} + (1-\alpha) P_{22} \leq P_2, \alpha \in [0,1] \tag{7-16}$$

由于 $\overline{R}_{\text{AF},\phi}(S_{32})$ 上的每个点都可以表示为点 $(S_1, R_{\text{AF},\phi}(S_1))$ 和点 $(S_2, R_{\text{AF},\phi}(S_2))$ 的凸组合（见图 7-2）[118]，即

$$R_{\text{AF},\phi}(S_{32}) = R_{\text{AF},\phi}(S_1) + \frac{S_{32} - S_1}{S_2 - S_1}[R_{\text{AF},\phi}(S_2) - R_{\text{AF},\phi}(S_2)]$$

$$= \frac{S_2 - S_{32}}{S_2 - S_1} R_{\text{AF},\phi}(P_{21}|h_{32}|^2) + \frac{S_{32} - S_1}{S_2 - S_1} R_{\text{AF},\phi} \times (P_{22}|h_{32}|^2)$$

证明完毕。

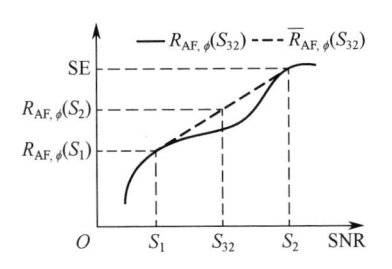

图 7-2 $\overline{R}_{\text{AF},\phi}(S_{32})$ 上的每一点可以表示为 $(S_1, R_{\text{AF},\phi}(S_1))$ 和 $(S_2, R_{\text{AF},\phi}(S_2))$ 的凸组合

命题 7.7：如果 $R^*_{\text{AF},\phi} > C(S_{31})$，则 AF 方案的 REE 被限定为 $Q_{\text{AF},\phi} S_{\text{AF},\phi} / |h_{32}|^2 \leq Q_{\text{AF},\phi}(P_2) \leq |h_{32}|^2 \overline{R}'_{\text{AF},\phi}(0)$，$\phi \in \{\text{FW}, \text{BW}\}$。

证明：注意到 $R_{\text{AF},\phi}(0) = C(S_{31})$，$\phi \in \{\text{FW}, \text{BW}\}$。由于 $\overline{R}_{\text{AF},\phi}(S_{32})$ 是可达的并且在 S_{32} 上是凸的，根据引理 7.1，AF 方案的 REE 性能上界为 $\overline{R}'_{\text{AF},\phi}(0)$。

为找到 REE 的下界，考虑近似最优的 SE。由于 $\gamma_{\mathrm{AF,FW}}(S_{32})$ 和 $\gamma_{\mathrm{AF,BW}}(S_{32})$ 中的第一项是关于 S_{32} 的递减函数，命题 7.5 中确定的中继功率 P_2 和相应的最大 SE 分别大于和小于最优值。因此，如果对于 $\phi \in \{\mathrm{FW,BW}\}$ 有 $R_{\mathrm{AF},\phi}^* > C(S_{31})$，可以使用近似最优中继功率和对应的频谱效率将 AF 方案的 REE 下界表示为

$$Q_{\mathrm{AF},\phi}\left(\frac{S_{\mathrm{AF},\phi}}{|h_{32}|^2}\right) = \frac{[R_{\mathrm{AF},\phi}^* - C(S_{31})]|h_{32}|^2}{S_{\mathrm{AF},\phi}}$$

证明完毕。

为清晰地比较不同方案的性能，表 7-1 总结了不同方案的 SE 和 REE。其中不同方案的 REE 性能下界和上界都是可达的。命题 7.2、7.4、7.7 给出的不同中继方案的可达 REE 为在 REE 约束条件下选择中继方案提供了指导。

7.3.4 频谱效率的上界

命题 7.8：具有 RSI 的全双工中继信道的频谱效率受如下性能上界限制：

$$R_{\mathrm{UB}}(S_{32}) = \begin{cases} C\left(\dfrac{\left(\sqrt{\dfrac{S_{21}S_{32}}{\eta_2 S_{32}+1}} + \sqrt{S_{31}\left(S_{31} + \dfrac{S_{21}}{\eta_2 S_{32}+1} - S_{32}\right)}\right)^2}{S_{31} + \dfrac{S_{21}}{\eta_2 S_{32}+1}}\right), & S_{21} \geqslant S_{32}(\eta_2 S_{32}+1) \\ C\left(S_{31} + \dfrac{S_{21}}{\eta_2 S_{32}+1}\right), & \text{其他} \end{cases}$$

（7-17）

证明：用 ρ 表示 X_1 和 X_2 之间的相关系数。根据文献[33]的方法并将信源—中继链路的 SNR 替换为 $S_{21}/(\eta_2 S_{32}+1)$，可以写出传输速率的割集上界为

$$R_{\mathrm{UB}}(S_{32}) = \max_{0 \leqslant \rho \leqslant 1} \min\left\{C\left((1-\rho^2)\left(S_{31} + \frac{S_{21}}{\eta_2 S_{32}+1}\right)\right), C\left(S_{31} + S_{32} + 2\rho\sqrt{S_{31}S_{32}}\right)\right\}$$

（7-18）

表 7-1 不同方案的 SE 和 REE

ϕ	频谱效率 $R_\phi(S_{32})$	S_ϕ^*: 最优或近似最优 S_{32}	最大或近似最大频谱效率 R_ϕ^*	REE 界 $Q_\phi(P_2)$
DF	$\min\left\{C(S_{31}+S_{32}), C\left(\dfrac{S_{21}}{\eta_2 S_{32}+1}\right)\right\}$	$\dfrac{\sqrt{(\eta_2 S_{31}-1)^2+4\eta_2 S_{21}}-(\eta_2 S_{31}+1)}{2\eta_2}$	$C(S_{31}+S_{\mathrm{DF}})$	$\left[\dfrac{R_{\mathrm{DF}}\|h_{32}\|^2}{S_{\mathrm{DF}}}, \dfrac{\|h_{32}\|^2}{1+S_{31}}\right]$
CF	$C\left(S_{31}+\dfrac{\dfrac{S_{21}S_{32}}{\eta_2 S_{32}+1}}{S_{21}+\dfrac{S_{21}}{\eta_2 S_{32}+1}+S_{31}+S_{32}+1}\right)$	$\sqrt{(1+S_{21}+S_{31})/\eta_2}$	$C\left(S_{31}+\dfrac{S_{21}}{2\sqrt{(1+S_{21}+S_{31})\eta_2}+\eta_2(S_{31}+1)+1}\right)$	$\left[\dfrac{R_{\mathrm{CF}}^*\|h_{32}\|^2}{S_{\mathrm{CF}}}, \dfrac{S_{21}\|h_{32}\|^2}{(1+S_{31})(1+S_{31}+S_{21})}\right]$
前向解码 AF	$C(\gamma_{\mathrm{AF,FW}}(S_{32}))$	$\sqrt{(S_{31}+1)(S_{21}+1)}/\eta_2$	$C(\gamma_{\mathrm{AF,FW}}(S_{\mathrm{AF,FW}}))$	$\left[\dfrac{R_{\mathrm{AF,FW}}^*\|h_{32}\|^2}{S_{\mathrm{AF,FW}}}, \|h_{32}\|^2 \bar{R}_{\mathrm{AF,FW}}(0)\right]$
后向解码 AF	$C(\gamma_{\mathrm{AF,BW}}(S_{32}))$	$\sqrt{(S_{21}+1)}/\eta_2$	$C(\gamma_{\mathrm{AF,BW}}(S_{\mathrm{AF,BW}}))$	$\left[\dfrac{R_{\mathrm{AF,BW}}^*\|h_{32}\|^2}{S_{\mathrm{AF,BW}}}, \|h_{32}\|^2 \bar{R}_{\mathrm{AF,BW}}(0)\right]$

由于式（7-18）中的两个项是关于 ρ 单调递减和单调递增的，可以通过考虑 $(1-\rho^2)(S_{31}+S_{21}/(\eta_2 S_{32}+1)) = S_{31}+S_{32}+2\rho\sqrt{S_{31}S_{32}}$ 来简化 $R_{UB}(S_{32})$。则有：

$$\rho = \rho_{UB}^* := \frac{\sqrt{S_{31}S_{32} - \left(S_{31}+\frac{S_{21}}{\eta_2 S_{32}+1}\right)\left(S_{32}-\frac{S_{21}}{\eta_2 S_{32}+1}\right)} - \sqrt{S_{31}S_{32}}}{S_{31}+\frac{S_{21}}{\eta_2 S_{32}+1}} \quad (7\text{-}19)$$

由于 $\rho \in [0,1]$，如果 $S_{32} < S_{21}/(\eta_2 S_{32}+1)$，那么最优解是 $\rho=0$，且 $R_{UB}(S_{32}) = C(S_{31}+S_{21}/(\eta_2 S_{32}+1))$。否则，可以通过将式（7-19）代入式（7-18）推导出 $R_{UB}(S_{32})$，这将得到式（7-17）。

7.4 中继方案选择与混合双工

本章比较不同中继方案的 SE，并找出中继方案切换的界限，同时介绍利用混合双工模式提升 SE 所要求的 RSI 强度条件。

7.4.1 方案选择与组合

根据之前对式（7-6）和式（7-7）的分析，当 $S_{32} < (\eta_1-1)/\eta_2$ 时，DF 方案优于直连链路传输，而 CF 方案总是优于直连链路传输。在 AF 中继方面，有以下结果。

命题 7.9：若在前向解码中满足 $\eta_1 > S_{31}+1$，则存在一个 S_{32} 使 $R_{AF,FW}(S_{32}) > C(S_{31})$ 成立。在后向解码中，当且仅当 $\eta_1 > S_{31}+1$ 成立，或者 $S_{21}/(S_{21}+1) \leqslant S_{31} < S_{21}/(\eta_2+1)$ 和 $\eta_2 < (\sqrt{S_{21}}-\sqrt{S_{21}+1-\eta_1})^2$ 同时成立时，存在一个 S_{32} 使 $R_{AF,BW}(S_{32}) > C(S_{31})$ 成立。

证明：见本章附录。

基于命题 7.9，可以验证 AF 频谱效率的非凸性。例如，在后向解码中，如

第 7 章 全双工中继信道的频谱效率和中继能效

果满足条件 $\eta_2 +1 < \eta_1 \leqslant S_{21}+1$ 且 $\eta_2 < (\sqrt{S_{21}} - \sqrt{S_{21}+1-\eta_1})^2$，则存在一个 S_{32}，使 $R_{\text{AF,BW}}(S_{32}) > C(S_{31})$ 成立。在这种情况下，有 $\gamma'_{\text{AF,BW}}(0) < 0$，即 $R_{\text{AF,BW}}(S_{32})$ 关于 S_{32} 先减小后增加。因此，$R_{\text{AF,BW}}(S_{32})$ 在 S_{32} 上不是凸函数。

通过比较不同方案的 SE 性能，可以得到关于中继方案选取的如下结论：

命题 7.10：就频谱效率而言：①无论采用前向解码还是后向解码，CF 方案总是优于 AF 方案；②如果 $\eta_1 > 1$ 且 $S_{32} < S_{\text{DF}}$，则 DF 方案优于 CF 方案；③如果 $\eta_1 > 1$ 且 $S_{32} < (\eta_1 - 1)/\eta_2$，则无论采用前向解码还是后向解码，DF 方案都优于 AF 方案。

证明：见本章附录。

关于命题 7.10 中①，需要指出的是 CF 方案比 AF 方案复杂度更高。关于命题 7.10 的②，中继强度条件 $\eta_1 > 1$ 保证了 DF 中继优于直连链路传输，并且 $S_{\text{DF}} > 0$。当 $\eta_1 > 1$ 时，$S_{\text{DF}} < (\eta_1-1)/\eta_2$。进一步结合命题 7.10 的②和③，可以发现在满足 $\eta_1 > 1$ 的条件下，当 $P_2 \leqslant S_{\text{DF}}/|h_{32}|^2$ 成立时，DF 方案是最优的。实际上，当 $\eta_1 > 1$ 且 $S_{\text{DF}} < S_{32} < (\eta_1-1)/\eta_2$ 时，DF 方案仍然提供协作增益，也就是说 $R_{\text{DF}}(S_{32})$ 随着 S_{32} 的增加而减小。命题 7.10 的③表明，如果中继节点无法通过功率回退技术来实现峰值 SE，则 DF 中继在 SE 性能方面优于 AF 中继。值得指出的是，AF 方案仅需要在中继节点处进行线性信号处理，因此为协作通信提供了更简单的信号设计。一些实际系统必须同时考虑 SE 性能和具体实现的复杂度，此时 AF 中继为协作方案的选取提供了选择。

以下命题比较了 AF 方案中前向解码和后向解码的频谱效率性能。

命题 7.11：如果 $(\eta_1 - \eta_2)S_{32} < S_{21}+1$，则前向解码的性能优于后向解码。

证明：见本章附录。

命题 7.11 为选择 AF 方案中的解码算法提供了参考。具体来说，如果中继强度大于 RSI 强度，即 $\eta_1 > \eta_2$，并且 $P_2 < (S_{21}+1)/((\eta_1-\eta_2)|h_{32}|^2)$，则前向解码是更好的选择。在其他情况下，后向解码虽然能够获得频谱效率的提升，但会

经历更大的延迟。

根据命题 7.10 及 $\lim_{S_{32}\to\infty} R_{CF}(S_{32}) - R_{DF}(S_{32}) = C(S_{31}) > 0$ 成立的事实，可以推断出存在一个 P_2 使 $S_{32} > S_{DF}$ 成立，并且 DF 方案和 CF 方案可达到相同的频谱效率。这可以通过求解 $R_{CF}(S_{32}) = R_{DF}(S_{32})$ 得到，即需要解 $S_{21}/(\eta_2 S_{32}+1) = \gamma_{CF}(S_{32})$ 的三次方程。然而，如果 $S_{32} > S_{DF}$，中继可以减小 P_2 使 $S_{32} = S_{DF}$ 成立。这能避免频谱效率的损失并节省中继功率开销。由于 DF 方案的频谱效率由 $R_{DF}^\star$ 诱导界定。如果 $R_{DF}^\star \geqslant R_{CF}^\star$，根据命题 7.10，没有必要采用 CF 方案。但是，如果 $R_{DF}^\star < R_{CF}^\star$，在 $P_2 = S_{CF}/|h_{32}|^2$ 时，CF 方案优于 DF 方案。可以通过使用时分共享方案来提高系统的频谱效率。

命题 7.12：当 $\eta_1 > 1$ 且中继节点可以调节发射功率时，如果 η_2 满足

$$\sqrt{(\eta_2 S_{31}-1)^2+4\eta_2 S_{21}}-(\eta_2 S_{31}+1)] \times [2\sqrt{(1+S_{21}+S_{31})\eta_2}+\eta_2(S_{31}+1)+1] < 2\eta_2 S_{21}$$
（7-20）

则系统可以达到 $\max\{R_{DF}(S_{32}), R_{CF}(S_{32})\}$ 的凸包络。

证明：$R_{DF}^\star < R_{CF}^\star$ 等价于 $S_{31}+S_{DF} < \gamma_{CF}(S_{CF})$。即

$$S_{DF} < \frac{S_{21}S_{CF}}{(S_{CF}+S_{31}+1)(\eta_2 S_{CF}+1)+S_{21}} \quad (7\text{-}21)$$

将 S_{DF} 和 S_{CF} 代入式（7-21）中，得到：

$$\frac{\sqrt{(\eta_2 S_{31}-1)^2+4\eta_2 S_{21}}-(\eta_2 S_{31}+1)}{2\eta_2} < \frac{S_{21}}{2\sqrt{(1+S_{21}+S_{31})\eta_2}+\eta_2(S_{31}+1)+1}$$

这可以简化为式（7-20）。如果 RSI 强度满足式（7-20），那么，参照命题 7.6 中 $\overline{R}_{AF,\phi}(S_{32})$ 的可达性证明，可以通过在两个时隙内分别使用 DF 方案和 CF 方案并优化时隙分配因子和中继节点的实际发射功率来实现 $\max\{R_{DF}(S_{32}), R_{CF}(S_{32})\}$ 的凸包络。具体优化方法可以参考文献[52]和文献[75]。证明完毕。

7.4.2 混合双工方案

如果 η_2 较大，全双工中继将受到强烈的 RSI 影响。在半双工模式下，中继节点在连续的两个时间块中接收和发送信号，形成一个两阶段传输协议，从而避免了自干扰。因此，结合全双工和半双工两种模式来改善 RSI 较强时的频谱效率极具前景。回顾在时分共享方案中，系统在时隙 1 和时隙 2 中选择中继协议并调整中继节点的发射功率。类似地，系统也可以在两个时隙中分别采用全双工和半双工模式来形成一个混合双工方案。但时分共享并不总是能提高性能的。本节将讨论系统何时从混合全双工/半双工中继中受益。为陈述清晰，考虑在半双工模式下，每个阶段占用一半的时间，节点使用独立的高斯信号，并且中继节点在等效能耗下对发射功率进行放大。

当在中继节点处采用 DF 方案时，在半双工模式下，中继节点分别在第一阶段和第二阶段解码并转发信号。根据文献[33]的分析，半双工模式下实现的 SE 由以下公式给出：

$$R_{\mathrm{DF,HD}}(S_{32}) = \frac{1}{2}C(S_{31}) + \frac{1}{2}\min\left\{C(S_{21}), C(S_{31}) + C\left(\frac{2S_{32}}{S_{31}+1}\right)\right\}$$

可知该 SE 是关于 S_{32} 的非递减函数。如果 $S_{32} < S_{\mathrm{DF}}$，则 $R_{\mathrm{DF}}(S_{32}) - R_{\mathrm{DF,HD}}(S_{32}) \geqslant C(S_{32}/S_{31}+1) - \frac{1}{2}C(2S_{32}/(S_{31}+1)) > 0$。因此，对于 $S_{32} < S_{\mathrm{DF}}$，全双工中继传输总是优于半双工中继传输。相比之下，$\lim\limits_{S_{32} \to +\infty} R_{\mathrm{DF,HD}}(S_{32}) = C(S_{31})/2 + C(S_{21})/2$。通过观察，可知混合双工模式能提高 DF 中继系统的频谱效率。

命题 7.13：考虑 $\eta_1 > 1$。定义 $S_{\mathrm{DF,HD}} := \sqrt{(1+S_{21})(1+S_{31})} - S_{31} - 1$。如果

$$\eta_2 > \frac{S_{21} - S_{31} - S_{\mathrm{DF,HD}}}{S_{\mathrm{DF,HD}}^2 + S_{31}S_{\mathrm{DF,HD}}} \tag{7-22}$$

使用基于全双工和半双工 DF 的时分共享方案可以提高频谱效率。

证明：如果 $R_{\mathrm{DF}}^* < C(S_{31})/2 + C(S_{21})/2$，使用全双工和半双工之间的时分

共享可以实现 $\max\{R_{DF}(S_{32}), R_{DF,HD}(S_{32})\}$[①]的凸包络，当 $S_{32} > S_{DF}$ 时，该值大于 R_{DF}^*。由于 $R_{DF}^* = C(S_{31} + S_{DF})$，因此 $R_{DF}^* < C(S_{31})/2 + C(S_{21})/2$ 等价于 $\sqrt{(\eta_2 S_{31} - 1)^2 + 4\eta_2 S_{21}} - (\eta_2 S_{31} + 1) < 2\eta_2 S_{DF,HD}$。也就是

$$\eta_2^2[(2S_{DF,HD} + S_{31})^2 - S_{31}^2] + 4\eta_2(S_{DF,HD} + S_{31} - S_{21}) > 0$$

由于 $\eta_1 > 1$ 时，$S_{DF,HD} + S_{31} - S_{21} < 0$。所以得出式（7-22）。证明完毕。

当在中继节点处采用 CF 方案时，在半双工模式下，中继节点可以在第一阶段压缩接收到的信号，并在第二阶段将其转发给信宿节点。基于高斯压缩，相应的 CF 频谱效率由文献[33]给出：

$$R_{CF,HD}(S_{32}) := C(\gamma_{CF,HD}(S_{32})) = \frac{1}{2}C(S_{31}) + \frac{1}{2}C\left(S_{31} + \frac{2S_{21}S_{32}}{1 + S_{21} + S_{31} + 2S_{32}}\right)$$

直观地看，如果 RSI 非常强，全双工中继传输可能会比半双工中继传输性能更差。同时，也注意到 $R_{CF,HD}(S_{32})$ 受到以下性能界的限制：$\lim_{S_{32} \to +\infty} R_{CF,HD}(S_{32}) = C(S_{31})/2 + C(S_{21} + S_{31})/2$。通过适当地控制中继功率，RSI 的功率可以很小，此时全双工 CF 中继传输优于半双工 CF 中继传输。基于这些观察，同样可以得到混合双工能提高 CF 中继的 SE 的结论。

命题 7.14：定义 $S_{CF,HD} := \sqrt{(1+S_{31})(1+S_{21}+S_{31})} - S_{31} - 1$。如果

$$\frac{\left(\sqrt{S_{21} + (S_{31}+1)\left(2 - \dfrac{S_{21}}{S_{CEHD}}\right)} - \sqrt{1 + S_{21} + S_{31}}\right)^2}{(S_{31}+1)^2} < \eta_2 < \frac{2(S_{31}+1) + S_{21}}{2(S_{31}+1)^2} \quad （7-23）$$

使用基于全双工和半双工 CF 的时分共享方案可以提高频谱效率。

证明：首先，类似于命题 7.13，可以通过考虑 $R_{CF}^* < C(S_{31})/2 + C(S_{21} +$

[①] 时分共享的两个时隙的详细配置可以参考命题 7.6 的证明。全双工时隙和半双工时隙中的最优时分共享因子和实际中继传输功率可以从 $\max\{R_{DF}(S_{32}), R_{DF,HD}(S_{32})\}$ 的凸包络中推导出来，或者通过计算机搜索获得。类似的处理方法也适用于 CF 方案和 AF 方案。

第7章 全双工中继信道的频谱效率和中继能效

$S_{31})/2$ 来对 η_2 进行下界估计。使用命题 7.3，$R_{CF}^* < C(S_{31})/2 + C(S_{21}+S_{31})/2$ 等价于：

$$\frac{S_{21}}{2\sqrt{(1+S_{21}+S_{31})\eta_2} + \eta_2(S_{31}+1)+1} < S_{CF,HD}$$

就得到了式（7-23）中的下界。为了对 η_2 进行上界估计，考虑 $R_{CF}(S_{32}) \geqslant R_{CF,HD}(S_{32})$ 诱导出 η_2 的条件。由于

$$(1+\gamma_{CF}(S_{32}))^2 - (1+\gamma_{CF,HD}(S_{32}))^2 = \frac{2(S_{31}+1)S_{21}S_{32}^2 G(K,S_{32})}{(1+S_{21}+S_{31}+S_{32}+KS_{32})^2 g(S_{32})}$$

式中，

$$F := \eta_2(1+S_{31}+S_{32})$$

$$g(S_{32}) := 1+S_{21}+S_{31}+2S_{32}$$

$$G(F,S_{32}) := -F^2 S_{32} - F(1+S_{21}+S_{31}) + \frac{S_{21}g(S_{32})}{2(S_{31}+1)} + g(S_{32}) - S_{32}$$

$R_{CF}(S_{32}) \geqslant R_{CF,HD}(S_{32})$ 等价于 $G(F,S_{32}) > 0$。当 $S_{32} \to 0$ 时，$G(F,S_{32}) > 0$ 意味着 $\eta_2(1+S_{31}) < (2(S_{31}+1)+S_{21})/(2(S_{31}+1))$，这给出了 RSI 强度的上界。证明完毕。

根据命题 7.14 的证明，如果 $\eta_2 \geqslant (2(S_{31}+1)+S_{21})/[2(S_{31}+1)^2]$ 成立，则半双工 CF 中继传输一定优于全双工 CF 中继传输。这个条件对于系统设计具有参考价值。

中继节点也可以在第二阶段放大并转发接收到的信号，即 AF 方案。通过使用前向解码和后向解码算法，半双工中继的 AF 方案所实现的频谱效率如下：①

$$R_{AF,HD,FW}(S_{32}) = \frac{1}{2}C\left(\frac{S_{31}(S_{21}+1)}{2S_{32}+S_{21}+1}\right) + \frac{1}{2}C\left(S_{31} + \frac{2S_{21}S_{32}}{(1+S_{21})(1+S_{31})+2S_{32}}\right)$$

---

① 这里建立的频谱效率来自非正交放大转发方案，该方案使用独立的高斯信号。通过前向解码和后向解码实现的频谱效率的分析分别与全双工对应的分析相似。

$$R_{\text{AF,HD,BW}}(S_{32}) = \frac{1}{2}C\left(\frac{S_{31}}{2S_{32}+1}\right) + \frac{1}{2}C\left(S_{31} + \frac{2S_{21}S_{32}}{1+S_{21}+2S_{32}}\right)$$

注意到前向解码和后向解码均满足 $\lim_{S_{32}\to\infty} R_{\text{AF,HD,FW}}(S_{32}) = \lim_{S_{32}\to\infty} R_{\text{AF,HD,BW}}(S_{32}) = C(S_{31}+S_{21})/2$ 和 $R_{\text{AF,HD,FW}}(0) = R_{\text{AF,HD,BW}}(0) = C(S_{31})$。只有当 $S_{21}>S_{31}(S_{31}+1)$ 时，才有 $C(S_{31}+S_{21})/2 > C(S_{31})$ 成立，并且半双工 AF 方案的表现优于直连链路传输。通过计算可以验证存在一个正数 $S_{32}>S_0$，使 $R'_{\text{AF,HD,FW}}(S_{32})>0$。因此，对大中继功率来说，$C(S_{31}+S_{21})/2$ 可以被视为 $R_{\text{AF,HD,FW}}(S_{32})$ 和 $R_{\text{AF,HD,BW}}(S_{32})$ 的上界。与 DF 方案和 CF 方案类似，可以通过比较 $R^*_{\text{AF,FW}}$ 和 $R^*_{\text{AF,BW}}$ 与 $C(S_{31}+S_{21})/2$ 来获得关于 η_2 的近似条件，使系统可以通过时分共享的方式使用混合双工模式来提高 SE。定义 $S_{\text{AF,HD}} := \sqrt{(1+S_{21}+S_{31})} - 1$。由于 $R^*_{\text{AF},\phi} = C(\gamma_{\text{AF},\phi}(S_{\text{AF},\phi}))$，所以 $R^*_{\text{AF},\phi} < C(S_{21}+S_{31})/2$ 等价于 $\gamma_{\text{AF},\phi}(S_{\text{AF},\phi}) < S_{\text{AF,HD}}$。对于后向解码，$\gamma_{\text{AF,BW}}(S_{\text{AF,BW}}) < S_{\text{AF,HD}}$ 等价于 $S_{31}/(\sqrt{(S_{21}+1)/\eta_2}+1) + S_{21}/(2\sqrt{(S_{21}+1)\eta_2}+\eta_2+1) < S_{\text{AF,HD}}$，这会得到一个关于 $\sqrt{\eta_2}$ 的三次不等式：

$$\beta(\sqrt{\eta_2}) := (S_{\text{AF,HD}}-S_{31})\eta_2\sqrt{\eta_2} + (3S_{\text{AF,HD}}-2S_{31})\times$$
$$\sqrt{(S_{21}+1)}\eta_2 + [(2S_{21}+3)S_{\text{AF,HD}}-(S_{21}+S_{31})]\sqrt{\eta_2} + (S_{\text{AF,HD}}-S_{21})\sqrt{S_{21}+1} > 0$$

可以证明，基于条件 $S_{21}>S_{31}(S_{31}+1)$，有 $S_{21}>S_{31}(S_{31}+1)$。因此，三次函数 $\beta(\sqrt{\eta_2})$ 的最大实根给出了 $\sqrt{\eta_2}$ 的下界。类似地，可以基于 $\gamma_{\text{AF,BW}}(S_{\text{AF,BW}}) < S_{\text{AF,HD}}$ 推导出前向解码情况下 RSI 强度的条件。为方便对比，不同方案的选择条件如表 7-2 所示。

表 7-2 不同方案的选择条件

方案	选择条件	方案	选择条件
$R_{\text{CF}} > R_{\text{AF}}$	$S_{32}>0$	$R_{\text{DF}} > R_{\text{CF}}$	$\eta_1>1, S_{32}<S_{\text{DF}}$
$R_{\text{DF}} > R_{\text{AF}}$	$S_{32} < \frac{\eta_1-1}{\eta_2}$	$R_{\text{AF,FW}} > R_{\text{AF,BW}}$	$(\eta_1-\eta_2)S_{32} < S_{21}+1$
$R_{\text{DF}} > C(S_{31})$	$S_{32} < \frac{\eta_1-1}{\eta_2}$	$R_{\text{CF}} > C(S_{31})$	$S_{32}>0$
$R_{\text{AF,FW}} > C(S_{31})$	$\eta_1 > S_{31}+1$	DF 与 CF 结合	$\eta_1>1$, 式（7-22）

续表

方案	选择条件
$R_{\mathrm{AF,BW}} > C(S_{31})$	$\eta_1 > S_{21}+1$ 或 $\dfrac{S_{21}}{S_{21}+1} \leqslant S_{31} < \dfrac{S_{21}}{\eta_2+1}$ 且 $\eta_2 < (\sqrt{S_{21}} - \sqrt{S_{21}+1-\eta_1})^2$
DF 混合方案	$\eta_1 > 1, \eta_2 > \dfrac{S_{21} - S_{31} - S_{\mathrm{DF,HD}}}{S_{\mathrm{DF,HD}}^2 + S_{31}S_{\mathrm{DF,HD}}}$
CF 混合方案	$\left[S_{21} + (S_{31}+1)(2 - \dfrac{S_{21}}{S_{\mathrm{CFHD}}})\right]^{\frac{1}{2}} - \sqrt{1+S_{21}+S_{31}} < \sqrt{\eta_2(S_{31}+1)} < \sqrt{2S_{31}+S_{21}+2}$
AF 混合方案	$S_{21} > S_{31}(S_{31}+1), \gamma_{\mathrm{AF},\phi}(S_{\mathrm{AF},\phi}) < S_{\mathrm{AF,HD}}$

7.5 仿真结果与分析

本节借助数值结果研究各种中继方案的 SE 和 REE 性能。图 7-3 给出了不同方案的频率效率。在该图中，$S_{31}=1, S_{21}=2, |h_{32}|=1, \eta_2=0.05$。因此，直接传输可以实现的频谱效率为 $C(S_{31}) = 1\,\mathrm{bit\cdot s^{-1}/Hz}$。从图 7-3 中可以看出，由于 RSI 的影响，系统 SE 的曲线先是随着中继功率的增加而增加，达到最大值后，在中继功率继续增大时减小。具体来说，在中继—信宿链路信噪比 S_{32} 达到最优的 $S_{\mathrm{DF}} \approx 1$ 之前，DF 方案是最优的，其次是 CF 方案，然后是 AF 方案。当 S_{32} 进一步增加时，DF 方案的 SE 急剧下降，但只要 $R_{\mathrm{DF}} > 1\,\mathrm{bit\cdot s^{-1}}$/Hz，即 DF 方案优于直连链路传输（参考命题 7.10），它仍然优于 AF 方案。另外，CF 方案的 SE 增加得比 DF 方案的 SE 增加得慢，并在 $S_{32} \approx 9$ 时达到其最大值 $R_{\mathrm{CF}}^\star$。在这个例子中，$R_{\mathrm{CF}}^\star$ 大于 $R_{\mathrm{DF}}^\star$。因此，在 DF 和 CF 方案之间使用时分共享可以提高 $1 < S_{32} < 7$ 范围内系统的 SE。对图 7-3 进一步观察可知，当 $S_{32} < 1.6$ 时，前向解码优于后向解码。在 $1 < S_{32} < 7$ 的情况下，在直连链路传输和 AF 中继方案之间使用时分共享可以提高系统的 SE。

图 7-4 展示了不同中继方案的能量效率。不同中继方案 REE 的上下界都是可达的。因此，图 7-4 中的最佳性能曲线提供了系统 REE 的最佳可达性

能。从图 7-4 中可以看出,当中继功率 $P_2 \approx 1$ 时,DF 方案也保持了 REE 的最优性。当中继功率降低时,DF 方案的 REE 和 CF 方案的 REE 都在增加,而 AF 方案的 REE 在 $P_2 < 2$ 时下降。在这种情况下,时分共享能改变中继功率降低时 AF 方案的 REE 下降趋势。这验证了时分共享方案能改善 AF 方案的 REE。

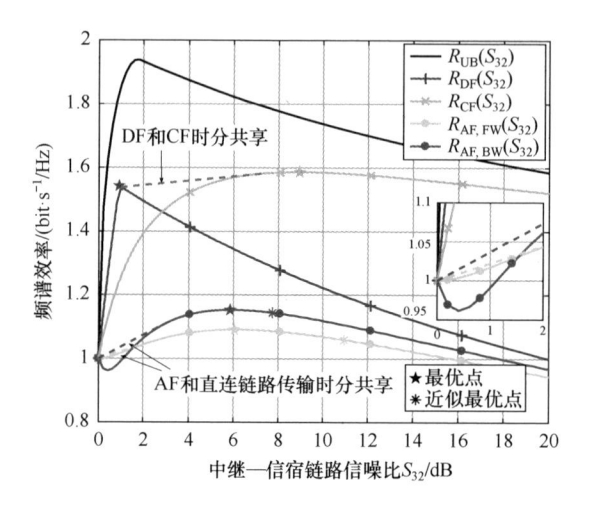

图 7-3 不同方案的频谱效率

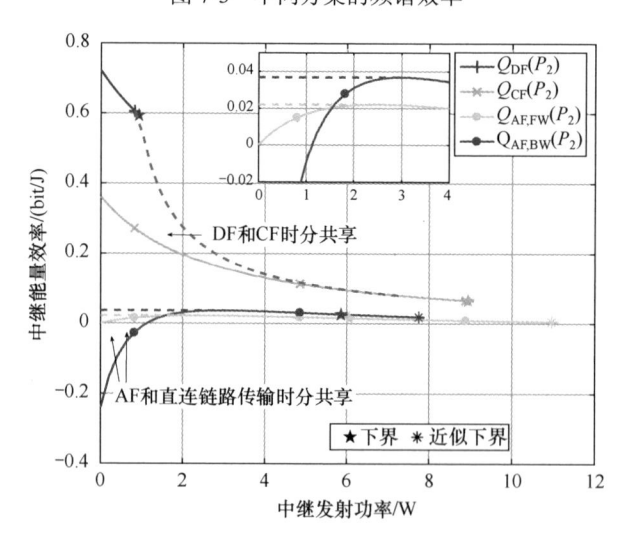

图 7-4 不同中继方案的能量效率

图 7-5 比较了半双工中继在不同 RSI 强度下的 SE 性能。当 $\eta_2 = 0$ 时,系

第 7 章 全双工中继信道的频谱效率和中继能效

统等价于一个理想的全双工中继信道,即中继能完美地消除自干扰。在图 7-5 中可以观察到,在没有 RSI($\eta_2 = 0$)的情况下,SE 是非递减的;而当 $\eta_2 > 0$ 时,在高 S_{32} 区域 SE 急剧下降,并出现一个峰值。随着 η_2 的增加,最优中继功率及相应的最大 SE 都在减小。还可以观察到,根据命题 7.5 为 AF 方案建立的近似最优中继功率接近于最优值,为最优中继功率提供了良好的近似。根据图 7-5,当 RSI 变得较强($\eta_2 = 0.4$)时,采用混合双工可以提高 DF、CF 和 AF 方案的 SE 性能。这与第 7.4 节的分析一致,即混合双工的机会取决于 RSI 的强度系数 η_2。不同中继方案的 η_2 阈值是信源功率、中继功率和信道增益的不同函数。因此,在图 7-5 中 $\eta_2 = 0.1$ 情况下,虽然 CF 方案也可以在半双工和全双工之间采用时分共享来改善其性能,但 DF 方案和 AF 方案并不存在这种在双工模式之间利用时分共享来改善 SE 性能的机会。

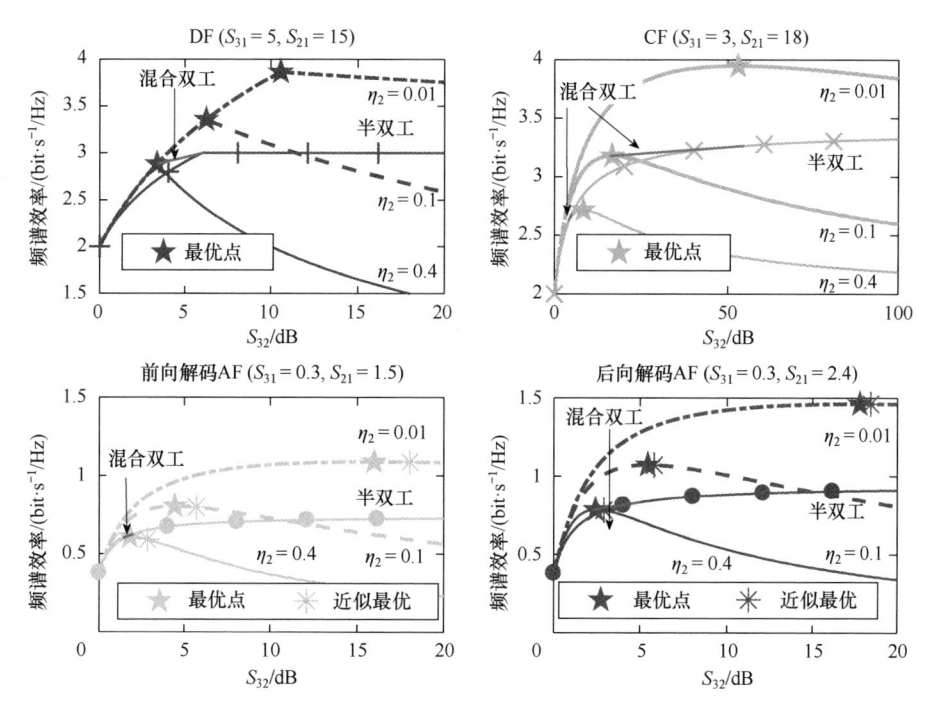

图 7-5 半双工中继在不同 RSI 强度下的 SE 性能

最后,可以将获得的 SE 性能结果应用于准静态瑞利衰落系统并评价其性能。特别地,此处具体考虑了信道增益在不同的块上以独立同分布的瑞利衰落变化的场景。在每个块中，系统基于瞬时信道状态信息确定传输速率。图 7-6 所示为 DF、CF、AF 方案相对于平均 S_{32} 的平均频谱效率。具体在图 7-6 中，平均链路 SNR 取为 $\mathbb{E}[S_{31}]=1, \mathbb{E}[S_{21}]=3$，RSI 强度取为 $\eta_2=0.1$。如图 7-6 中的实线所示，对于不同的中继方案，随着平均 S_{32} 的增加，平均 SE 也存在一个峰值。基于信道状态信息，系统可以采用中继功率回退来节省发射功率，同时实现更高的 SE。如图 7-6 中的虚线所示，通过中继功率回退，DF、CF、AF 方案的平均 SE 在各自峰值附近显著提高。其中，在较大的 S_{32} 范围内，DF 方案通过中继功率回退带来显著的 SE 改进。

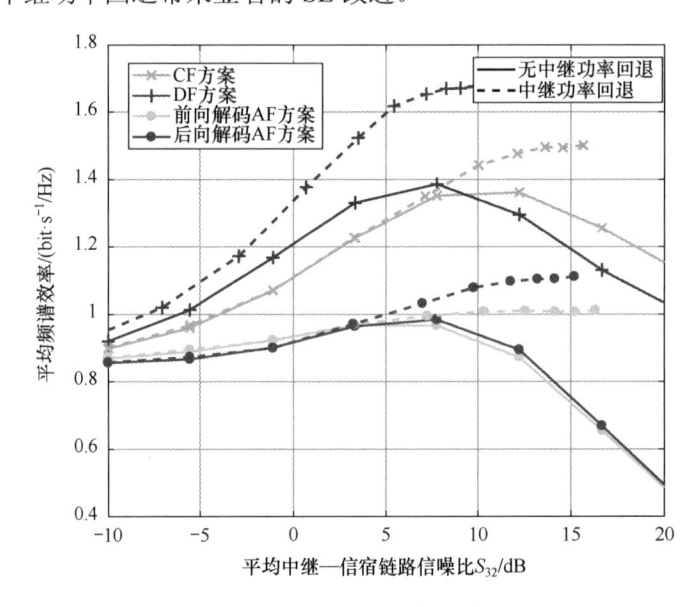

图 7-6 DF、CF、AF 方案相对平均 S_{32} 的平均频谱效率

本章附录

引理 7.1 的证明

对于 $\forall S_{32} \in [0,S]$，$\exists s_{32} \in [0,S_{32}]$ 满足 $(R_\phi(S_{32})-C(S_{31}))/S_{32}=R'_\phi(s_{32})$。则有

$$Q'_\phi(P_2) = \frac{R'_\phi(S_{32})|h_{32}|^2 - \dfrac{[R_\phi(S_{32}) - C(S_{31})]|h_{32}|^2}{S_{32}}}{P_2} = \frac{[R'_\phi(S_{32}) - R'_\phi(s_{32})]|h_{32}|^2}{P_\gamma} \leqslant 0$$

式中，不等式基于 $R_\phi(S_{32})$ 的凸性成立。

命题 7.9 的证明

对于前向解码，有 $R_{\text{AF,FW}}(0) = C(S_{31})$ 和

$$\begin{aligned}\gamma'_{\text{AF,FW}}(S_{32}) =& \frac{\eta_2 S_{31}[(S_{32}+1)(\eta_2 S_{32}+1) + S_{21}]}{[(S_{32}+1)(\eta_2 S_{32}+1) + S_{21}]^2} \\ & - \frac{S_{31}(S_{21} + \eta_2 S_{32} + 1)(2\eta_2 S_{32} + \eta_2 + 1)}{[(S_{32}+1)(\eta_2 S_{32}+1) + S_{21}]^2} \\ & + \frac{S_{21}[(S_{31} + S_{32} + 1)(\eta_2 S_{32} + 1) + S_{21}(S_{31} + 1)]}{[(S_{31} + S_{32} + 1)(\eta_2 S_{32} + 1) + S_{21}(S_{31}+1)]^2} \\ & - \frac{S_{21} S_{32}[2\eta_2 S_{32} + \eta_2(S_{31}+1) + 1]}{[(S_{31} + S_{32} + 1)(\eta_2 S_{32} + 1) + S_{21}(S_{31}+1)]^2}\end{aligned}$$

因此，$\gamma'_{\text{AF,FW}}(0) = (S_{21} - S_{31}(S_{31}+1)) / ((S_{21}+1)(S_{31}+1))$。如果 $\eta_1 > S_{31}+1$，则对于小的 P_2，有 $\gamma'_{\text{AF,FW}}(0) > 0$ 和 $R_{\text{AF,FW}}(S_{32}) > C(S_{31})$。

而对于后向解码，可以得出 $R_{\text{AF,BW}}(S_{32}) > S_{31}$ 等价于 $S_{32}S_{21}/(S_{32}(\eta_2 S_{32}+1) + (S_{21}+\eta_2 S_{32}+1)) > S_{31}S_{32}/(S_{32}+1)$。经过变换，可以写为

$$f(S_{32}) := \eta_2 S_{31} S_{32}^2 + (\eta_2 S_{31} + S_{31} - S_{21}) S_{32} + S_{31}(S_{21}+1) - S_{21} < 0$$

如果 $\eta_1 > S_{21}+1$，则 $S_{31}(S_{21}+1) < S_{21}$ 且 $f(0) < 0$。因此，总是存在一个正数 S_{32} 使 $f(S_{32}) < 0$。这意味着 $R_{\text{AF,BW}} > C(S_{31})$。如果 $\eta_1 \leqslant S_{21}+1$，则 $f(0) \geqslant 0$。如果 $\eta_2 S_{31} + S_{31} - S_{21} < 0$ 且 $\Delta := (\eta_2 S_{31} + S_{31} - S_{21})^2 - 4\eta_2 S_{31}(S_{31}S_{21} + S_{31} - S_{21}) > 0$ 成立，则 $f(S_{32})$ 有两个正的根，并且存在一个正数 S_{32} 使 $f(S_{32}) < 0$，这意味着 $R_{\text{AF,BW}} > C(S_{31})$。$\eta_1 \leqslant S_{21}+1$ 和 $\eta_2 S_{31} + S_{31} - S_{21} < 0$ 可以写为 $S_{21}/(S_{21}+1) \leqslant S_{31} < S_{21}/(\eta_2+1)$，而 $\Delta > 0$ 意味着 $\eta_2 < (\sqrt{S_{21}} - \sqrt{S_{21}+1-\eta_1})^2$ 成立。

命题 7.10 的证明

为证明 CF 方案总是优于 AF 方案，可以比较 $\gamma_{CF}(S_{32})$ 与 $\gamma_{AF,\phi}(S_{32})$，$\phi \in \{FW, BW\}$。具体来讲，由于

$$\gamma_{CF}(S_{32}) - \gamma_{AF,FW}(S_{32}) =$$

$$S_{31} - \frac{S_{31}}{\frac{S_{32}(\eta_2 S_{32}+1)}{S_{21}+\eta_2 S_{32}+1}+1} + \frac{\frac{S_{21}S_{32}}{\eta_2 S_{32}+1}}{\frac{S_{21}}{\eta_2 S_{32}+1}+S_{31}+S_{32}+1} - \frac{\frac{S_{21}S_{32}}{\eta_2 S_{32}+1}}{\frac{S_{21}(S_{31}+1)}{\eta_2 S_{32}+1}+S_{31}+S_{32}+1} > 0$$

和

$$\gamma_{CF}(S_{32}) - \gamma_{AF,BW}(S_{32})$$
$$= \frac{S_{31}S_{32}}{S_{32}+1} + \frac{S_{21}S_{32}}{S_{21}+(S_{31}+S_{32}+1)(\eta_2 S_{32}+1)} - \frac{S_{32}S_{21}}{S_{32}(\eta_2 S_{32}+1)+S_{21}+\eta_2 S_{32}+1}$$
$$= \frac{S_{31}S_{32}}{S_{32}+1} - \frac{S_{21}S_{32}S_{31}(\eta_2 S_{32}+1)}{[S_{21}+(S_{31}+S_{32}+1)(\eta_2 S_{32}+1)][S_{32}(\eta_2 S_{32}+1)+S_{21}+\eta_2 S_{32}+1]}$$
$$= \frac{S_{31}S_{32}[S_{21}^2+(S_{31}+S_{32}+1)(S_{32}+1)(\eta_2 S_{32}+1)^2+(S_{31}+S_{32}+1)(\eta_2 S_{32}+1)]}{(S_{32}+1)[S_{21}+(S_{31}+S_{32}+1)(\eta_2 S_{32}+1)][S_{32}(\eta_2 S_{32}+1)+S_{21}+\eta_2 S_{32}+1]}$$
$$> 0$$

因此，$\gamma_{CF}(S_{32}) - \gamma_{AF,FW}(S_{32}) > 0$ 和 $\gamma_{CF}(S_{32}) - \gamma_{AF,BW}(S_{32}) > 0$ 成立。这意味着 $R_{CF}(S_{32}) > R_{AF,FW}(S_{32})$ 和 $R_{CF}(S_{32}) > R_{AF,BW}(S_{32})$ 分别成立。

接下来证明命题中的（2）。如果 $\eta_1 > 1$ 且 $S_{32} < S_{DF}$，则 $R_{DF}(S_{32}) = C(S_{31}+S_{32})$。由于 $S_{31}+S_{32} > S_{31}+S_{21}S_{32}/(S_{21}+(S_{31}+S_{32}+1)(\eta_2 S_{32}+1)) = \gamma_{CF}(S_{32})$，可以得出 $R_{DF}(S_{32}) > R_{CF}(S_{32})$。

最后，基于（1）和（2），为证明命题中的（3），只需要考虑当 $\eta_1 > 1$ 且 $S_{DF} < S_{32} < (\eta_1-1)/\eta_2$ 的情况。在这种情况下，$R_{DF} = C(S_{21}/(\eta_2 S_{32}+1))$ 且 $S_{21}/(\eta_2 S_{32}+1) > S_{31}$。注意到：

$$\frac{S_{21}}{\eta_2 S_{32}+1}-\gamma_{\text{AF,FW}}(S_{32})=\frac{(S_{31}+1)\left(\frac{S_{21}}{\eta_2 S_{32}+1}+1\right)\frac{S_{21}}{\eta_2 S_{32}+1}}{(S_{31}+1)\left(\frac{S_{21}}{\eta_2 S_{32}+1}+1\right)+S_{32}}-\frac{S_{31}\left(\frac{S_{21}}{\eta_2 S_{32}+1}+1\right)}{S_{32}+1+\frac{S_{21}}{\eta_2 S_{32}+1}}$$

$$=\left(\frac{S_{21}}{\eta_2 S_{32}+1}+1\right)\times\left[\frac{(S_{31}+1)}{S_{31}+1+\frac{S_{31}+1+S_{32}}{\frac{S_{21}}{\eta_2 S_{32}+1}}}-\frac{S_{31}}{S_{32}+1+\frac{S_{21}}{\eta_2 S_{32}+1}}\right]$$

$$\geqslant (S_{31}+1)\left[\frac{(S_{31}+1)}{S_{31}+1+\frac{S_{31}+1+S_{32}}{S_{31}}}-\frac{S_{31}}{S_{32}+1+S_{31}}\right]>0$$

且

$$\frac{S_{21}}{\eta_2 S_{32}+1}-\gamma_{\text{AF,BW}}(S_{32})=\frac{\left(\frac{S_{21}}{\eta_2 S_{32}+1}+1\right)\frac{S_{21}}{\eta_2 S_{32}+1}}{1+S_{32}+\frac{S_{21}}{\eta_2 S_{32}+1}}-\frac{S_{31}}{S_{32}+1}\geqslant\frac{(S_{31}+1)S_{31}}{1+S_{32}+S_{31}}-\frac{S_{31}}{S_{32}+1}>0$$

这意味着当 $S_{32}>S_{\text{DF}}$ 时，$R_{\text{DF}}(S_{32})>R_{\text{AF,FW}}(S_{32})$ 和 $R_{\text{DF}}(S_{32})>R_{\text{AF,BW}}(S_{32})$ 成立。

命题 7.11 的证明

观察 $R_{\text{AF,FW}}(S_{32})$ 和 $R_{\text{AF,BW}}(S_{32})$ 的表达式，可以发现 $R_{\text{AF,FW}}(S_{32})>R_{\text{AF,BW}}(S_{32})$ 等价于：

$$\frac{A}{C}+\frac{B}{A+C}>\frac{A}{B+C}+\frac{B}{C} \tag{7-24}$$

式中，$A:=S_{31}$，$B:=S_{32}S_{21}/(S_{21}+\eta_2 S_{32}+1)$，$C:=1+S_{32}(\eta_2 S_{32}+1)/(S_{21}+\eta_2 S_{32}+1)$，且所有这些量都是正数。式（7-24）等价于 $(A(A+C)+BC)/((A+C)C)>(AC+B(B+C))/((B+C)C)$，经过变换，可以简化为 $A>B$，即 $S_{31}>S_{32}S_{21}/(S_{21}+\eta_2 S_{32}+1)$，可以写为 $(\eta_1-\eta_2)S_{32}<S_{21}+1$。证明完毕。

第8章 存在自干扰的全双工中继信道相干信号传输

为提高频谱效率，本章研究了存在残留自干扰的全双工中继信道中的相干信号传输。首先，本章提出一种新颖的相干 AF 方案，并推导出通过前向解码和后向解码所能达到的频谱效率，明确选择前向解码和后向解码的条件。然后详细阐述了相干 DF 方案的信号设计，并推导出信号传输的最优相关系数，得到最大化频谱效率的最优中继功率的闭式解。数值结果表明，相干信号传输为全双工中继信道带来显著的频谱效率增益。

8.1 引言

第 7 章中提到全双工中继接收机会受到来自中继发射器的强烈回波自干扰，并介绍了基于几种自干扰抑制方法使用全双工中继的可行性[45,98,119]。为充分利用全双工中继信道的直连链路，本章介绍一种更新颖的相干 AF 方案，其核心在于针对存在 RSI 的情况，信源节点和中继节点发送已知信号的不同线性组合[34]。通过优化信号设计，可以得到无论是前向解码还是后向解码，在频谱效率方面都优于对应独立信号的传输方案。此外还介绍了如何选择前向解码和后向解码来实现更高的 SE，并详细阐述了相干 DF 方案的信号设计。特别地，本章得出了相干信号传输的最优相关系数的闭式解，基于 DF 频谱效率的明确表达式找到了最大化 SE 的最优中继功率。

第8章 存在自干扰的全双工中继信道相干信号传输

8.2 存在自干扰的全双工中继系统模型

考虑如图 8-1 所示的具有自干扰的全双工中继系统模型。中继节点 N_2 通过同时发送和接收信号来实现从信源节点 N_1 到信宿节点 N_3 的通信。考虑信号传输被划分成块传输的模式[24]，并且所有块之间的信道增益是不变的[24]。令节点 N_i 在第 k 块中发送和接收的信号分别为 $X_i[k]$ 和 $Y_i[k]$。设 P_i 为 N_i 的功率约束条件。因此，对于 $i=1,2$，有 $\mathbb{E}[|X_i|^2] \leq P_i$。令 h_{ji} 表示 N_i 到 N_j 的信道增益。假设所有节点都通过反馈知道信道增益 $\{h_{31}, h_{21}, h_{22}, h_{32}\}$。由于回环链路，信号 $Y_2[k]$ 受到自干扰 $h_{22}X_2[k]$ 的干扰。基于对 $X_2[k]$ 和 h_{22} 的了解，中继节点 N_2 可以试图抵消自干扰。然而，由于实际中的量化失真、设备非线性和其他非理想因素，在自干扰消除后，$Y_2[k]$ 中总存在 RSI。令 $\tilde{H}_{22}X_2$ 表示 RSI，其中 $\tilde{H}_{22}$ 是一个复高斯随机变量，它表征了所有不完全自干扰消除的影响[45,105,109-110,112]。因此，第 k 块的信号传输可以表示为

$$Y_2[k] = h_{21}X_1[k] + \tilde{H}_{22}X_2[k] + Z_2[k] \quad (8\text{-}1)$$

$$Y_3[k] = h_{31}X_1[k] + h_{32}X_2[k] + Z_3[k] \quad (8\text{-}2)$$

式中，对于 $j=2,3$，$Z_j[k]$ 表示在块 k 中节点 N_j 处的高斯噪声。为聚焦于系统频谱效率，本章仍假定系统具有单位带宽，并且 Z_j 服从方差为 1 的复高斯分布，即 $Z_j \sim \mathcal{CN}(0,1)$，$(j=2,3)$。定义 $S_{ji} \triangleq |h_{ji}|^2 P_i$，其中 S_{ji} 表示链路 $N_i - N_j$ 的接收信噪比。定义 $\eta_1 \triangleq |h_{21}|^2/|h_{31}|^2 = S_{21}/S_{31}$ 与 $\eta_2 \triangleq \mathbb{E}[|\tilde{H}_{22}|^2]/|h_{32}|^2 = \mathbb{E}[|\tilde{H}_{22}|^2]P_2/S_{32}$ 分别为与功率无关的中继强度和 RSI 强度。因此，$\eta_2 S_{32} = \mathbb{E}[|\tilde{H}_{22}|^2]P_2$ 表示 RSI 的功率。

在单位带宽的假设下，频谱效率的值与可实现的速率相同。因此，可以用 R_ϕ 表示中继方案 ϕ 的频谱效率。特别地，直连链路传输实现的频谱效率与中

继功率无关，记作 $R_{\mathrm{DT}} = C(S_{31})$，其中 $C(S_{31}) = \log_2(1+S_{31})$ 表示信噪比为 S_{31} 的单位带宽点对点信道的频谱效率。

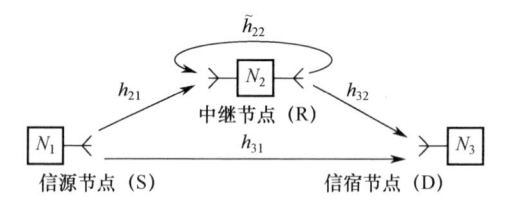

图 8-1　具有自干扰的全双工中继系统模型

8.3　相干放大转发方案

8.3.1　相干信号设计

本节基于块来构建相干 AF 方案，并用 $m[k]$ 表示在块 k 中传输的消息。将消息 $m[k]$ 编码为码字 $\tilde{X}_k[k]$，其期望满足 $\mathbb{E}[\tilde{X}_1^2[k]] = P_1$。令 $\rho \in [0,1]$，记 $\bar{\rho} = 1-\rho$，信源节点传输信号 $X_1[k] = \sqrt{\bar{\rho}}\tilde{X}_1[k] + \sqrt{\rho}\tilde{X}_1[k-1]$。其中 $\tilde{X}_1[k]$ 与 $\tilde{X}_1[k-1]$ 是独立的。假设在块 k 中，中继节点以信噪比 γ 发送 $\tilde{X}_1[k-1]$ 的一个带噪声副本，即 $X_2[k] = \sqrt{\beta}(\tilde{X}_1[k-1]) + \tilde{Z}[k-1]$，其中 $\tilde{Z}[k-1]$ 是方差为 P_1/γ 的高斯噪声，并且 $\beta \triangleq \gamma P_2/((\gamma+1)P_1)$ 的选取确保满足中继节点的功率约束。因此，当 $\rho \neq 0$ 时，$X_1[k]$ 与 $X_2[k]$ 是相关的。与中继节点直接放大 $Y_2[k]$ 的传统 AF 方案不同，相干 AF 方案在接收到 $Y_2[k]$ 后，中继节点会构造：

$$\begin{aligned}\tilde{X}_2[k+1] &= Y_2[k] - h_{21}\sqrt{\rho}X_2[k]/\beta \\ &\overset{(8-2)}{=} h_{21}\sqrt{\bar{\rho}}\tilde{X}_1[k] + \tilde{H}_{22}X_2[k] - h_{21}\sqrt{\rho}\tilde{Z}[k-1] + Z_2[k]\end{aligned} \quad (8\text{-}3)$$

为保证中继节点总是能够提供信噪比为 γ 的关于 $\tilde{X}_1[k]$ 的带噪声副本，$\tilde{X}_2[k+1]$ 中关于 $\tilde{X}_1[k]$ 的信噪比应该不小于 γ。根据式（8-3），需要满足：

$$\frac{\overline{\rho}S_{21}}{\eta_2 S_{32}+\rho S_{21}/\gamma+1} \geqslant \gamma$$

在这个条件下,最大的信噪比 γ 被设为

$$\gamma=2\overline{\rho}\tilde{S}_{21}, \tilde{S}_{21} \triangleq \frac{S_{21}}{\eta_2 S_{32}+1} \tag{8-4}$$

由于 γ 是正数,所以 $\rho \leqslant 0.5$。

按照式(8-3)中的信号设计,中继节点总是可以传输 $X_2[k+1]=\sqrt{P_2}\tilde{X}_2[k+1]/\sqrt{\mathbb{E}[|\tilde{X}_2|^2]}$ 以保证信噪比 γ。相应地,在块 $l=k$、$k+1$,N_3 接收:

$$Y_3[l]=h_{31}(\sqrt{\overline{\rho}}\tilde{X}_1[l]+\sqrt{\rho}\tilde{X}_1[l-1])+h_{32}\sqrt{\beta}(\tilde{X}_1[l-1]+\tilde{Z}[l-1]+Z_3[l]) \tag{8-5}$$

信宿节点可以使用两种算法来恢复 $m[k]$,即前向解码和后向解码。具体来说,在前向解码中,信宿节点在解码 $m[k]$ 之前先解码 $m[k-1]$。因此,它可以从 $Y_3[k]$ 中消除 $X_1[k-1]$ 的影响,并获得:

$$\tilde{Y}_3[k]=h_{31}\sqrt{\overline{\rho}}\tilde{X}_1[k]+h_{32}\sqrt{\beta}\tilde{Z}[k-1]+Z_3[k] \tag{8-6}$$

信宿节点从 $Y_3[k]$ 和 $Y_3[k+1]$ 中解码 $m[k]$,系统会有一个块的延迟。在后向解码中,信宿节点在解码 $m[k]$ 之前先解码 $m[k+1]$。因此可以从 $Y_3[k+1]$ 中消除 $X_1[k+1]$ 的影响,获得:

$$\hat{Y}_3[k+1]=h_{31}\sqrt{\rho}\tilde{X}_1[k]+h_{32}\sqrt{\beta}(\tilde{X}_1[k]+\tilde{Z}[k])+Z_3[k+1] \tag{8-7}$$

然后,信宿节点从 $Y_3[k]$ 和 $Y_3[k+1]$ 中解码 $m[k]$。由于系统在所有 K 条消息都发送完之后才开始解码,因此系统会经历 $K+1$ 个块的延迟。

8.3.2 频谱效率分析

命题 8.1:通过前向/后向解码的相干 AF 方案所实现的频谱效率分别为

$$R_{\text{AF,FW}} \triangleq \max_{\rho \in [0,0.5]} C\left(\frac{\overline{\rho}S_{31}}{A}+\frac{B}{\overline{\rho}S_{31}+A}\right) \tag{8-8}$$

$$R_{\text{AF,BW}} \triangleq \max_{\rho \in [0,0.5]} C\left(\frac{\overline{\rho}S_{31}}{A+B} + \frac{B}{A}\right) \tag{8-9}$$

式中，$A = 1 + S_{32}/(\gamma+1)$，$B = \rho S_{31} + S_{32}\gamma/(\gamma+1) + 2\sqrt{\rho S_{31} S_{32}\gamma/(\gamma+1)}$。

证明：首先推导前向解码实现的频谱效率。式（8-6）中 $\tilde{X}_1[k]$ 的有效信噪比为 $\overline{\rho}S_{31}(\gamma+1)/(S_{32}+\gamma+1) = \overline{\rho}S_{31}/A$。将 $\tilde{X}_1[k+1]$ 视为高斯干扰，$Y_3[k+1]$ 中 $\tilde{X}_1[k]$ 的 信 噪 比 为 $(\rho S_{31} + S_{32}\gamma/(\gamma+1) + 2\sqrt{\rho S_{31} S_{32}\gamma/(\gamma+1)})(\gamma+1)/(\overline{\rho}S_{31}(\gamma+1) + S_{32} + (\gamma+1)) = B/(\overline{\rho}S_{31} + A)$。利用最大比合并处理信号并优化 ρ，系统能够支持块 k 的频谱效率可表示为式（8-8）。由于 K 条消息在 $K+1$ 个块中传输，平均而言，系统会受到一个 $1/(K+1)$ 的频谱效率损失因子的影响。当 K 趋于无穷大时，频谱效率损失因子趋于 0，进而使式（8-8）中的 SE 可以实现。基于后向解码与前向解码的相似性，后向解码所能实现的频谱效率可采用类似的推导过程。证明完毕。

可以验证，当中继功率趋于无穷大时，无论是 $R_{\text{AF,FW}}$ 还是 $R_{\text{AF,BW}}$ 都会趋于零。这是因为在 AF 方案中，较高的中继节点功率会产生较强的中继自干扰，并且这种自干扰会在中继节点和信宿节点处被注入接收机。特别地，若令 $\rho = 0$，相干信号传输将退化为第 7 章中使用的独立信号传输。因此，通过相干 AF 方案实现的频谱效率要高于独立信号传输，具体例子可参考文献 [112]。由于寻找 $R_{\text{AF,BW}}$ 最优 ρ 值的过程相当烦琐，接下来将介绍如何为相干 AF 方案选择解码算法。

命题 8.2：在相干 AF 方案中，如果 $\eta_2 < 1 - 1/S_{32}$，则前向解码的性能会优于后向解码。

证明：对于给定的 ρ，$R_{\text{AF,FW}} > R_{\text{AF,BF}}$ 等价于 $\overline{\rho}S_{31}/A + B/(\overline{\rho}S_{31} + A) > \overline{\rho}S_{31}/(A+B) + B/A$。经过变换，这个不等式可以进一步简化为 $\rho S_{31} + S_{32}\gamma/(\gamma+1) + 2\sqrt{\rho S_{31} S_{32}\gamma/(\gamma+1)} > \overline{\rho}S_{31}$，将 γ 替换为 $\overline{2\rho}\tilde{S}_{21}$，得到

$$2\rho\sqrt{\alpha S_{32}} > \sqrt{1 - 2\rho}(\alpha - S_{32}) \tag{8-10}$$

式中，$\alpha = \overline{2\rho}S_{31} + \eta_2 S_{32} + 1$。如果 $\eta_2 < 1 - 1/S_{32}$，则 $(\alpha - S_{32})$ 是负的，且无论 ρ

的取值大小,式(8-10)恒成立。因此,在这种情况下,前向解码的性能优于后向解码。

8.4 相干解码转发方案

8.4.1 相干信号设计与频谱效率分析

在 DF 方案中,中继节点将 $m[k]$ 的一部分 $\tilde{m}[k]$ 编码为 $X_2[k+1]$。因此,信源节点知道 $X_2[k+1]$。为形成相干信号传输,信源节点传输:

$$X_1[k] = \sqrt{\bar{\rho}}\tilde{X}_1[k] + \sqrt{\rho P_1/P_2} X_2[k] \tag{8-11}$$

由于中继节点知道 $X_2[k]$,它可以从 $Y_2[k]$ 中消除 $\sqrt{\rho P_1/P_2} X_2[k]$。因此,中继节点成功解码 $m[k]$ 需要满足 $R_{DF} \leqslant C(\bar{\rho}\tilde{S}_{21})$ 的条件。在块 $l=k$ 和 $l=k+1$ 中,信宿节点接收:

$$Y_3[l] = h_{31}\tilde{X}_1[l] + (h_{31}\sqrt{\rho P_1/P_2} + h_{32})X_2[l] + Z_3[l] \tag{8-12}$$

由于 $\tilde{X}_1[k]$ 和 $X_2[k+1]$ 是独立的,因此式(8-12)中的信号模型形成了并行信道,无论是前向解码还是后向解码,都需要满足 $R_{DF} \leqslant C(S_{31} + S_{32} + 2\sqrt{\rho S_{31}S_{32}})$ 的条件。因此,DF 的频谱效率为

$$R_{DF} = \max_{0 \leqslant \rho \leqslant 1} \min\{C(\bar{\rho}\tilde{S}_{21}), C(S_{31} + S_{32} + 2\sqrt{\rho S_{31}S_{32}})\} \tag{8-13}$$

在文献[109]和文献[120]中,式(8-13)被直接用于分析衰落全双工中继信道的中断性能。通过优化 ρ,相干信号系统实现了比 $\rho=0$ 时的独立信号系统更高的频谱效率。为详细说明相干信号设计,下面基于式(8-13)进一步分析最优的相关系数 ρ 及对应的频谱效率。

命题 8.3:最优的相关系数 ρ 满足:

$$\sqrt{\rho} = \max\left\{0, [S_{31}S_{32} - \tilde{S}_{21}(S_{31} + S_{32} - \tilde{S}_{21})]^{\frac{1}{2}} \Big/ \tilde{S}_{21} - \sqrt{S_{31}S_{32}}/\tilde{S}_{21}\right\} \tag{8-14}$$

因此，通过 DF 方案实现的频谱效率可简化为

$$R_{\mathrm{DF}} = \begin{cases} C(\lambda_{\mathrm{DF}}(S_{32})), & \text{如果} S_{32} \leqslant S \\ C(\tilde{S}_{21}), & \text{其他} \end{cases} \quad (8\text{-}15)$$

式中，

$$S \triangleq \frac{1}{2\eta_2}[\sqrt{(\eta_2 S_{31} - 1)^2 + 4\eta_2 S_{21}} - (\eta_2 S_{31} + 1)]$$

$$\gamma_{\mathrm{DF}}(S_{32}) \triangleq (S_{31}(\tilde{S}_{21} - S_{32}))^{\frac{1}{2}} + \frac{[S_{32}(\tilde{S}_{32} - S_{31})^{\frac{1}{2}}]^2}{\tilde{S}_{21}}$$

证明：在式（8-13）中，可验证最大化函数中的两项分别是关于 ρ 的单调递减和单调递增函数，因此可以通过设置 $\bar{\rho}\tilde{S}_{21} = S_{31} + S_{32} + 2\sqrt{\rho S_{31} S_{32}}$ 来找到最优的 ρ，由此得到式（8-14）中的第二项，$\rho \in [0,1]$。如果 $\tilde{S}_{21} \geqslant S_{32} + S_{31}$，即 $S_{32} \leqslant S$，则可以使用式（8-14）中给出的最优值来计算 R_{DF}。经过运算可以得到等效的系统信噪比 $\gamma_{\mathrm{DF}}(S_{32})$。否则，$\rho$ 应该设置为 0，并且 $R_{\mathrm{DF}} = C(\tilde{S}_{21})$。

8.4.2 最优中继节点功率与最优频谱效率

与理想的全双工中继信道中实现的 DF 频谱效率相比，由于存在中继自干扰，中继节点处的成功解码约束被替换为 $R_{\mathrm{DF}} = C(\bar{\rho}\tilde{S}_{21})$。实际上，当中继自干扰强度 η_2 趋近于 0 时，RSI 消失，且 $\tilde{S}_{21}$ 趋近于原始值 S_{21}。根据式（8-13），如果 $\tilde{S}_{21} \leqslant S_{31}$，即 $S_{32} \geqslant (\eta_1 - 1)/\eta_2$，那么 $R_{\mathrm{DF}} \leqslant R_{\mathrm{DT}}$。因此，系统应该仅在中继强度满足 $\eta_1 > 1$ 时使用中继。注意，对于给定的 η_2，RSI 功率随着中继功率的增加而增加。具体来说，当 P_2 趋近于无穷大时，$\lim_{P_2 \to \infty} R_{\mathrm{DF}} = C(\lim_{S_{32} \to \infty} \tilde{S}_{21}) = 0$。这意味着在全双工中继信道中，较大的中继功率会导致速率损失，并且当 $\eta_1 > 1$ 时存在一个最优的中继功率。

命题 8.4：定义 $S_{\mathrm{DF}} \triangleq (\eta_1 - 1)(4\eta_2 S_{31} + 1 - \sqrt{4\eta_1\eta_2 S_{31} + 1})/(2\eta_2[4\eta_2 S_{31} + 1 - (\eta_1 - 1)])$，$\eta_1 > 1$。当 $P_2^\star = S_{\mathrm{DF}}/|h_{32}|^2$，相干 DF 方案可实现最大的频谱效率：$R_{\mathrm{DF}}^\star \triangleq C((([4\eta_2 S_{31} + 1) - (\eta_1 - 1)]^2 /[\sqrt{4\eta_1\eta_2 S_{31} + 1} - (\eta_1 - 1)]^2 - 1)\eta_1/4\eta_2)$。

第 8 章 存在自干扰的全双工中继信道相干信号传输

证明：根据命题 8.3，可以推导出最优中继功率满足 $S_{32} \leq S_{\mathrm{DF}}$。在这种情况下，$R_{\mathrm{DF}} = C(\gamma_{\mathrm{DF}}(S_{32}))$。为找到最优中继功率，可以通过设置 $\gamma_{\mathrm{DF}}(S_{32})$ 的导数 $\gamma'_{\mathrm{DF}}(S_{32})$ 为 0 来最大化 $\gamma_{\mathrm{DF}}(S_{32})$。这等价于：

$$\frac{S_{31}(2\eta_2 S_{32}+1)}{[S_{31}(\tilde{S}_{21}-S_{32})]^{\frac{1}{2}}} = \frac{S_{21}-S_{31}(2\eta_2 S_{32}+1)}{[S_{32}(\tilde{S}_{21}-S_{31})]^{\frac{1}{2}}} \tag{8-16}$$

即 $(\eta_1-(\eta_2 S_{32}+1))/(S_{21}/S_{32}-(\eta_2 S_{32}+1))=(\eta_1/(2\eta_2 S_{32}+1)-1)^2$。经过运算，可以简化为

$$\theta S_{32}^2 - (4\eta_2 S_{31}+1)(\eta_1-1)S_{32} + (\eta_1-1)^2 S_{31} = 0 \tag{8-17}$$

式中，$\theta = \eta_2[4\eta_2 S_{31}+1-(\eta_1-1)]$。如果 $\eta_1 = 4\eta_2 S_{31}+2$，则式（8-17）的结果为 $S_{32} = S_{31}$。如果 $\eta_1 \neq 4\eta_2 S_{31}+2$，那么 S_{32} 应该取式（8-17）的合理解，即命题中定义的 S_{DF}。事实上，当 $\eta \to (4\eta_2 S_{31}+2)$ 时，$S_{\mathrm{DF}} \to S_{31}$。因此，$S_{\mathrm{DF}}$ 是最优解的一般形式，相应地，最大化频谱效率的等效信噪比可以计算如下：

$$\begin{aligned}
\gamma_{\mathrm{DF}}(S_{\mathrm{DF}}) &= \frac{S_{31}(\tilde{S}_{21}-S_{\mathrm{DF}})(\eta_2 S_{\mathrm{DF}}+1)}{S_{21}}\left(1+\frac{S_{21}-S_{31}(2\eta_2 S_{\mathrm{DF}}+1)}{S_{31}(2\eta_2 S_{\mathrm{DF}}+1)}\right)^2 \\
&= \frac{S_{21}[S_{21}-S_{\mathrm{DF}}(\eta_2 S_{\mathrm{DF}}+1)]}{S_{31}(2\eta_2 S_{\mathrm{DF}}+1)^2} = \frac{S_{21}(4\eta_2 S_{21}+1)(S_{31}-S_{\mathrm{DF}})}{S_{31}(2\eta_2 S_{\mathrm{DF}}+1)^2 \theta/\eta_2} \\
&\stackrel{(*)}{=} \frac{S_{21}\left(\dfrac{S_{31}\theta}{\eta_2} - \dfrac{(\eta_1-1)(4\eta_2 S_{31}+1-\sqrt{4\eta_2 S_{21}+1})}{2\eta_2}\right)}{S_{31}[\sqrt{4\eta_2 S_{21}+1}-(\eta_1-1)]^2} \\
&= \frac{\eta_1}{4\eta_2}\left(\frac{[(4\eta_2 S_{21}+1)-(\eta_1-1)]^2}{[\sqrt{4\eta_2 S_{21}+1}-(\eta_1-1)]^2}-1\right)
\end{aligned}$$

式中，(*) 成立是因为 $2\eta_2 S_{\mathrm{DF}}+1 = [\sqrt{4\eta_2 S_{21}+1}-(\eta_1-1)](\eta_2\sqrt{4\eta_2 S_{21}+1})/\theta$。

根据命题 8.4，可以采用中继功率回退来提高大中继功率下的频谱效率。具体来说，如果 $P_2 < P_2^*$，那么中继可以降低发射功率至 P_2^*，由此将系统频谱效率提高到最大值。

8.5 仿真结果与分析

本节将通过数值结果进一步讨论相干传输方案实现的频谱效率。图 8-2 所示为当 $S_{31}=1$、$S_{21}=2$、$|h_{32}|=1$ 和 $\eta_2=0.15$ 时，R_ϕ 随 S_{32} 变化的情况。在该例中，$R_{DT}=1 \text{ bit}\cdot\text{s}^{-1}/\text{Hz}$，且 $S_{32}=P_2$。从图 8-2 中可以得出如下结果：首先，理想全双工中继通信所实现的 SE 性能是所有方案频谱效率性能的上限[24]。其次，与独立信号传输相比，相干信号传输提供了显著的 SE 增益。具体来说，在式（8-13）中推导的（在文献[109]和文献[120]中也有采用）的 R_{DF}，对于较小的 S_{32} 几乎与理想情况下实现的 SE 相同。而独立 AF 中继几乎无法提高 SE，但其对应的相干信号传输可以提高高达 $0.15 \text{ bit}\cdot\text{s}^{-1}/\text{Hz}$（15%）的 SE 增益。再次，中继功率回退不仅能提高 DF 方案的 SE，而且能在 S_{32} 高于某些阈值时为 AF 方案提供 SE 增益。最后，$R_{AF,FW}$ 关于 S_{32} 不是凸函数。使用时分共享方案可以进一步提高 S_{32} 较小情况下系统的 SE。

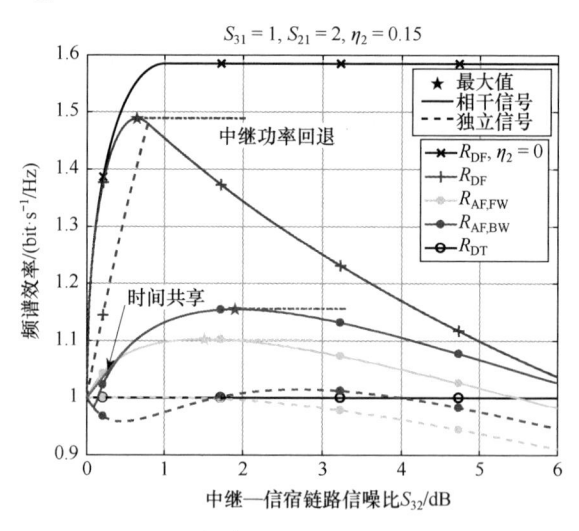

图 8-2　$S_{31}=1$、$S_{21}=2$、$|h_{32}|=1$ 和 $\eta_2=0.15$ 时，R_ϕ 随 S_{32} 变化的情况

图 8-3 所示为归一化频谱效率 R_ϕ/R_{DT} 随 S_{31} 的变化情况，其中 $S_{32}=2$、

第8章 存在自干扰的全双工中继信道相干信号传输

$\eta_1=2$、$\eta_2=0.17$。根据图 8-3，可以发现相干信号传输不仅提高了归一化频谱效率，还扩大了协作中继提供频谱效率增益的区域。例如，在 AF 方案中，当 S_{31} 约小于 1 时，独立信号传输带来协作增益，而在后向解码中当 S_{31} 约小于 2 时，以及在前向解码中当 S_{31} 约小于 3 时，相干信号传输都导致了协作增益。还可以发现中继功率回退提供了显著的频谱效率增益，尤其是对于 S_{31} 较低的情况。这表明在 S_{31} 较低的情况下，频谱效率对 RSI 功率更为敏感。

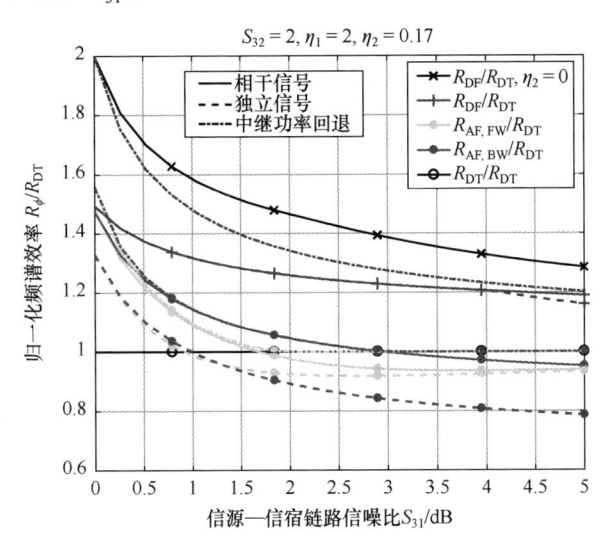

图 8-3 归一化频谱效率 R_ϕ / R_{DT} 随 S_{31} 的变化情况

第 9 章　异构组网中继方案组合与资源分配

在异构网络中，聚合不同的无线网络可以提供更高的数据速率。本章将这类聚合多种无线网络的系统建模为接收机频分中继信道（RFDRC），并研究如何通过组合 DF、CF 和 AF 方案来提高某传输速率。本章首先建立关于如何在 DF、CF 和 AF 方案中选择中继方案的明确标准，并证明 CF 方案在所有可能的配置中都优于 AF 方案。基于方案选择准则，本章进一步提出一种混合 DF-CF（Hybrid DF-CF，HDC）方案，该方案充分利用了 RFDRC 中 DF 和 CF 方案的优点。本章针对基于 HDC 的系统提出一种近似最优的资源分配方案，从而为 RFDRC 提供了一种新的可达传输速率。为便于实现，本章还提出一种混合 DF-AF（Hybrid DF-AF，HDA）方案，并分析了对应的联合带宽和功率分配，提出了两个次优资源分配方案。特别地，当信源频带和中继频带具有等效带宽时，本章证明了所提出的 HDA 方案可以实现 DF 方案速率和 AF 方案速率之间的最大凸包络。数值结果表明，所提出的方案能为 RFDRC 带来显著的速率增益。

9.1　引言

异构网络是新一代无线通信系统的重要组成部分[52,121]。利用现有的基础设施，整合不同无线网络的频带资源，有望提高系统的数据传输速率和服务质量。图 9-1 给出了一个例子：智能终端可以访问蜂窝系统和无线局域网（Wireless Local Area Network，WLAN）以提高数据传输速率；认知节点可以租用许可频段，协助基站和用户设备之间的信息传输[122]；部署在宏小区中的小区通过

第9章 异构组网中继方案组合与资源分配

协作组网可以支持更高的用户密度和速率需求[123]。在宏小区基站连接到骨干网的同时,在系统中扮演辅助角色的车载 WLAN 接入点、认知节点和微小区接入点很可能并无光纤连接[122,124-125]。考虑到无线媒体的广播性质,可以将这些辅助节点授权为辅助合法接收机。从链路级的角度来看,这些异构网络单元的每个下行链路传输形成如图 9-1 所示的 RFDRC,其中中继节点分别在中继频带(Relay Frequency Band,RFB)和信源频带(Source Frequency Band,SFB)中发送和接收信号。通过协同传输来提高 RFDRC 的数据传输速率。

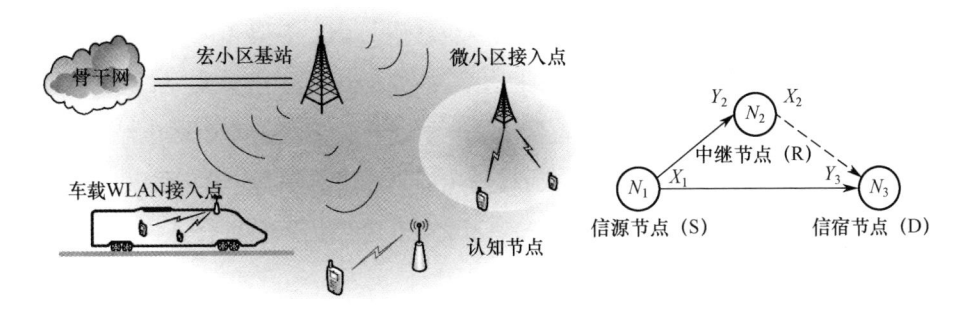

图 9-1 异构网络系统接收机频分中继信道(RFDRC)

作为中继信道的一个子类,RFDRC 自然可以采用常见的中继信道协作协议。例如,DF 和 CF 方案可以直接应用于 RFDRC[24]。此外,适当利用 SFB 和 RFB 之间的正交性,AF 方案也可用于 RFDRC 中的数据传输[126]。尽管 DF 和 CF 方案在某些特定中继信道中具有容量优势[23,127-129],AF 方案也可以很好地利用协作分集[130],但这些方案中没有一个能够在 RFDRC 中始终实现最佳速率性能。事实上,文献[66]中的数值结果表明,在 DF、CF 和 AF 方案中,不存在某个任何单一协作方案能在所有功率约束和信道增益范围内优于其他方案。由于 DF、CF 和 AF 方案能有效提升中继系统传输性能,它们常被应用到多中继网络中,为多中继网络提供协作增益和信道多样性[65,87,126,131]。

为提高速率性能,既有工作开展了广泛的中继信道资源分配研究。典型的研究通常采用某一特定的协作方案,并研究在总资源约束下的最佳资源分配[33,87,90,126,132]。然而,在异构网络单元中,信源节点和中继节点的功率和带宽是由它们所属的网络决定的。在 RFDRC 中,针对每个节点的带宽和功率约

195

束来分配资源更有实际价值。另一种常见的资源分配方案是基于系统的动态或非均匀信道状态信息来开展的[33,133-136]。文献[91]、文献[126]和文献[137]的研究也将不同信道状态信息对应的速率增益扩展到多中继网络的情况。此外，文献[91]、文献[135]和文献[138]还讨论了多种协作方案，如根据信道条件来选择中继方案。这些研究结果表明，在不同的信道状态信息上的资源分配能有效提供性能增益。

当信道增益固定不变时，也有一些研究工作进一步挖掘了系统的传输性能。例如，在实际传输设计中，可以利用软解码与 AF 方案和 CF 方案相结合来降低块的误码率[139-140]。针对速率性能，文献[69]指出，在中继信道中将 DF 码字叠加在 CF 码字上可以获得不低于 DF 和 CF 方案的速率。数值结果验证了当 DF 和 CF 方案采用复杂的叠加编码和解码时可以获得速率的提升[31]。为控制解码复杂度，文献[105]提出了一种新的 DF 和 CF 码字组合结构，以提高全双工高斯中继信道的传输速率。

当 SFB 和 RFB 具有相同带宽时，文献[141]基于 RFDRC 结合了 DF 和 CF 方案。本章将考虑在更一般的情况下，特别是 SFB 和 RFB 具有不等带宽的场景中，DF、CF、AF 等相结合的方案。具体而言，本章提出在不同的子带中采用不同的协作方案来避免文献[31]和文献[69]中使用的叠加编码，通过这种方式，RFDRC 同时采用多个协作方案，有效地利用了 SFB 和 RFB 之间的正交性和带宽不等性。此外，本章还研究了基于每个节点带宽和功率预算的信源和中继资源分配，这有别于文献[33]和文献[133]中考虑的资源总和约束。为提高 RFDRC 的传输速率，本章同时深入讨论了资源分配的优化，获得的次优资源分配方案直接阐明了如何在异构网络系统中有效地传输数据。本章的主要贡献如下。

（1）本章深入分析 RFDRC 中 DF、CF 和 AF 方案的传输速率，分析表明：对于所有可能的配置，AF 的性能总是比 CF 差。相反，DF 在某些情况下优于 CF，而 AF 在某些特定条件下可以优于 DF。本章给出了在 RFDRC 中如何在 DF、CF 和 AF 方案之间选择协作策略以获得方案选择增益的具体条件。

(2) 本章通过将 RFDRC 划分为两个子带，提出一种 HDC 方案来结合 DF 和 CF 方案。为最大化可实现的传输速率，资源分配被建模为一个联合功率和带宽分配优化问题。本章对最优中继功率分配进行了分析，并给出了信源和中继带宽分配的近似最优解，这大大简化了系统设计，同时能有效逼近最佳速率性能。

(3) 为降低系统实现的复杂性，本章提出了一种 HDA 方案，并考虑了对应的资源分配优化问题。根据 DF 和 AF 方案的特点，本章提出了两种基于 HDA 的联合功率和带宽分配的次优方案。特别地，当 SFB 和 RFB 具有相同的带宽时，证明了所提出的 HDA 方案实现了 DF 方案速率和 AF 方案速率最大值的凸包络。

(4) 数值结果验证了 HDC 和 HDA 两种方案都可提高系统的传输速率。所提出的次优资源分配基本接近最优设计。特别是在某些情况下，与 DF 方案结合时，AF 方案相对于 CF 方案的性能损失得到了显著补偿。

9.2 接收机频分中继信道系统模型

考虑图 9-1 中所示的 RFDRC，其中信源节点、中继节点和信宿节点分别表示为节点 N_1、N_2 和 N_3。信源节点 N_1 使用 SFB 向中继节点 N_2 和信宿节点 N_3 发送信号。中继节点 N_2 使用 RFB 向信宿节点 N_3 发送信号。在 SFB 和 RFB 中传输的信号在目标接收机处混合在一起。信宿节点使用具有不同中心频率的带通滤波器将信源信号与中继信号分离，以便进一步单独解调。假设 SFB 和 RFB 的噪声功率谱密度均为 σ_0^2，不失一般性，并假设 SFB 具有单位带宽，中继频带带宽为 W Hz。则 W 还表示 RFB 与 SFB 的带宽比。设 X_i 和 Y_j 分别表示在节点 $N_i(i=1,2)$ 处发送的信号和在节点 $N_j(j=2,3)$ 处接收的信号。Y_j 中的上标 $k=1,2$ 用于区分在 SFB（$k=1$）和 RFB（$k=2$）中接收的信号。定义 h_{ji} 表示从节点 N_i 到节点 N_j 的信道增益。因此，RFDRC 的信号传输可以

表示为

$$Y_j^{(1)} = h_{j1}X_1 + Z_j^{(1)}, j = 2,3 \quad (9\text{-}1)$$

$$Y_3^{(2)} = h_{32}X_2 + Z_3^{(2)} \quad (9\text{-}2)$$

式中，$Z_j^{(k)}(j=2,3;k=1,2)$ 表示在 SFB（$k=1$）和 RFB（$k=2$）节点中 N_j 处的 AWGN。$Z_j^{(1)}(j=2,3)$ 遵循复高斯分布 $Z_j^{(1)} \sim \mathcal{CN}(0,\sigma_0^2)(j=2,3)$，$Z_3^{(2)}$ 遵循复高斯分布 $Z_3^{(2)} \sim \mathcal{CN}(0,\sigma_0^2 W)$。在 RFDRC 中，信源节点 N_1 和中继节点 N_2 处的平均功率约束分别假定为 P_1 和 P_2。假设信道增益在每个数据传输时段内都是不变的，并且在数据传输之前所有节点都完全知道它们。具体而言，信宿节点根据导频符号估计 h_{31} 和 h_{32}，并反馈给信源节点和中继节点。中继节点根据导频符号估计 h_{21}，并告知信源节点和信宿节点。为关注可实现的传输速率，本章不计信道估计开销的影响和估计误差的影响[①]。通常，RFDRC 的传输速率 R 是功率约束、SFB 和 RFB 带宽及信道增益的函数。方便起见，令 $S_{ji} \triangleq |h_{ji}|^2 P_i / \sigma_0^2$ 表示单位带宽下 $N_i - N_j$ 链路的接收信噪比。在后文，将 R 写为所重点关注变量的函数，并在等带宽情况下为各类符号添加上标"E"以示区别。

9.3 RFDRC 协作方案选择准则

本节首先介绍 RFDRC 的传输速率，然后分析如何通过选择协作方案来提高传输速率。

9.3.1 协作方案的传输速率

割集上界是中继信道容量的已知通用上界[66]。参考文献[24]和文献[93]，

[①] 通过适当地对这些开销（如使用开销占比）和误差影响（如使用包含信道估计误差的等效噪声功率）进行建模，可以更加实际地对本章所考虑的 RFDRC 系统进行建模。本章所得的结果事实上可以应用于具有多种干扰因素的系统，特别是当这些综合效应可以近似为不同功率的 AWGN 时。

第9章 异构组网中继方案组合与资源分配

定义 $C(\gamma) = \log_2(1+\gamma)$ 表示 SNR 取值为 γ 时的单位带宽传输速率的香农公式，则 RFDRC 的割集上界可以表示为

$$R_{\mathrm{UB}} = \min\{C(S_{31}) + WC\left(\frac{S_{32}}{W}\right), C(S_{21}+S_{31})\} = \begin{cases} C(S_{21}+S_{31}), & \tilde{S}_{32} \geq \dfrac{S_{21}}{S_{31}+1} \\ C(S_{31}) + C(\tilde{S}_{32}), & \tilde{S}_{32} < \dfrac{S_{21}}{S_{31}+1} \end{cases} \quad (9\text{-}3)$$

在式（9-3）中，$\tilde{S}_{32}$ 满足 $WC(S_{32}/W) = C(\tilde{S}_{32})$，即

$$\tilde{S}_{32} = \left(1+\frac{S_{32}}{W}\right)^W - 1 = \left(1 + \frac{P_2|h_{32}|^2}{\sigma_0^2 W}\right)^W - 1 \quad (9\text{-}4)$$

因此，$\tilde{S}_{32}$ 表示具有单位带宽的 $N_2 - N_3$ 链路的等效接收 SNR，并且关于 P_2 和 W 单调递增。如果 $W=1$，则 $\tilde{S}_{32} = S_{32}$。

在 DF 方案中，中继节点在 SFB 中解码来自 $Y_2^{(1)}$ 的信号，并使用 RFB 将信号转发给信宿节点。由于信源节点和中继节点知道所有信道增益，因此中继节点可以无差错地解码来自 $Y_2^{(1)}$ 的信号。假设信源节点和中继节点采用高斯信号传输，即 X_1 和 X_2 服从高斯分布，那么在 RFDRC 中采用 DF 方案所能实现的传输速率可通过以下解析式给出（参考文献[38]）：

$$R_{\mathrm{DF}} = \min\{C(S_{31}) + WC\left(\frac{S_{32}}{W}\right), C(S_{21})\} = \begin{cases} C(S_{21}), & \tilde{S}_{32} \geq \dfrac{S_{21}-S_{31}}{S_{31}+1} \\ C(S_{31}) + C(\tilde{S}_{32}), & \tilde{S}_{32} < \dfrac{S_{21}-S_{31}}{S_{31}+1} \end{cases} \quad (9\text{-}5)$$

如果 $|h_{21}|^2 < |h_{31}|^2$，则 $S_{21} < S_{31}$ 且 $R_{\mathrm{DF}} < C(S_{31})$，$C(S_{31})$ 代表直接传输所能实现的速率；如果 $|h_{21}|^2 < |h_{31}|^2$，则系统应该避免使用 DF 方案。从中还可以得到另一个结果：如果 P_2 和 W 都很小，那么 $\tilde{S}_{32}$ 也很小，此时 R_{DF} 与 R_{UB} 的斜率相同；如果 P_2 和 W 都变得很大，则 R_{DF} 将受到 $C(S_{21})$ 的限制。

在 CF 方案中，中继节点可以将 $Y_2^{(1)}$ 压缩成另一个码字并使用 RFB 将其传输到信宿节点，从而避免解码来自 $Y_2^{(1)}$ 的信息。由于信宿节点在 SFB 收到了

X_1 的有噪副本，因此可以通过使用 Wyner-Ziv 编码来提高传输速率。假设采用高斯信号传输，CF 方案的传输速率为

$$R_{\mathrm{CF}} = C\left(S_{31} + \frac{S_{21}\tilde{S}_{32}(1+S_{31})}{1+S_{21}+S_{31}+\tilde{S}_{32}(1+S_{31})}\right) \quad (9\text{-}6)$$

很明显可以看出 CF 方案总是带来协作收益的，且 $R_{\mathrm{CF}} \geq C(S_{31})$。这是因为信源—中继—信宿信道总是为信宿节点提供更多的观察样本，即便信源—中继链路经历了严重的功率衰减。如果 P_2 和 W 增加到接近无穷大的 $\tilde{S}_{32}$，则 CF 速率接近割集边界 $C(S_{31}+S_{21})$。

在 AF 方案中，中继节点直接对信号 $Y_2^{(1)}$ 进行放大并使用 RFB 转发。由于线性信号处理需保持同等数量的信号样本点，AF 方案要求在 SFB 和 RFB 中使用相等的带宽[126,130]。因此，有效带宽为 $W_e \triangleq \min\{W,1\}$。设 $X_2 = \sqrt{P_2/E[|Y_2^{(1)}|^2]} Y_2^{(1)}$，信宿节点分别接收 SFB 和 RFB 信号的两个带噪声副本。使用最大比合并，AF 方案可以实现的传输速率为[66]

$$R_{\mathrm{AF}} = W_e C\left(\frac{S_{31}}{W_e} + \frac{S_{21}S_{32}/W_e^2}{1+S_{21}/W_e+S_{32}/W_e}\right) \quad (9\text{-}7)$$

特别地，如果 $W \geq 1$，则 $W_e = 1$。对这些等带宽的情况，有

$$R_{\mathrm{AF}} = R_{\mathrm{AF}}^{\mathrm{E}} = C\left(S_{31} + \frac{S_{21}S_{32}}{1+S_{21}+S_{32}}\right) \quad (9\text{-}8)$$

需要注意的是，对于给定的 P_1，AF 方案也具有逼近高中继功率所对应容量的性质。具体来说，当 S_{32} 趋于无穷时，$R_{\mathrm{AF}}^{\mathrm{E}}$ 趋近于 $C(S_{21}+S_{31})$。

9.3.2 协作方案的策略选择

通过比较 DF 和 CF 方案的传输速率可以得到以下结果。

定理 9.1：如果 $\tilde{S}_{32} \geq (S_{21}-S_{31})(1+S_{21}+S_{31})/((1+S_{31})S_{31})$，那么 CF 方案优于 DF 方案。否则，DF 方案在传输速率方面优于 CF 方案。

证明：当 $\tilde{S}_{32} \leqslant (S_{21}-S_{31})/(1+S_{31})$ 时，$R_{DF}=C(S_{31})+C(\tilde{S}_{32})$。注意到

$$(1+S_{31})(1+\tilde{S}_{32}) \geqslant 1+S_{31}+\frac{S_{21}\tilde{S}_{32}(1+S_{31})}{1+S_{21}+S_{31}+\tilde{S}_{32}(1+S_{31})}$$

这意味着 $C(S_{31})+C(\tilde{S}_{32}) \geqslant C(S_{31}+S_{21}\tilde{S}_{32}(1+S_{31})/(1+S_{21}+S_{31}+\tilde{S}_{32}(1+S_{31})))=R_{CF}$。

如果 $\tilde{S}_{32} \geqslant (S_{21}-S_{31})/(1+S_{31})$，那么 $R_{DF}=C(S_{21})$。在这种情况下，$R_{CF} \geqslant R_{DF}$ 等同于 $S_{21} \geqslant S_{31}+S_{21}\tilde{S}_{32}(1+S_{31})/(1+S_{21}+S_{31}+\tilde{S}_{32}(1+S_{31}))$，这表明

$$\tilde{S}_{32} \geqslant \frac{(S_{21}-S_{31})(1+S_{21}+S_{31})}{(1+S_{31})S_{31}} \tag{9-9}$$

式（9-9）表明 $\tilde{S}_{32} \geqslant (S_{21}-S_{31})/(1+S_{31})$。如果式（9-9）成立，则 $R_{CF} \geqslant R_{DF}$；否则 $R_{CF} \leqslant R_{DF}$。证明完毕。

定理 9.1 给出了 DF 与 CF 方案选择的明确准则。具体来说，定理 9.1 指出对于较小的 W 和 P_2，在 CF 方案与 DF 方案之间选择 DF 方案。由于 $(S_{21}-S_{31})(1+S_{21}+S_{31})/((1+S_{31})S_{31}) \leqslant (S_{21}^2-S_{31}^2)/S_{31}^2 = (|h_{21}|^4/|h_{31}|^4)-1$，如果 $\tilde{S}_{32} \geqslant (|h_{21}|^4/|h_{31}|^4)-1$，则 CF 方案比 DF 方案更有效率。这与 DF 方案速率以 $C(S_{21})$ 为界，而 CF 方案速率在较大的 W 和 P_2 时接近 $C(S_{21}+S_{31})$ 是一致的。通过计算可知，式（9-9）等同于 $S_{31}/(1+S_{31}) \leqslant [(\tilde{S}_{32}|h_{31}|^2/(|h_{31}|^2-|h_{31}|^2))-1]|h_{31}|^2/|h_{21}|^2$。因此，鉴于 $\tilde{S}_{32} \in [(|h_{21}|^2/|h_{31}|^2)-1,(|h_{21}|^4/|h_{31}|^4)-1]$，对于较小的 S_{31}，CF 方案优于 DF 方案。

通过仔细比较 CF 和 AF 方案的传输速率可以得到以下结果。

定理 9.2：在 RFDRC 中，总存在一种 CF 方案优于 AF 方案。

证明：首先证明当 $W=1$ 时，CF 方案优于 AF 方案，可以通过下式来验证：

$$R_{CF}^{E}=C\left(S_{31}+\frac{S_{21}}{1+\frac{1+S_{31}+S_{21}}{S_{32}(1+S_{31})}}\right) \geqslant C\left(S_{31}+\frac{S_{21}S_{32}}{1+S_{21}+S_{32}}\right)=R_{AF}^{E} \tag{9-10}$$

当 $W \neq 1$ 时，等效 AF 方案在 SFB 和 RFB 中具有相等的带宽 W_e。CF 方案不需

要使用所有可用的带宽，而是在 SFB 和 RFB 中都只使用带宽 W_e。CF 方案与 AF 方案采用相同的带宽，因此具有相同的链路信噪比。根据式（9-10），CF 方案在传输速率上优于 AF 方案。证明完毕。

注 9.1：由于证明中讨论的 CF 方案只使用了部分可用频带，因此它是次优 CF 方案，实现的传输速率低于 R_{CF}。事实上，当 $W \geqslant 1$ 时，CF 方案的优势可以得到明确地证明。当 $W \geqslant 1$ 时，由 $\tilde{S}_{32}$ 对 W 的单调递增性，可知 $\tilde{S}_{32} \geqslant S_{32}$ 成立。因此，可知 $R_{CF} \geqslant R_{CF}^E$ 成立。又因为 $R_{AF} = R_{AF}^E \leqslant R_{CF}^E$。因此，当 $W \geqslant 1$ 时，$R_{AF} \leqslant R_{CF}$。

值得注意的是，CF 方案比 AF 方案更复杂。AF 方案只需要在中继节点处进行线性信号处理，而 CF 方案以增加复杂度为代价实现更高的传输速率。特别地，当 S_{32} 趋于无穷时，R_{CF} 和 R_{AF} 都趋近于 $W \geqslant 1$ 时的割集上界。因此，对于较高的中继功率，采用 AF 方案是因为其简单而更有竞争力。

通过比较 AF 和 DF 方案的传输速率可以得到以下结果。

定理 9.3：$W \geqslant 1$ 时，当 $S_{32} \geqslant (S_{21} - S_{31})(1 + S_{21}) / (1 + S_{31})$ 时，AF 方案的传输速率优于 DF 方案。反之，DF 方案的传输速率优于 AF 方案。

证明：当 $W \geqslant 1$ 时，$R_{AF} = R_{AF}^{(1)}$。当 $\tilde{S}_{32} \leqslant (S_{21} - S_{31}) / 1 + S_{31}$ 时，$R_{DF} \geqslant R_{CF} \geqslant R_{AF}$。如果 $\tilde{S}_{32} \geqslant (S_{21} - S_{31}) / 1 + S_{31}$，则 $R_{DF} = C(S_{21})$。在这种情况下，$R_{AF} \geqslant R_{DF}$ 等同于 $S_{21} \geqslant S_{31} + S_{21} S_{32} / (1 + S_{21} + S_{32})$。即

$$S_{32} \geqslant \frac{(S_{21} - S_{31})(1 + S_{21})}{S_{31}} \quad (9\text{-}11)$$

由于该条件还满足 $S_{32} \geqslant (S_{21} - S_{31}) / (1 + S_{31})$，这意味着 $\tilde{S}_{32} \geqslant (S_{21} - S_{31}) / (1 + S_{31})$，因此可以总结出，如果 $W \geqslant 1$ 且式（9-11）成立，则 $R_{AF} \geqslant R_{DF}$，否则 $R_{DF} \geqslant R_{AF}$。证明完毕。

当 $S_{21} \geqslant S_{31}$ 时，式（9-11）等价于 $S_{31} \leqslant ((S_{32} |h_{31}|^2 / (|h_{21}|^2 - |h_{31}|^2)) - 1) |h_{31}|^{22} / |h_{21}|^{22}$。因此，当给定 $W \geqslant 1$ 和 S_{32} 时，对于某些较小的 S_{31}，AF 方案优于 DF

第 9 章　异构组网中继方案组合与资源分配

方案。在 $W<1$ 的情况下，DF 和 AF 方案之间的选择变得复杂。这是因为即使对于较大的 P_2，AF 方案也可能执行起来性能更差。具体来说，当 S_{32} 趋于无穷时，$R_{AF} \approx WC((S_{21}+S_{31})/W)$，$R_{DF}=C(S_{21})$。而 $WC((S_{21}+S_{31})/W)$ 与 $C(S_{21})$ 的相对比值取决于 W 的值。事实上，当 $W<1$ 时，AF 方案不能有效地利用 SFB。这说明对 SFB 和 RFB 进行带宽分配的必要性。

图 9-2 给出了 RFDRC 中 DF、CF 和 AF 方案传输速率与割集上界。由图 9-2 可以看出，CF 方案始终优于 AF 方案，这验证了定理 9.2。对于较小的 S_{32}，DF 方案与割集上界完全重叠，因此是最优的。对于较大的 S_{32}，CF 方案的传输速率逐渐接近割集界，而 DF 方案的传输速率始终与割集界有差距。这验证了定理 9.1 中大 S_{32} 的 CF 方案的最优性。此外，当 S_{32} 增大且 $W=5$ 时，AF 方案优于 DF 方案，这与定理 9.3 一致。在 DF、CF 和 AF 三种方案中，系统可以选择能获得较高传输速率的方案。方案选择的传输速率 R_{SS} 可以表示为 $R_{SS}=\max\{R_{CF},R_{DF},R_{AF}\}=\max\{R_{CF},R_{DF}\}$。在图 9-2 中，可以观察到对于某些 S_{32}，传输速率 R_{SS} 并没有随着 S_{32} 的增加而增加，由此可看到有必要结合中继方案和资源分配来提高传输速率。

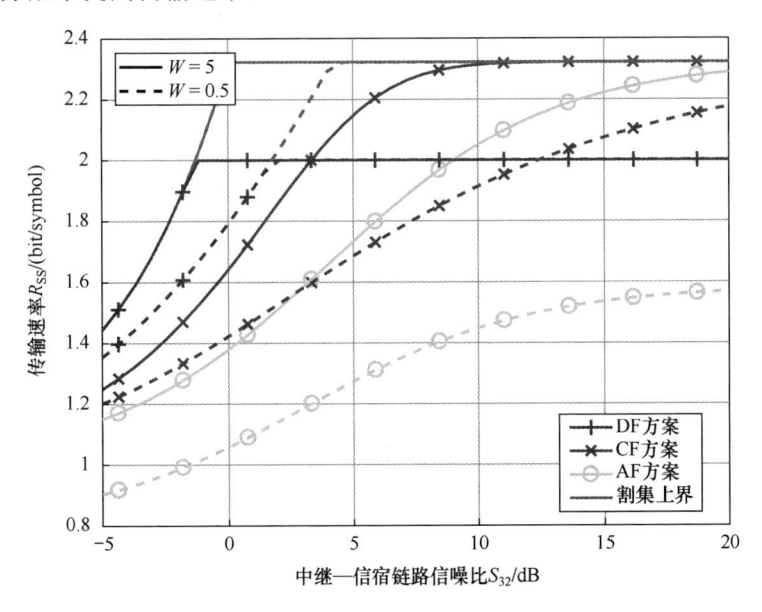

图 9-2　DF、CF、AF 方案传输速率与割集上界

9.4 HDC 方案的传输速率

由于在高 S_{32} 时，DF 方案的速率相对于 S_{32} 不会增加，因此可以在某些频段以较小的功率继续使用 DF 方案，并在其他频段使用剩下的功率和另一中继方案，来提高系统的速率。因此，系统应首先主动调整功率和带宽，然后根据调整后的资源进行方案选择。本节提出一种 HDC 方案，并通过优化功率和带宽分配来分析其传输速率。

9.4.1 HDC 方案

首先，令 $\lambda_i \in [0,1]$ 和 $\kappa_i \in [0,1]$ 分别表示节点 N_i 的带宽分配因子和功率分配因子，$i=1,2$。即考虑信源节点 N_1 使用占比为 λ_1 的 SFB 带宽、占比为 κ_1 的信源功率来传输 DF 码字，使用占比为 $\overline{\lambda_1}$ 的 SFB 带宽、占比为 $\overline{\kappa_1}$ 的信源功率来传输 CF 码字，其中 $\overline{x} \triangleq 1-x$。同样，让中继节点 N_2 使用占比为 λ_2 的 RFB 带宽、占比为 κ_2 的中继功率来传输重构的 DF 码字，使用占比为 $\overline{\lambda_2}$ 的 RFB 带宽、占比为 $\overline{\kappa_2}$ 的中继功率来传输压缩码字的索引号。一般来说，$\lambda_1 \neq \lambda_2$。这样，不均匀的带宽分配能充分利用 SFB 和 RFB 之间的正交性，为系统和传输速率尽可能提供增益。注意，κ_i 保证了满足节点 N_i 处的平均功率约束，$i=1,2$。这种对各子带发射功率的主动调整有望带来更大的速率增益。定义 $\lambda \triangleq (\lambda_1, \lambda_2)$ 和 $\kappa \triangleq (\kappa_1, \kappa_2)$。对于 HDC 方案的传输速率 $R_{\text{HDC}}(\lambda, \kappa)$，有如下结果。

定理 9.4： 定义 $\widehat{S_{32}} \triangleq (1+\overline{\kappa_2}S_{32}/\overline{\lambda_2}W)^{\overline{\lambda_2}W/\overline{\lambda_1}} - 1$。对于 $\lambda_i \in [0,1]$ 和 $\kappa_i \in [0,1]$，$i=1,2$，

$$R_{\text{HDC}}(\lambda, \kappa) = R_{\text{DF}}(\lambda, \kappa) + R_{\text{CF}}(\lambda, \kappa)$$

$$= \min\left\{\lambda_1 C\left(\frac{\kappa_1 S_{21}}{\lambda_1}\right), \lambda_1 C\left(\frac{\kappa_1 S_{31}}{\lambda_1}\right) + \lambda_2 W C\left(\frac{\kappa_2 S_{32}}{\lambda_2 W}\right)\right\} + \overline{\lambda_1} C\left(\frac{\overline{\kappa_1} S_{31}}{\overline{\lambda_1}} + \frac{\frac{\overline{\kappa_1} S_{21}}{\overline{\lambda_1}} \widehat{S}_{32}}{\frac{\overline{\kappa_1} S_{21}}{\overline{\lambda_1}} + \overline{\kappa_1} S_{31}} + \widehat{S}_{32} + 1 \right)$$

(9-12)

证明：见本章附录。

注 9.2：若 $\lambda_i = 0$，则应设置 $\kappa_i = 0$。定义 $0/0 \triangleq 0$，HDC 方案退化为纯 CF 方案。同理，若 $\lambda_i = 1$，则令 $\kappa_i = 1$，HDC 方案退化为纯 DF 方案。因此，最优的 $R_{\text{HDC}}(\lambda,\kappa)$ 不小于 R_{DF} 和 R_{CF} 之间的最大值。即 HDC 方案优于中继策略选择方案。

9.4.2　HDC 方案的带宽和功率分配

通过优化带宽分配因子 λ 和功率分配因子 κ，可以提高传输速率 $R_{\text{HDC}}(\lambda,\kappa)$。优化问题表述为

$$\mathcal{P}_1: \max_{\lambda,\kappa} R_{\text{HDC}}(\lambda,\kappa) = R_{\text{df}}(\lambda,\kappa) + R_{\text{cf}}(\lambda,\kappa)$$

将 $\mathcal{P}_1$ 中的最大值记为 $R_{\text{HDC}}^\star$。求解优化问题的目标是找到实现 $R_{\text{HDC}}^\star$ 的最佳带宽分配因子 $\lambda_i^\star$ 和功率分配因子 $\kappa_i^\star$。注意到 $R_{\text{HDC}}(\lambda,\kappa)$ 在 λ 和 κ 中是连续的，结合注 9.2，$R_{\text{HDC}}(\lambda,\kappa)$ 在 $0 \leqslant \lambda_i, \kappa_i \leqslant 1$ 时也是有界的。因此，可以推断出 $\mathcal{P}_1$ 的全局最优解总是存在的。通过详细分析目标函数 $R_{\text{HDC}}(\lambda,\kappa)$ 的导数，可以找到最优解。事实上，$R_{\text{DF}}(\lambda,\kappa)$ 和 $R_{\text{CF}}(\lambda,\kappa)$ 关于 λ_i 和 κ_i 分别是单调递增和递减的。这是因为 λ_i 和 κ_i 调整了分配给每个子带的资源，在 DF 和 CF 方案中，资源越多，速率就越高。特别地，$R_{\text{DF}}(\lambda,\kappa)$ 关于 λ 和 κ 是凸的，且最小值函数是保凸的[118]。但遗憾的是，$R_{\text{CF}}(\lambda,\kappa)$ 一般不是凸的且 $R_{\text{HDC}}(\lambda,\kappa)$ 的导数非常复杂。这导致很难找到 $\lambda^\star$ 和 $\kappa^\star$ 的闭式解。因此本节不深入探讨最优解搜索算法，而是给出一些次优解，从而为简化 HDC 方案的信号设计提供参考。通过分析可得到如下中继资源分配方案。

定理 9.5：在问题 P_1 中，对于固定的 λ_1 和 κ_1，有 $\kappa_2^\star = \lambda_2$。

证明：见本章附录。

定理 9.5 表明，中继应按比例分配功率与可用的频率带宽，这与点对点信道中可用频带的均匀信噪比是一致的。同时这一结论也降低了搜索 $\lambda^\star$ 和 $\kappa^\star$ 的复杂度，并给出了寻找次优解 λ^* 和 κ^* 的一些参考办法。

在实际应用中，由于收发设备器件的非线性，应避免发射功率频繁大幅变化。与定理 9.5 类似，考虑在可用 SFB 上的均匀信源功率分配，即 $\kappa_1^\star = \lambda_1$。这虽然不一定是最优的，但它放宽了对信源设备的要求，从而为实际部署带来便利，此时对系统资源配置的分析可以聚焦于带宽分配上。

当 $\tilde{S}_{32} < (S_{21} - S_{31})/(1 + S_{31})$ 时，R_{DF} 关于 $\tilde{S}_{32}$ 单调递增；而当 $\tilde{S}_{32} \geq (S_{21} - S_{31})/(1 + S_{31})$ 时，R_{DF} 保持传输速率 $C(S_{21})$。此外，根据定理 9.1，在 $\tilde{S}_{32} < (S_{21} - S_{31})/(1 + S_{31})$ 时，DF、CF 和 AF 方案中 DF 方案最优。由此可见，在中继进行带宽分配时应优先考虑 DF 子带。这样在 DF 子带中，信源节点可以以最大 DF 速率传输信号。由此，可以建立下列关系来求关于 λ_1 的函数 λ_2^*：

$$\lambda_1 C\left(\frac{\kappa_1^* S_{21}}{\lambda_1}\right) = \lambda_1 C\left(\frac{\kappa_1^* S_{31}}{\lambda_1}\right) + \lambda_2^* W C\left(\frac{\kappa_2^* S_{32}}{\lambda_2^* W}\right)$$

基于 $\kappa_i^* = \lambda_i$ 成立，可以得到

$$\lambda_2^* = \frac{\lambda_1 C(S_{21}) - \lambda_1 C(S_{31})}{C(\tilde{S}_{32})} \tag{9-13}$$

考虑到 $\lambda_2^* \leq 1$，λ_1 应满足：

$$0 \leq \lambda_1 \leq \min\left\{1, \frac{C(\tilde{S}_{32})}{C(S_{21}) - C(S_{31})}\right\} \tag{9-14}$$

将 $\kappa_i^* = \lambda_i (i = 1, 2)$ 和式（9-13）代入 $R_{\mathrm{DF}}(\lambda, \kappa)$ 和 $R_{\mathrm{CF}}(\lambda, \kappa)$ 中，可以得到 DF 子带的速率 $\tilde{R}_{\mathrm{DF}}(\lambda_1) = \lambda_1 C(S_{21})$，以及 CF 子带的速率：

$$\tilde{R}_{\mathrm{CF}}(\lambda_1) = \overline{\lambda_1} C(S_{31} + f(\lambda_1)) \triangleq \overline{\lambda_1} C \left(S_{31} + \frac{S_{21}\left[(1+\tilde{S}_{32})^{\frac{C(\tilde{S}_{32})-\lambda_1[C(S_{21})-C(S_{31})]}{\lambda_1 C(\tilde{S}_{32})}} - 1\right]}{\frac{S_{21}}{1+S_{31}} + (1+\tilde{S}_{32})^{\frac{C(\tilde{S}_{32})-\lambda_1[C(S_{21})-C(S_{31})]}{\lambda_1 C(\tilde{S}_{32})}}} \right) \quad (9\text{-}15)$$

因此，可以通过求解以下问题来得到最大传输速率

$$\widetilde{\mathcal{P}}_1 : \max_{\lambda_1} \tilde{R}_{\mathrm{HDC}}(\lambda_1) \triangleq \tilde{R}_{\mathrm{CF}}(\lambda_1) + \lambda_1 C(S_{21})$$

其约束条件满足式（9-14）。对此，可以通过求解 $\partial \tilde{R}_{\mathrm{HDC}}(W,\lambda_1)/\partial \lambda_1 = 0$ 来找到 $\widetilde{\mathcal{P}}_1$ 的最优解，其等价于 $C(S_{21}) - C(S_{31} + f(\lambda_1)) - \overline{\lambda_1} f'(\lambda_1)/(\ln 2(1+S_{31}+f(\lambda_1))) = 0$。由于 $f'(\lambda_1)$ 形式复杂，可以采用数值搜索 λ_1^* 并计算相应的传输速率性能 $\tilde{R}_{\mathrm{HDC}}^*$。除信源功率分配外，其他参数均已优化。因此，次优的 HDC 方案应该是能有效逼近真实最优解的，这是因为带宽分配能为传输速率提供线性增益，而信源功率分配处于传输速率函数的对数项内，对传输速率提升的贡献较小。

9.5 HDA 方案的传输速率

由于 AF 方案比 CF 方案简单，本节将 HDC 方案中的 CF 方案替换为 AF 方案，并研究 HDA 方案的传输速率性能。

9.5.1 HDA 方案

为区分基于 HDA 方案的资源分配与 HDC 方案的情况，令 $\alpha_i \in [0,1]$ 和 $\beta_i \in [0,1]$ 分别表示 HDA 方案中的带宽和功率分配比例，$i=1,2$。具体来说，系统利用比例为 α_i 的带宽、比例为 β_i 的功率发射 DF 码字，利用比例为 $\overline{\alpha_i}$ 的带宽、比例为 $\overline{\beta_i}$ 的功率发射节点 N_i 处的 AF 信号。当 AF 子带的有效带宽等于 SFB 和 RFB 带宽的最小值时，为 AF 子带分配相等的带宽会更有效。考虑

$\overline{\alpha_2}W=\overline{\alpha_1}$，其中 $0 \leqslant \overline{\alpha_1} \leqslant \min\{W,1\}=W_e$，即 $1-W_e \leqslant \alpha_1 \leqslant 1$。为方便起见，记 $\alpha=\alpha_1$。定义 $\beta=(\beta_1,\beta_2)$。HDA 方案所得到的 $R_{\text{HDA}}(\alpha,\beta)$ 可由以下定理给出。

定理 9.6：对于 $\beta_i \in [0,1]$，$i=1,2$ 和 $\alpha \in [1-W_e,1]$，有

$$R_{\text{HDA}}(\alpha,\beta) = R_{\text{DF}}(\alpha,\beta) + R_{\text{AF}}(\alpha,\beta)$$
$$= \min\left\{\alpha C\left(\frac{\beta_1 S_{21}}{\alpha}\right), \alpha C\left(\frac{\beta_1 S_{31}}{\alpha}\right) + (W-\overline{\alpha})C\left(\frac{\beta_2 S_{32}}{W-\overline{\alpha}}\right)\right\} + \overline{\alpha}C\left(\frac{\overline{\beta_1}S_{31}}{\overline{\alpha}} + \frac{\overline{\beta_1}S_{21}\overline{\beta_2}S_{32}/\overline{\alpha}}{\overline{\alpha}+\overline{\beta_1}S_{21}+\overline{\beta_2}S_{32}}\right)$$

（9-16）

证明：见本章附录。

注 9.3：AF 子带的等带宽需求从根本上改变了带宽分配的约束。HDC 方案的带宽分配 λ 在 HDA 方案中被限制为 $(\alpha,1-(\overline{\alpha}/W))$。与 HDC 方案类似，如果 $\alpha=0$，则需要设置 $\beta_1=\beta_2=0$，以使 HDA 方案退化为纯 AF 方案。

9.5.2 HDA 方案的带宽和功率分配

HDA 方案对功率和带宽分配的优化可以描述为如下问题：

$$\mathcal{P}_2: \max_{\alpha,\beta} \quad R_{\text{HDA}}(\alpha,\beta) = R_{\text{DF}}(\alpha,\beta) + R_{\text{AF}}(\alpha,\beta)$$

其约束满足 $1-W_e \leqslant \alpha \leqslant 1$，$0 \leqslant \beta_i \leqslant 1$，$i=1,2$。类似于 $\widetilde{\mathcal{P}}_1$，目标函数 $R_{\text{HDA}}(\alpha,\beta)$ 的连续性和有界性保证了 $\mathcal{P}_2$ 全局最优解的存在性，通过分析 $R_{\text{HDA}}(\alpha,\beta)$ 导数的根可以找到最优解，但其计算相对复杂且烦琐。作为替代方案，可根据 DF 方案的具体性质来考虑一些次优配置，为 HDA 方案提供简单有效的信号设计。需要注意的是，信源功率分配会影响 N_1-N_2 和 N_1-N_3 链路的信噪比。频繁的信源功率分配会导致系统设计更加复杂。因此下文聚焦均匀信源功率分配 $\beta_1^*=\alpha$ 的两种次优设置。

次优设置 A：如果中继也采用均匀中继功率分配 $\beta_2^\dagger=1-\overline{\alpha}/W$，则只能依靠带宽分配来提高系统数据传输速率。根据 HDC 方案中的分析，同样优先考虑 DF 子带，以便信源节点可以以 DF 方案最大速率传输信息。这需要选

取合适的带宽分配因子使 $\alpha C(S_{21}) = \alpha C(S_{31}) + (W-\bar{\alpha})C(S_{32}/W)$。如果 $W \neq 1$，则意味着

$$\alpha^{\dagger} = \frac{(W-1)C(S_{32}/W)}{C(S_{21}) - C(S_{31}) - C(S_{32}/W)} \quad (9\text{-}17)$$

如果 $\alpha^{\dagger} \in [1-W_e, 1]$，通过设置 $\alpha = \alpha^{\dagger}$，$\beta_1 = \beta_1^{\dagger}$ 和 $\beta_2 = \beta_2^{\dagger}$，一个次优的传输速率可以表示为

$$R_{\text{HDA}}^{\dagger} \triangleq R_{\text{HDA}}(\alpha^{\dagger}, \beta_1^*, \beta_2^{\dagger}) = \alpha^{\dagger} C(S_{21}) + \overline{\alpha^{\dagger}} C\left(S_{31} + \frac{S_{21}S_{32}/W}{1 + S_{21} + S_{32}/W}\right) \quad (9\text{-}18)$$

如果 $\alpha^{\dagger} > 1$，则令带宽分配因子为 1，$R_{\text{HDA}}^{\dagger} = R_{\text{DF}}$。如果 $\alpha^{\dagger} < 1-W_e$，则令带宽分配因子为 $\alpha^{\dagger} = 1-W_e$，且 $R_{\text{HDA}}^{\dagger}$ 可以很容易通过式（9-18）计算为 $R_{\text{HDA}}^{\dagger} = (1-W_e)C(S_{31}) + R_{\text{AF}}$。

次优设置 B：实际上可以将带宽分配与中继功率分配相结合，保持 DF 子带的优先级。具体地说，中继可以通过调节 β_2^* 为 DF 子带分配更多的功率，使 DF 子带达到其最大传输速率。按照这种方式，中继应设定 β_2^* 以满足：

$$\alpha C(S_{21}) = \alpha C(S_{31}) + (W-\bar{\alpha})C\left(\frac{\beta_2^* S_{32}}{W-\bar{\alpha}}\right) \quad (9\text{-}19)$$

通过计算可得

$$\beta_2^* = \frac{W-\bar{\alpha}}{S_{32}} = (2^{\frac{\alpha[C(S_{21})-C(S_{31})]}{W-\bar{\alpha}}} - 1) \quad (9\text{-}20)$$

用 $\tilde{\alpha}$ 表示方程 $\beta_2^* = 1$ 关于 α 的解。当 $\beta_2^* \leqslant 1$ 时，α 的可行集为 $[0, \tilde{\alpha}]$ 和 $[1-W_e, 1]$。将 $\beta_i = \beta_i^* (i=1,2)$ 代入 $R_{\text{df}}(\alpha, \beta)$ 和 $R_{\text{cf}}(\alpha, \beta)$，可以计算 DF 子带的次优传输速率为 $\tilde{R}_{\text{DF}}(\alpha) = \alpha_1 C(S_{21})$，AF 子带的次优传输速率为

$$\tilde{R}_{\text{AF}}(\alpha_1) = \bar{\alpha} C\left(S_{31} + \frac{S_{21}S_{32}\overline{\beta_2^*}/\bar{\alpha}}{1 + S_{21} + S_{32}\overline{\beta_2^*}/\bar{\alpha}}\right) \quad (9\text{-}21)$$

因此，可以将 $\mathcal{P}_2$ 简化为

$$\widetilde{\mathcal{P}}_2: \max_{\alpha} \quad \widetilde{R}_{\text{HDA}}(\alpha) = \alpha C(S_{21}) + \overline{\alpha} C \times \left(S_{31} + \frac{S_{21}S_{32}\overline{\beta_2^*}/\overline{\alpha}}{1 + S_{21} + S_{32}\overline{\beta_2^*}/\overline{\alpha}} \right)$$

其约束条件为 $\alpha \in [0, \tilde{\alpha}] \cap [1-W_e, 1]$，其中 β_2^* 可通过式（9-20）推导得出。要找到最优 α 的闭式解，需要求解 $\widetilde{R}'_{\text{HDA}}(\alpha) = 0$，这并不容易。因此可以考虑采用搜索来求得最优的 α，并得到相应传输速率 $\widetilde{R}^*_{\text{HDA}}(\alpha)$ 的值。由于除信源功率分配外所有参数都得到了优化，所以次优 HDA 方案 B 也具有渐近最优性。

9.5.3 等带宽情况下的 HDA 方案

在等带宽情况下，$W = 1$，SFB 和 RFB 中 DF 子带的有效带宽也相等。利用 $R^{\text{E}}_{\text{HDA}}(\alpha, \beta)$ 的性质，可以更清晰地表征 HDA 方案的传输速率并更直观地评估次优解。

用 $R^{\text{E}\star}_{\text{HDA}}$ 表示 $R^{\text{E}}_{\text{HDA}}(\alpha, \beta)$ 的最大值，并且定义 $R^{\text{E}}_{\text{MAX}} \triangleq \max\{R^{\text{E}}_{\text{DF}}, R^{\text{E}}_{\text{AF}}\}$。用 $\overline{R^{\text{E}}_{\text{MAX}}}$ 表示 $R^{\text{E}}_{\text{MAX}}$ 关于 $p \triangleq (P_1, P_2)$ 的凸包络。则有如下定理。

定理 9.7：当 $W = 1$ 时，HDA 方案的最大传输速率满足 $R^{\text{E}\star}_{\text{HDA}} = \overline{R^{\text{E}}_{\text{MAX}}}$。

证明：首先证明使用 HDA 方案可以实现 $\overline{R^{\text{E}}_{\text{MAX}}}$ 上的每个点。将 $\overline{R^{\text{E}}_{\text{MAX}}}$ 视为关于 p 的函数，则 $\overline{R^{\text{E}}_{\text{MAX}}}$ 上的每个点 $\overline{R^{\text{E}}_{\text{MAX}}}(p)$，可以表示为 $\overline{R^{\text{E}}_{\text{MAX}}}$ 上最多三个点的加权和[118]。由于 R^{E}_{DF} 和 R^{E}_{AF} 是凸的①，所以点的个数可以简化为两个，即 $\overline{R^{\text{E}}_{\text{MAX}}}(p) = \theta R^{\text{E}}_{\text{MAX}}(p_1) + \overline{\theta} R^{\text{E}}_{\text{MAX}}(p_2)$，其中 $\theta \in [0,1]$，$p_i \triangleq (P_{i1}, P_{i2})$ 和 $\theta p_1 + \overline{\theta} p_2 = p$。由于 $R^{\text{E}}_{\text{MAX}} \triangleq \max\{R^{\text{E}}_{\text{DF}}, R^{\text{E}}_{\text{AF}}\}$ 和 R^{E}_{DF} 和 R^{E}_{AF} 关于 p 都是凸的，可以将 $\overline{R^{\text{E}}_{\text{MAX}}}(p)$ 进一步写为

$$\overline{R^{\text{E}}_{\text{MAX}}}(p) = \theta R^{\text{E}}_{\text{DF}}(p_1) + \overline{\theta} R^{\text{E}}_{\text{AF}}(p_2)$$

因此，很容易得到 $\theta = (P_{21} - P_1)/(P_{21} - P_{11}) = (P_{22} - P_2)/(P_{22} - P_{12})$。然后假设 $\alpha = \theta$，$\beta_1 = \alpha P_{11}/P_1 = P_{11}(P_{21} - P_1)/(P_1(P_{21} - P_{11}))$，$\beta_2 = \alpha P_{21}/P_2 = P_{21}(P_{21} - P_1)/(P_2(P_{21} - P_{11}))$。不难看出 $\overline{\beta_1} = 1 - \alpha P_{11}/P_1$ 和 $\overline{\beta_2} = 1 - \alpha P_{21}/P_2$。这保证了条件

---

① 凹凸性的证明见本章附录。

第9章 异构组网中继方案组合与资源分配

$\beta_i P_i + \overline{\beta_i} P_i = P_i (i=1,2)$ 是成立的。因此，和速率 $\alpha R_{DF}^E(\beta_1 P_1/\alpha, \beta_2 P_2/\alpha) + \overline{\alpha} R_{DF}^E(\beta_1 P_1/\overline{\alpha}, \beta_2 P_2/\overline{\alpha})$ 是可达的。因为这个速率等于 $\theta_1 R_{DF}^E(p_1) + \theta_2 R_{AF}^E(p_2) = \overline{R_{MAX}^E}(p)$，所以 $R_{HDA}^{E\star} \geqslant \overline{R_{MAX}^E}$。

另一方面，对于每个 $\alpha \in [0,1]$ 和 $\beta \in [0,1] \times [0,1]$，HDA 方案的可实现传输速率分别是函数 R_{DF}^E 和 R_{AF}^E 上速率点的加权和。因此，传输速率不大于 R_{DF}^E 和 R_{AF}^E 最大值的凸包络，即 $\overline{R_{MAX}^E}$。这意味着 $R_{HDA}^{E\star} \leqslant \overline{R_{MAX}^E}$。最后有 $R_{HDA}^{E\star} = \overline{R_{MAX}^E}$。证明完毕。

接下来考虑等带宽情况下的次优资源分配。首先考虑次优设置 A。在这种情况下，$\beta_1^\dagger = \alpha$，$\beta_2^\dagger = 1 - \overline{\alpha}/W = \alpha$。据此，$R_{HDA}^E(a, \beta^\dagger) = \alpha R_{DF}^E + \overline{\alpha} R_{AF}^E$，$\alpha^* = 0$ 或 $\alpha^* = 1$。即 HDA 方案退化为在 DF 和 AF 方案之间进行选择。因此，当 $W = 1$ 时，采用次优设置 A 并无意义。

然后考虑次优配置 B。此时，$\beta_1^* = \alpha$，资源分配问题退化为优化 α 和优化 β_2。根据定理 9.7 的证明，当 $\beta_1^* = \alpha$ 时关于 P_2 所获得的最大传输速率等于 R_{MAX}^E 的凸包络，记为 $\overline{R_{MAX}^E}(P_2)$。

接下来详细分析 $\overline{R_{MAX}^E}(P_2)$，以找到最优的 α 和 β_2。根据式（9-5）和定理 9.3 及 $P_2 = S_{32}\sigma_0^2/|h_{32}|^2$，有

$$R_{MAX}^E(P_2) = \begin{cases} R_{DF}^E(P_2) = C(S_{31}) + C(S_{32}), & 0 \leqslant P_2 \leqslant P_A \\ R_{DF}^E(P_2) = C(S_{21}), & P_A < P_2 \leqslant P_B \\ R_{AF}^E(P_2) = C\left(S_{31} + \dfrac{S_{21}S_{32}}{1+S_{21}+S_{32}}\right), & P_2 > P_B \end{cases}$$

式中，$P_A \triangleq (S_{21}-S_{31})\sigma_0^2/((S_{31}+1)|h_{31}|^2)$，$P_B \triangleq (S_{21}-S_{31})(S_{21}+1)\sigma_0^2/(S_{31}|h_{32}|^2)$。对于给定的 P_1，当 $P_2 \leqslant P_A$ 和 $P_2 > P_B$ 时，$R_{MAX}^E(P_2)$ 增大，而当 $P_A < P_2 \leqslant P_B$ 时，$R_{MAX}^E(P_2)$ 保持 DF 方案速率 $C(S_{21})$ 不变。参考图 9-2，很容易推断出 $\overline{R_{MAX}^E}(P_2)$ 由三部分组成。对于 $Q_A \leqslant P_A$ 和 $Q_B \geqslant P_B$，如果 $P_2 \leqslant Q_A$ 或 $P_2 \geqslant Q_B$，有 $\overline{R_{MAX}^E}(P_2) = R_{MAX}^E(P_2)$。然而，如果 $Q_A < P_2 < Q_B$，则 $\overline{R_{MAX}^E}(P_2)$ 在点

$(Q_A, R_{MAX}^E(Q_A)) = (Q_A, R_{DF}^E(Q_A))$ 与 $(Q_B, R_{MAX}^E(Q_B)) = (Q_B, R_{AF}^E(Q_B))$ 处与 $R_{MAX}^E(P_2)$ 相切。

根据式（9-19），在次优设置 B 中，$\beta_2^* = (S_{21} - S_{31})\alpha / ((1+S_{31})S_{32})$。本质上，这个设置使用 $\hat{Q}_A = P_A$ 来近似 Q_A。相应的传输速率是一条从点 $(\hat{Q}_A, R_{DF}^E(\hat{Q}_A)) = (P_A, C(S_{21}))$ 开始的与 $R_{AF}^E(P_2)$ 相切的线。$\hat{Q}_B$ 通常很大，可以用 $g(P_2)$ 来近似 $R_{AF}^E(P_2)$。考虑使用从点 $(P_A, C(S_{21}))$ 开始并在 $(\hat{Q}_B, g(\hat{Q}_B))$ 处与函数 $g(P_2) \triangleq \log_2(S_{31} + S_{21}S_{32}/(S_{21}+S_{32}))$ 相切的线段来近似 $\hat{Q}_A < P_2 < \hat{Q}_B$ 时的 $\overline{R_{MAX}^E}(P_2)$。相应地，需要解下式来求得 $\hat{Q}_B$：

$$\log_2\left(S_{31} + \frac{S_{21}S_{32}}{S_{21}+\hat{S}_{32}}\right) - \log_2(S_{21}+1) = g'(P_2)\big|_{P_2=\hat{Q}_B}(\hat{Q}_B - P_A)$$

式中，$\hat{S}_{32} = \hat{Q}_B|h_{32}|^2/\sigma_0^2$。计算可知

$$g'(\hat{Q}_B)(\hat{Q}_B - P_A) = \frac{S_{21}^2\left(\hat{S}_{32} - \dfrac{S_{21}-S_{31}}{S_{31}+1}\right)}{(S_{21}+\hat{S}_{32})^2 S_{31} + S_{21}\hat{S}_{32}(S_{21}+\hat{S}_{32})}$$

通常，$\hat{Q}_B$ 和 $\hat{S}_{32}$ 非常大。当 $S_{21} \geq S_{31} \gg 1$ 时，可以进一步使用满足

$$\ln\left(\frac{S_{31}}{S_{21}} + \frac{S_{32}}{S_{21}+S_{32}}\right) = \frac{S_{21}^2 S_{32}}{(S_{21}+S_{32})^2 S_{31} + S_{21}S_{32}(S_{21}+S_{32})} \quad (9\text{-}22)$$

的 S_{32} 去接近 $\hat{S}_{32}$。定义 $\rho \triangleq S_{31}/S_{21} = |h_{31}|^2/|h_{21}|^2$ 和 $t \triangleq S_{32}/(S_{21}+S_{32})$。则式（9-22）等价于 $(\rho+t)\ln(\rho+t) = t-t^2$。将 $\ln(\rho+t)$ 替换为 $\rho+t=1$ 的一阶泰勒级数，得到最优解：

$$t^* = \frac{1}{2}(\sqrt{1-\rho^2} + 1 - \rho) \quad (9\text{-}23)$$

由于 ρ 由信道增益决定，只要获得了信道增益就可以计算出最佳 t^* 的结果，其与系统的资源无关。注意到有近似值 $\hat{Q}_A = P_A$ 和 $\hat{Q}_B = t^*|h_{21}|^2 P_1 / ((1-t^*)|h_{32}|^2)$。如果 $\hat{Q}_A < P_2 < \hat{Q}_B$。可以设定 $\alpha^* = (\hat{Q}_B - P_2)/(\hat{Q}_B - \hat{Q}_A)$ 和

$\beta_2^* = \alpha^* \hat{Q}_A / P_2$ 去接近传输速率 $\overline{R_{\text{MAX}}^{\text{E}}}(P_2)$（见定理 9.7 的证明）。这种中继功率分配和带宽分配方式在等带宽情况下为 HDA 方案提供了次优设置 B。完整起见，本节总结次优 HDA 方案中所得结果与最佳参数如表 9-1 所示。

表 9-1 在次优 HDA 方案中所得结果与最佳参数

类型	次优设置 A	次优设置 B
说明	均匀信源和中继功率分配 DF 子带带宽分配优先	均匀信源功率分配 DF 子带中继功率分配优先
参数	$\beta_1^* = \alpha^\dagger = \dfrac{(W-1)C(S_{32}/W)}{C(S_{32}) - C(S_{21}) - C(S_{32}/W)}$ $\beta_2^\dagger = 1 - \dfrac{\overline{\alpha^\dagger}}{W}$	$\beta_1^* = \alpha, \beta_2^* = \dfrac{(S_{21} - S_{31})\alpha}{(1+S_{31})S_{32}}$
$W=1$	退化为 DF 和 AF 选择方案	$\alpha^* = \dfrac{\hat{Q}_B - P_2}{\hat{Q}_B - \hat{Q}_A}, \beta_2^* = \dfrac{\alpha^* \hat{Q}_A}{P_2}, \overline{R_{\text{HDA}}^{\text{E}}} \approx \overline{R_{\text{MAX}}^{\text{E}}}(P_2)$

9.6 仿真结果与分析

本节借助数值结果来研究所提出的 HDC 方案和 HDA 方案的速率性能。其中最佳的传输性能由带宽分配因子和功率分配因子以步长 0.005 在区间 [0,1] 搜索得到。

图 9-3 所示为 RFB 比 SFB 带宽更大时不同方案的传输速率性能。在此例中，$S_{31}=1$、$S_{21}=3$、$W=5$。横轴坐标单位为 dB，纵坐标单位为 bit/symbol。从图 9-3 可以看出，当 $-1.5\text{ dB} < S_{32} < 7\text{ dB}$ 时，HDC 方案的性能优于 DF 和 CF 方案，且为 RFDRC 提供了一个新的可达传输速率。特别地，当 $S_{32} \approx 3.5\text{ dB}$ 时，$R_{\text{DF}} = R_{\text{CF}} = 2\text{ bit/symbol}$，而 $R_{\text{HDC}}^\star$ 达到 2.1 bit/symbol，传输速率提升了 5%。第 9.4.2 节中提出的次优设置几乎达到了最优的 HDC 速率，说明所提出的次优设置是最优 HDC 方案的一个有效逼近。同样，HDA 方案在 $-1.5\text{ dB} < S_{32} < 13\text{ dB}$ 时优于 DF 和 AF 方案。特别是当 $S_{32} \approx 9\text{ dB}$ 时，$R_{\text{DF}} = R_{\text{CF}} = 2\text{ bit/symbol}$，$R_{\text{HDC}} \approx 2.08\text{ bit/symbol}$，传输速率提高了 4%。在图 9-3 中，HDA

方案的次优设置 B 的传输速率非常逼近最优 HDA 方案的传输速率。相比之下，此种情况次优设置 A 只能达到 DF 方案和 AF 方案速率的最大值。这些结果与次优 HDC 方案和次优 HDA 方案 B 具有近最优性一致，表明信源功率分配对速率提升的贡献较小。

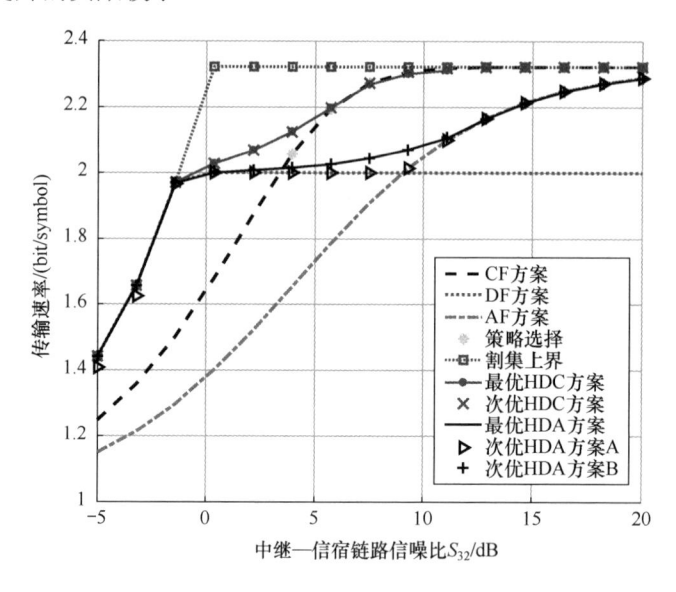

图 9-3　RFB 比 SFB 带宽更大时不同方案的传输速率性能

图 9-4 考虑 RFB 带宽小于 SFB 时不同方案的传输速率性能。在本例中，$S_{31}=2.5$、$S_{21}=3.75$、$W=0.5$。横轴坐标单位为 dB，纵坐标单位为 bit/symbol。从图 9-4 中可以看出，在 $-3.5\,\text{dB}<S_{32}<9\,\text{dB}$ 的区间内，HDC 方案能提供速率增益。在图 9-4 中，AF 方案的速率总是小于 DF 方案的速率。在 DF 和 AF 方案的选择中，系统必须始终使用 DF 方案。当 $S_{32}>-3.5\,\text{dB}$ 时，HDA 方案的速率大于 DF 方案的速率。当与 DF 方案结合时，AF 方案相对于 CF 方案的性能损失得到了显著补偿。这表明 HDA 方案在较高的中继—信宿信噪比条件下更有效、更有益。HDC 方案和 HDA 方案的所有次优设置都达到了各自的最优速率性能。特别地，HDA 方案的次优设置 A 在 $S_{32}>4\,\text{dB}$ 时也实现了接近最优的速率性能。对于 $W<1$，与次优 HDC 方案相对比，大多数速率增益来自有效的带宽分配。这验证了所提出次优方案的近似最优性，并验证了在低 W 情况下采用均匀信源功率分配的合理性。

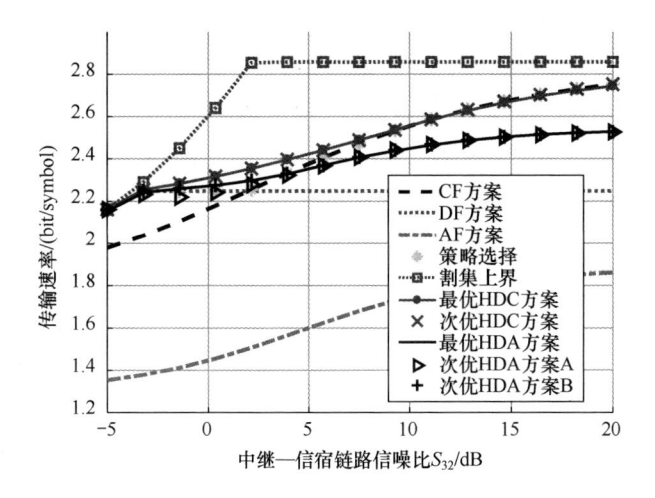

图 9-4 RFB 带宽小于 SFB 时不同方案的传输速率性能

图 9-5 所示为在 $S_{31}=3$、$S_{21}=6$ 时,等带宽情况($W=1$) 时不同方案的传输速率性能。与图 9-3 和图 9-4 相似,HDC 方案在所有方案中表现最好,建立的次优设置也为最优 HDC 方案提供了有效的近似。此外,所提出的 HDA 方案在较宽的 S_{32} 范围内提供了速率增益。从图 9-5 中可以看出,HDA 方案的次优解 A 达到了 9.5.3 节中 DF 方案和 AF 方案的最大值。从图 9-5 还可以看出,使用基于式(9-23)的解析次优解 B,对应的速率性能非常接近最优 HAD 方案的速率。这验证了为 DF 子带提供优先级和使用均匀信源功率分配的有效性。

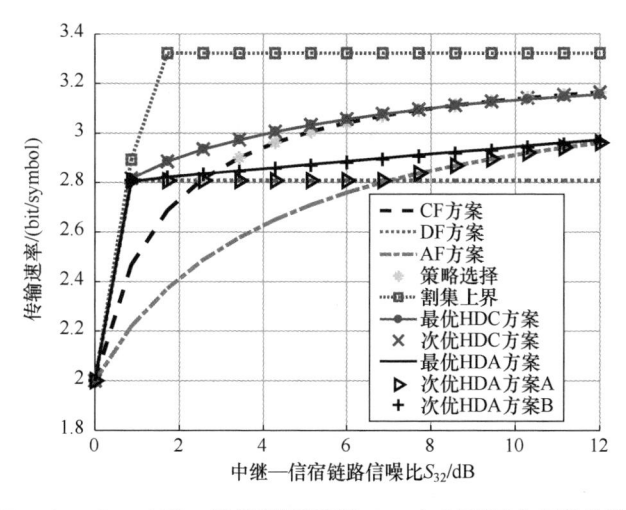

图 9-5 $S_{31}=3$、$S_{21}=6$ 时,等带宽情况下($W=1$) 时不同方案的传输速率性能

CF、DF、AF、策略选择、HDC、HDA 与混合双工次优设置的传输速率增益如图 9-6 所示,其为当 $S_{32}=1$、$S_{21}/S_{31}=1.5$、$W=1$ 时,不同方案关于 S_{31} 的速率增益($R-C(S_{31})$),横轴坐标单位为 dB。$S_{21}/S_{31}=|h_{21}|^2/|h_{31}|^2$ 与 P_1 无关。图 9-6 同样表示了速率增益随信源功率的变化情况。图 9-6 中,在 $S_{31} \leqslant -1.76\,\text{dB}$ 的情况下,CF 方案优于 AF 方案,AF 方案优于 DF 方案;而在 $S_{31} > 3\,\text{dB}$ 情况下,DF 方案优于 CF 方案,CF 方案优于 AF 方案,这与第 9.3.2 节的分析一致。HDA 方案能提供有限的速率增益,而 HDC 方案在 $S_{31} > 3\,\text{dB}$ 时能提供 0.1 bit/symbol 的稳定速率增益。从图中可以清楚地看到,在这种情况下,HDC 方案的速率成为 RFDRC 信道容量的一个新的可达下界,减小了传输速率与割集上界之间的差距,验证了次优 HDC 方案的有效性。

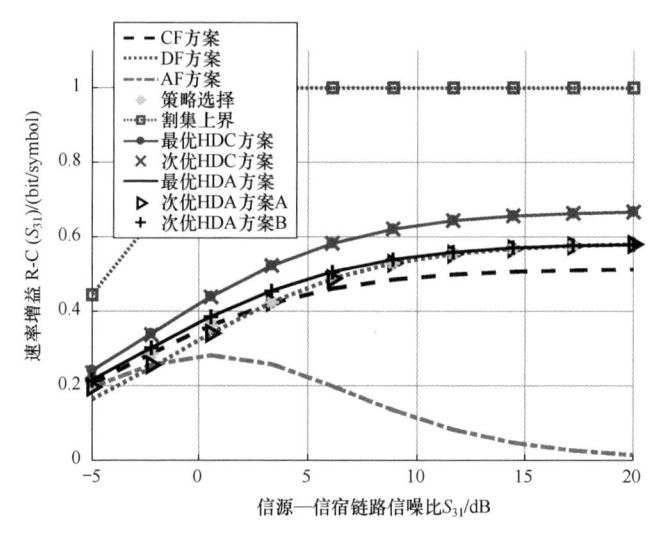

图 9-6 CF、DF、AF、策略选择、HDC、HDA 与混合双工次优设置的传输速率增益

最后将混合方案应用于准静态瑞利衰落 RFDRC,其中信道增益是根据独立相同瑞利分布而生成的。在每个数据传输时段内,系统首先根据信道增益实现计算功率和带宽分配,并选择子带中继方案。然后,系统根据各子带的资源分配和中继方案调整收发信机。最后系统在各子频段以可达速率传输信号,实现混合方案。图 9-7 所示为不同方案的遍历速率。横轴坐标单位为 dB,纵坐标单位为 bit/symbol。由于次优方案对大多数信道增益保持渐近最优性,可将次优 HDC 方案和次优 HDA 方案 B 的遍历速率分别视为最优 HDC 方案和最

优 HDA 方案所达到的遍历速率。从图 9-7 可以看出，次优的 HDC（HDA）方案优于 DF 方案和 CF（AF）方案的性能。这些遍历速率的提高得益于信道衰落的动态特性。也就是说，即使平均 S_{32} 很小，但由于高的 h_{32}，瞬时 S_{32} 可以很大。这也是在平均 $S_{21}=S_{31}$ 的情况下，DF 方案遍历速率提高的原因。由于 CF 方案优于 AF 方案，故 HDC 方案优于 HDA 方案。从图 9-7 可以看出，在较高的平均 S_{32} 的情况下，HDA 方案具有显著的遍历速率增益。特别是，当 $W=0.5$ 时，尽管 AF 方案在这种情况下表现不佳，DF 方案和 HDA 方案之间的速率差随着平均 S_{32} 的增长而增加。从图 9-7 还可以看出，当平均 S_{32} 小于 4 dB 时，对于 $W=3$ 的情况，次优 HDA 方案 A 的性能略差于次优 HDA 方案 B，而对于 $W=0.5$ 的情况，两个次优方案的性能相同。这与图 9-3 和图 9-5 中次优解方案 A 仅提供选择增益相呼应。

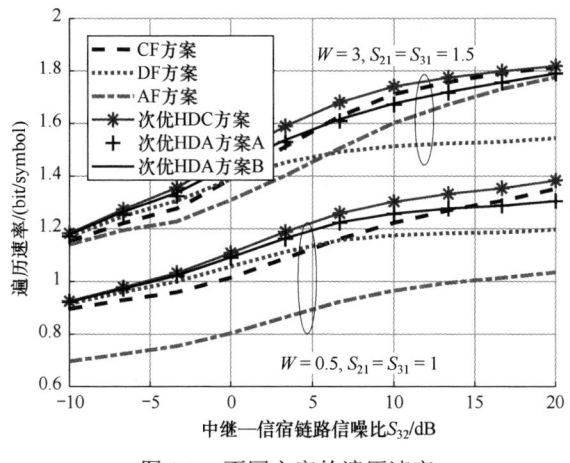

图 9-7 不同方案的遍历速率

本章附录

定理 9.4 的证明

根据 SFB 和 RFB 的功率和带宽分配，CF 子带中 $N_1 - N_j$ ($j=2,3$) 链路的

信噪比可以通过 $\overline{\kappa_1}|h_{j1}|^2 P_1 / \overline{\lambda_1}\sigma_0^2 = \overline{\kappa_1} S_{j1}/\overline{\lambda_1}$ 计算，其中分子部分遵循 N_1 的功率分配系数 $\overline{\kappa_1}$，而分母部分则与噪声功率的缩放有关。由于 CF 子频带中 SFB 和 RFB 的带宽已经发生变化，需要计算 $N_2 - N_3$ 链路的等效 SNR。设这个等效 SNR 为 $\tilde{s}_{32}$，则其应该满足 $\overline{\lambda_1} C(\tilde{s}_{32}) = \overline{\lambda_2} W C(\overline{\kappa_2} S_{32}/\overline{\lambda_2} W)$，这意味着：

$$\tilde{s}_{32} = \left(1 + \frac{\overline{\kappa_2} S_{32}}{\overline{\lambda_2} W}\right)^{\frac{\overline{\lambda_2} W}{\overline{\lambda_1}}} - 1 = \widehat{S}_{32}$$

在式（9-6）中，将 S_{j1} 和 S_{32} 分别替换为 $\overline{\kappa_1} S_{j1}/\overline{\lambda_1}$ 和 $\widehat{S}_{32}$，$j = 2,3$，并且根据有效带宽对式（9-6）进行缩放，可以得到在 CF 子频带上实现的速率：

$$R_{\mathrm{CF}}(\lambda,\kappa) = \overline{\lambda_1} C\left(\frac{\overline{\kappa_1} S_{31}}{\overline{\lambda_1}} + \frac{\frac{\overline{\kappa_1} S_{21}}{\overline{\lambda_1}} \widehat{S}_{32}}{\frac{\overline{\kappa_1} S_{21}}{\overline{\lambda_1} + \overline{\kappa_1} S_{31}} + \widehat{S}_{32} + 1}\right) \tag{9-24}$$

类似地，在式（9-5）中将 S_{ji} 替换为 $\kappa_i S_{j1}/\lambda_i$，$i=1,2$，$j=2,3$，且根据有效带宽对式（9-5）进行缩放，可以得到在 DF 子频带上实现的速率：

$$R_{\mathrm{DF}}(\lambda,\kappa) = \min\left\{\lambda_1 C\left(\frac{\kappa_1 S_{21}}{\lambda_1}\right), \lambda_1 C\left(\frac{\kappa_1 S_{31}}{\lambda_1}\right) + \lambda_2 W C\left(\frac{\kappa_2 S_{32}}{\lambda_2 W}\right)\right\} \tag{9-25}$$

最后，两式相加即可得到系统传输速率。

定理 9.5 的证明

定义 $r_{\mathrm{DF}}(\kappa_2,\lambda_2) \triangleq \lambda_2 W C(\kappa_2 S_{32}/\lambda_2 W)$ 和 $r_{\mathrm{CF}}(\kappa_2,\lambda_2) \triangleq \overline{\lambda_2} W C(\overline{\kappa_2} S_{32}/\overline{\lambda_2} W)$。则 R_{DF} 和 R_{CF} 可以写为

$$R_{\mathrm{DF}}(\lambda,\kappa) = \max\left\{\lambda_1 C\left(\frac{\kappa_1 S_{31}}{\lambda_1}\right) + r_{\mathrm{DF}}(\kappa_2,\lambda_2), \lambda_1 C\left(\frac{\kappa_1 S_{31}}{\lambda_1}\right)\right\}$$

$$R_{CF}(\lambda,\kappa) = \overline{\lambda_1} C\left(\frac{\overline{\kappa_1} S_{31}}{\overline{\lambda_1}} + \frac{\frac{\overline{\kappa_1} S_{21}}{\overline{\lambda_1}}(2^{\frac{r_{CF}(\kappa_2,\lambda_2)}{\overline{\lambda_1}}}-1)}{\frac{\overline{\kappa_1} S_{21}}{\lambda_1 + \overline{\kappa_1} S_{31}} + 2^{\frac{r_{CF}(\kappa_2,\lambda_2)}{\overline{\lambda_1}}}} \right)$$

$R_{DF}(\lambda,\kappa)$ 和 $R_{CF}(\lambda,\kappa)$ 分别是关于 $r_{DF}(\kappa_2,\lambda_2)$ 和 $r_{CF}(\kappa_2,\lambda_2)$ 的非减函数。此外，对于任何给定的 $\lambda_2 \in [0,1]$，如果 $\kappa_2 = \lambda_2$，则 $r_{DF}(\kappa_2,\lambda_2) + r_{CF}(\kappa_2,\lambda_2) = WC(S_{32}/W)$，达到了中继—信宿信道的容量要求。

如果 $\kappa_2 \neq \lambda_2$，设 $\kappa_2' = \lambda_2' = r_{df}(\kappa_2,\lambda_2)/(WC(S_{32}/W))$，不难看出 $r_{DF}(\kappa_2',\lambda_2') = r_{DF}(\kappa_2,\lambda_2)$ 和 $r_{CF}(\kappa_2',\lambda_2') = WC(S_{32}/W) - r_{DF}(\kappa_2,\lambda_2) \geqslant r_{CF}(\kappa_2,\lambda_2)$。也就是说，当 $\kappa_2' = \lambda_2'$ 时，DF 子带上的速率保持不变，因为 $r_{DF}(\kappa_2',\lambda_2') = r_{DF}(\kappa_2,\lambda_2)$。而 CF 子带上的速率由于 $r_{CF}(\kappa_2',\lambda_2') \geqslant r_{CF}(\kappa_2,\lambda_2)$ 是非减的。这说明选择 $\kappa_2 = \lambda_2$ 是一个最优的策略。

定理 9.6 的证明

根据 SFB 和 RFB 的功率和带宽分配，可以计算出链路的信噪比，并分别推导出在 DF 子带和 AF 子带上实现的传输速率。将式（9-8）中的 S_{ji} 替换为实际值 $\overline{\beta_i} S_{ji}/\overline{\alpha}$，并对式（9-8）中的香农公式进行有效带宽的缩放，就可以得到 AF 子带上的传输速率：

$$R_{AF}(\alpha,\beta) = \overline{\alpha} C\left(\frac{\overline{\beta_1} S_{31}}{\overline{\alpha}} + \frac{\frac{\overline{\beta_1} S_{21}}{\overline{\alpha}} \frac{\overline{\beta_2} S_{32}}{\overline{\alpha}}}{1 + \frac{\overline{\beta_1} S_{21}}{\overline{\alpha}} + \frac{\overline{\beta_2} S_{32}}{\overline{\alpha}}} \right) = \overline{\alpha} C\left(\frac{\overline{\beta_1} S_{31}}{\overline{\alpha}} + \frac{\overline{\beta_1} S_{21} \overline{\beta_2} S_{32}/\overline{\alpha}}{\overline{\alpha} + \overline{\beta_1} S_{21} + \overline{\beta_2} S_{32}} \right)$$

（9-26）

类似地，DF 子带上的传输速率为

$$R_{DF}(\alpha,\beta) \triangleq R_{DF}\left(\alpha, 1-\frac{\overline{\alpha}}{W}, \beta\right) = \min\left\{ \alpha C\left(\frac{\beta_1 S_{21}}{\alpha}\right), \alpha C\left(\frac{\beta_1 S_{31}}{\alpha}\right) + (W-\overline{\alpha})C\left(\frac{\beta_2 S_{32}}{W-\overline{\alpha}}\right) \right\}$$

（9-27）

最后，将 DF 子带和 AF 子带的传输速率相加，就可以得到 HDA 方案所实现的传输速率。

$R_{\mathrm{DF}}^{\mathrm{E}}$ 和 $R_{\mathrm{AF}}^{\mathrm{E}}$ 的凹凸性证明

首先证明 $R_{\mathrm{DF}}^{\mathrm{E}}$ 是关于 p 凸函数。分别列 $C(S_{31})+C(S_{32})$ 和 $C(S_{21})$ 的海森矩阵（Hessian matrix），有

$$\boldsymbol{G}_1 = \begin{bmatrix} -\left(\dfrac{\sigma_0^2}{|h_{31}|^2}+P_1\right)^{-2} & 0 \\ 0 & -\left(\dfrac{\sigma_0^2}{|h_{32}|^2}+P_2\right)^{-2} \end{bmatrix} \preceq \boldsymbol{0} \quad \boldsymbol{G}_2 = \begin{bmatrix} -\left(\dfrac{\sigma_0^2}{|h_{21}|^2}+P_1\right)^{-2} & 0 \\ 0 & 0 \end{bmatrix} \preceq \boldsymbol{0}$$

因此 $C(S_{31})+C(S_{32})$ 和 $C(S_{21})$ 关于 p 都是凸函数。由于最小值函数具有保凸性，因此 $R_{\mathrm{DF}}^{\mathrm{E}}$ 关于 p 是凸函数。

然后证明 $R_{\mathrm{AF}}^{\mathrm{E}}$ 是关于 p 凸函数。因为对数函数和 $1+S_{31}$ 关于 p 都是凸的，故根据凸性的组合法则，只需要证明 $S_{21}S_{32}/(1+S_{21}+S_{32})$ 关于 p 是凸的。定义 $S_{21}S_{32}/(1+S_{21}+S_{32})$ 的海森矩阵为 $\boldsymbol{G}=(g_{ij})$，则有

$$g_{11} = -\frac{2|h_{21}|^4 S_{32}(1+S_{32})}{\sigma_0^4(1+S_{21}+S_{32})^3} \quad g_{12} = \frac{|h_{21}|^2|h_{32}|^2(1+S_{32}+S_{21}+2S_{32}S_{21})}{\sigma_0^4(1+S_{21}+S_{32})^3}$$

$$g_{21} = \frac{|h_{21}|^2|h_{32}|^2(1+S_{32}+S_{21}+2S_{32}S_{21})}{\sigma_0^4(1+S_{21}+S_{32})^3} \quad g_{22} = -\frac{2|h_{32}|^4 S_{21}(1+S_{21})}{\sigma_0^4(1+S_{21}+S_{32})^3}$$

由此可以说明 $\boldsymbol{G} \preceq \boldsymbol{0}$，即 $S_{21}S_{32}/(1+S_{21}+S_{32})$ 关于 p 是凸的，即 $R_{\mathrm{AF}}^{\mathrm{E}}$ 关于 p 是凸函数。

参 考 文 献

[1] PATEL A, SHUKLA A, BHALANI J. A Comprehensive Survey on 6G Networks: Key Technologies and Challenges[C]. 2021 International Conference on Simulation, Automation & Smart Manufacturing (SASM), 2021.

[2] BALDEMAIR R, IRNICH T, BALACHANDRAN K, et al. Ultra-dense networks in millimeter-wave frequencies[J]. IEEE Communications Magazine, 2015, 53(1): 202-208.

[3] JORNET J M, AKYILDIZ I F. Channel Modeling and Capacity Analysis for Electromagnetic Wireless Nanonetworks in the Terahertz Band[J]. IEEE Transactions on Wireless Communications, 2011, 10(10): 3211-3221.

[4] PATHAK P H, FENG X, HU P, et al. Visible Light Communication, Networking, and Sensing: A Survey, Potential and Challenges[J]. IEEE Communications Surveys & Tutorials, 2015, 17(4): 2047-2077.

[5] GE X, TU S, MAO G, et al. 5G Ultra-Dense Cellular Networks[J]. IEEE Wireless Communications, 2016, 23(1): 72-79.

[6] BOCCARDI F, HEATH R W, LOZANO A, et al. Five Disruptive Technology Directions for 5G[J]. IEEE Communications Magazine, 2014, 52(2): 74-80.

[7] ZHANG Z, LONG K, VASILAKOS A V, et al. Full-Duplex Wireless Communications: Challenges, Solutions, and Future Research Directions[J]. Proceedings of the IEEE, 2016, 104(7): 1369-1409.

[8] GIORDANI M, POLESE M, MEZZAVILLA M, et al. Toward 6G Networks: Use Cases and Technologies[J]. IEEE Communications Magazine, 2020, 58(3): 55-61.

[9] CUDAK M, GHOSH A, GHOSH A, et al. Integrated Access and Backhaul: A Key Enabler for 5G Millimeter-Wave Deployments[J]. IEEE Communications Magazine, 2021, 59(4): 88-94.

[10] EVERETT E, SAHAI A, SABHARWAL A. Passive Self-Interference Suppression for Full-Duplex Infrastructure Nodes[J]. IEEE Transactions on Wireless Communications, 2014, 13(2): 680-694.

[11] FOROOZANFARD E, FRANEK O, TATOMIRESCU A, et al. Full-duplex MIMO System

Based on Antenna Cancellation Technique[J]. Electronics Letters, 2014, 50(16): 1116-1117.

[12] KAUFMAN B, LILLEBERG J, AAZHANG B. An Analog Baseband Approach for Designing Full-Duplex Radios[C]. 2013 Asilomar Conference on Signals, Systems and Computers, 2013.

[13] LEE J H. Self-Interference Cancelation Using Phase Rotation in Full-Duplex Wireless[J]. IEEE Transactions on Vehicular Technology, 2013, 62(9): 4421-4429.

[14] LI N, ZHU W, HAN H. Digital Interference Cancellation in Single Channel, Full Duplex Wireless Communication[C]. 2012 8th International Conference on Wireless Communications, Networking and Mobile Computing, 2012.

[15] KORPI D, ANTTILA L, SYRJÄLÄ V, et al. Widely Linear Digital Self-Interference Cancellation in Direct-Conversion Full-Duplex Transceiver[J]. IEEE Journal on Selected Areas in Communications, 2014, 32(9): 1674-1687.

[16] XIA X, XU K, WANG Y, et al. A 5G-Enabling Technology: Benefits, Feasibility, and Limitations of In-Band Full-Duplex mMIMO[J]. IEEE Vehicular Technology Magazine, 2018, 13(3): 81-90.

[17] HAN T, GE X, WANG L, et al. 5G Converged Cell-Less Communications in Smart Cities[J]. IEEE Communications Magazine, 2017, 55(3): 44-50.

[18] SAHA C, DHILLON H S. Millimeter Wave Integrated Access and Backhaul in 5G: Performance Analysis and Design Insights[J]. IEEE Journal on Selected Areas in Communications, 2019, 37(12): 2669-2684.

[19] ZHANG Z, CHAI X, LONG K, et al. Full Duplex Techniques for 5G Networks: Self-Interference Cancellation, Protocol Design, and Relay Selection[J]. IEEE Communications Magazine, 2015, 53(5): 128-137.

[20] SHENG Z, LEUNG K K, DING Z. Cooperative Wireless Networks: from Radio to Network Protocol Designs[J]. IEEE Communications Magazine, 2011, 49(5): 64-69.

[21] ZHANG Z, WU Y, LEI X, et al. Toward 6G Multicell Orthogonal Time Frequency Space Systems: Interference Coordination and Cooperative Communications[J]. IEEE Vehicular Technology Magazine, 2024, 19(1): 55-64.

[22] SUK G Y, KIM S M, KWAK J, et al. Full Duplex Integrated Access and Backhaul for 5G NR: Analyses and Prototype Measurements[J]. IEEE Wireless Communications, 2022, 29(4): 40-46.

[23] VANDER MEULEN E C. Three-Terminal Communication Channels[J]. Advances in

Applied Probability, 1971, 3: 120-154.

[24] COVER T, GAMAL A E. Capacity Theorems for the Relay Channel[J]. IEEE Transactions on Information Theory, 1979, 25(5): 572-584.

[25] RODRÍGUEZ L J, TRAN N H, LE-NGOC T. Performance of Full-Duplex AF Relaying in the Presence of Residual Self-Interference[J]. IEEE Journal on Selected Areas in Communications, 2014, 32(9): 1752-1764.

[26] FARHADI G, BEAULIEU N C. Amplify-and-Forward Cooperative Systems with Fixed Gain Relays[C]. 2008 IEEE International Conference on Communications, 2008.

[27] ZHANG J, ZHANG T, HUANG J, et al. ABEP of Amplify-and-Forward Cooperation in Nakagami-m Fading Channels with Arbitrary m[J]. IEEE Transactions on Wireless Communications, 2009, 8(9): 4445-4449.

[28] SNEESENS H H, VANDENDORPE L. Soft Decode and Forward Improves Cooperative communications[C]. 1st IEEE International Workshop on Computational Advances in Multi-Sensor Adaptive Processing, 2005.

[29] KWON T, LIM S, CHOI S, et al. Optimal Duplex Mode for DF Relay in Terms of the Outage Probability[J]. IEEE Transactions on Vehicular Technology, 2010, 59(7): 3628-3634.

[30] SIMOENS S, MUNOZ O, VIDAL J. Achievable Rates of Compress-and-Forward Cooperative Relaying on Gaussian Vector Channels[C]. 2007 IEEE International Conference on Communications, 2007.

[31] LUO K, GOHARY R H, YANIKOMEROGLU H. Analysis of the Generalized DF-CF for Gaussian Relay Channels: Decode or Compress[J]. IEEE Transactions on Communications, 2013, 61(5): 1810-1821.

[32] GAMAL A E, MOHSENI M, ZAHEDI S. Bounds on Capacity and Minimum Energy-Per-Bit for AWGN Relay Channels[J]. IEEE Transactions on Information Theory, 2006, 52(4): 1545-1561.

[33] HOST-MADSEN A, JUNSHAN Z. Capacity Bounds and Power Allocation for Wireless Relay Channels[J]. IEEE Transactions on Information Theory, 2005, 51(6): 2020-2040.

[34] CHEN Z, QUEK T Q S. Coherent Signaling for Full-Duplex Relay Channel With Self-Interference[J]. IEEE Communications Letters, 2016, 20(9): 1792-1795.

[35] CHEN Z, QUEK T Q S, LIANG Y C. Spectral Efficiency and Relay Energy Efficiency of Full-Duplex Relay Channel[J]. IEEE Transactions on Wireless Communications, 2017, 16(5): 3162-3175.

[36] ZHANG L, JIANG J, GOLDSMITH A J, et al. Study of Gaussian Relay Channels with Correlated Noises[J]. IEEE Transactions on Communications, 2011, 59(3): 863-876.

[37] DAY B P, MARGETTS A R, BLISS D W, et al. Full-Duplex MIMO Relaying: Achievable Rates Under Limited Dynamic Range[J]. IEEE Journal on Selected Areas in Communications, 2012, 30(8): 1541-1553.

[38] NG D W K, LO E S, SCHOBER R. Dynamic Resource Allocation in MIMO-OFDMA Systems with Full-Duplex and Hybrid Relaying[J]. IEEE Transactions on Communications, 2012, 60(5): 1291-1304.

[39] WU C, JIANG H, SHI F, et al. Achievable Rate of NOMA-Based DF Relaying System With Imperfect SIC Over Imperfect Estimation of κ-μ Shadowed Fading Channels[J]. IEEE Communications Letters, 2021, 25(7): 2171-2175.

[40] SOHAIB S, UPPAL M. Full-Duplex Compress-and-Forward Relaying Under Residual Self-Interference[J]. IEEE Transactions on Vehicular Technology, 2018, 67(3): 2776-2780.

[41] SHEN H, HE Z, XU W, et al. Is Full-Duplex Relaying More Energy Efficient Than Half-Duplex Relaying[J]. IEEE Wireless Communications Letters, 2019, 8(3): 841-844.

[42] RABIE K M, ADEBISI B, ALOUINI M S. Half-Duplex and Full-Duplex AF and DF Relaying With Energy-Harvesting in Log-Normal Fading[J]. IEEE Transactions on Green Communications and Networking, 2017, 1(4): 468-480.

[43] GU Y, CHEN H, LI Y, et al. Ultra-Reliable Short-Packet Communications: Half-Duplex or Full-Duplex Relaying[J]. IEEE Wireless Communications Letters, 2018, 7(3): 348-351.

[44] MA J, HUANG C, LI Q. Energy Efficiency of Full-and Half-Duplex Decode-and-Forward Relay Channels[J]. IEEE Internet of Things Journal, 2022, 9(12): 9730-9748.

[45] RIIHONEN T, WERNER S, WICHMAN R. Hybrid Full-Duplex/Half-Duplex Relaying with Transmit Power Adaptation[J]. IEEE Transactions on Wireless Communications, 2011, 10(9): 3074-3085.

[46] OTYAKMAZ A, SCHOENEN R, DREIER S, et al. Parallel Operation of Half- and Full-Duplex FDD in Future Multi-Hop Mobile Radio Networks[C]. 2008 14th European Wireless Conference, 2008.

[47] RANKOV B, WITTNEBEN A. Achievable Rate Regions for the Two-way Relay Channel[C]. 2006 IEEE International Symposium on Information Theory, 2006.

[48] OLIVO E E B, OSORIO D P M, ALVES H, et al. An Adaptive Transmission Scheme for Cognitive Decode-and-Forward Relaying Networks: Half Duplex, Full Duplex, or No

Cooperation[J]. IEEE Transactions on Wireless Communications, 2016, 15(8): 5586-5602.

[49] YAMAMOTO K, HANEDA K, MURATA H, et al. Optimal Transmission Scheduling for a Hybrid of Full- and Half-Duplex Relaying[J]. IEEE Communications Letters, 2011, 15(3): 305-307.

[50] CUI H, MA M, SONG L, et al. Relay Selection for Two-Way Full Duplex Relay Networks With Amplify-and-Forward Protocol[J]. IEEE Transactions on Wireless Communications, 2014, 13(7): 3768-3777.

[51] GONG J, CHEN X, XIA M. Transmission Optimization for Hybrid Half/Full-Duplex Relay With Energy Harvesting[J]. IEEE Transactions on Wireless Communications, 2018, 17(5): 3046-3058.

[52] CHEN Z, LI T, FAN P, et al. Cooperation in 5G Heterogeneous Networking: Relay Scheme Combination and Resource Allocation[J]. IEEE Transactions on Communications, 2016, 64(8): 3430-3443.

[53] COVER T M, THOMAS J A. Elements of information theory[M]. 2nd ed. Hoboken, NJ: Wiley-Interscience, 2006.

[54] CHEN Z, LIU S, JIA Y, et al. A Novel Hybrid Duplex Scheme for Relay Channel: Joint Optimization of Full-Duplex Duty Cycle and Source Power Allocation[J]. IEEE Transactions on Communications, 2022, 70(4): 2435-2450.

[55] DUAN J, CHEN Z, TIAN Z, et al. Improving the Transmission Rate by A Two-Phase Hybrid Duplex Scheme for Gaussian Relay Channel[C]. ICC 2024-IEEE International Conference on Communications, 2024.

[56] LIAO S, WU J, LI J, et al. Information-Centric Massive IoT-Based Ubiquitous Connected VR/AR in 6G: A Proposed Caching Consensus Approach[J]. IEEE Internet of Things Journal, 2021, 8(7): 5172-5184.

[57] ZLATANOV N, SIPPEL E, JAMALI V, et al. Capacity of the Gaussian Two-Hop Full-Duplex Relay Channel with Self-Interference[C]. 2016 IEEE Global Communications Conference (GLOBECOM), 2016.

[58] HOANG T M, DUNG L T, NGUYEN B C, et al. Secrecy Outage Performance of FD-NOMA Relay System With Multiple Non-Colluding Eavesdroppers[J]. IEEE Transactions on Vehicular Technology, 2021, 70(12): 12985-12997.

[59] ZHANG Z, CHEN Z, SHEN M, et al. Spectral and Energy Efficiency of Multipair Two-Way Full-Duplex Relay Systems With Massive MIMO[J]. IEEE Journal on Selected Areas in

Communications, 2016, 34(4): 848-863.

[60] HAIJA A A A, TELLAMBURA C. Decoding Delay and Outage Performance Analysis of Full-Duplex Decode-Forward Relaying: Backward or Sliding Window Decoding[J]. IEEE Transactions on Communications, 2016, 64(11): 4520-4533.

[61] CHEN Z, XIANG Q, TIAN Z, et al. A Novel Compress-Forward-Based Hybrid-Duplex Relaying Scheme for Gaussian Relay Channel[J]. IEEE Wireless Communications Letters, 2024, 13(3): 854-858.

[62] DUARTE M, DICK C, SABHARWAL A. Experiment-Driven Characterization of Full-Duplex Wireless Systems[J]. IEEE Transactions on Wireless Communications, 2012, 11(12): 4296-4307.

[63] CHEN Z, FAN P, LETAIEF K B. SNR Decomposition for Full-Duplex Gaussian Relay Channel[J]. IEEE Transactions on Wireless Communications, 2015, 14(2): 841-853.

[64] NOSRATINIA A, HUNTER T E, HEDAYAT A. Cooperative communication in wireless networks[J]. IEEE Communications Magazine, 2004, 42(10): 74-80.

[65] KRAMER G, GASTPAR M, GUPTA P. Cooperative Strategies and Capacity Theorems for Relay Networks[J]. IEEE Transactions on Information Theory, 2005, 51(9): 3037-3063.

[66] EL GAMAL A, KIM Y-H. Network Information Theory [M]. Cambridge: Cambridge University Press, 2011.

[67] AVESTIMEHR A S, DIGGAVI S N, TSE D N C. Approximate Capacity of Gaussian Relay Networks[C]. 2008 IEEE International Symposium on Information Theory, 2008.

[68] CHONG H F, MOTANI M, GARG H K. Generalized Backward Decoding Strategies for the Relay Channel[J]. IEEE Transactions on Information Theory, 2007, 53(1): 394-401.

[69] CHONG H F, MOTANI M. On Achievable Rates for the General Relay Channel[J]. IEEE Transactions on Information Theory, 2011, 57(3): 1249-1266.

[70] LUO K, GOHARY R H, YANIKOMEROGLU H. On the Generalization of Decode-and-Forward and Compress-and-Forward for Gaussian Relay Channels[C]. 2011 IEEE Information Theory Workshop, 2011.

[71] COSTA M H M, NAIR C. On the Achievable Rate Sum for Symmetric Gaussian Interference Channels[C], 2012.

[72] KHINA A, ORDENTLICH O, EREZ U, et al. Decode-and-forward for the Gaussian relay channel via standard AWGN coding and decoding[C]. 2012 IEEE Information Theory Workshop, 2012.

[73] TSE D, VISWANATH P. Fundamentals of Wireless Communication [M]. Cambridge: Cambridge University Press, 2005.

[74] DONG Y, WANG Q, FAN P, et al. The Deterministic Time-Linearity of Service Provided by Fading Channels[J]. IEEE Transactions on Wireless Communications, 2012, 11(5): 1666-1675.

[75] CHEN Z, FAN P, WU D O. Joint Power Allocation and Strategy Selection for Half-Duplex Relay System[J]. IEEE Transactions on Vehicular Technology, 2017, 66(3): 2144-2157.

[76] RODRIGUEZ L J, TRAN N H, LE-NGOC T. On the Capacity of the Static Half-Duplex Non-Orthogonal AF Relay Channel[J]. IEEE Transactions on Wireless Communications, 2014, 13(2): 1034-1046.

[77] RODRÍGUEZ L J, TRAN N H, LE-NGOC T. Achievable Rate and Power Allocation for Single-Relay AF Systems Over Rayleigh Fading Channels at High and Low SNRs[J]. IEEE Transactions on Vehicular Technology, 2014, 63(4): 1726-1739.

[78] CHRAITI M, AJIB W, FRIGON J F. Optimal Long-Term Power Adaption for Cooperative DF Relaying[J]. IEEE Wireless Communications Letters, 2014, 3(2): 201-204.

[79] LIFENG L, KE L, GAMAL H E. The Three-Node Wireless Network: Achievable Rates and Cooperation Strategies[J]. IEEE Transactions on Information Theory, 2006, 52(3): 805-828.

[80] LANEMAN J N, TSE D N C, WORNELL G W. Cooperative Diversity in Wireless Networks: Efficient Protocols and Outage Behavior[J]. IEEE Transactions on Information Theory, 2004, 50(12): 3062-3080.

[81] AZARIAN K, GAMAL H E, SCHNITER P. On the Achievable Diversity-Multiplexing Tradeoff in Half-Duplex Cooperative Channels[J]. IEEE Transactions on Information Theory, 2005, 51(12): 4152-4172.

[82] GASTPAR M, VETTERLI M. On the Capacity of Large Gaussian Relay Networks[J]. IEEE Transactions on Information Theory, 2005, 51(3): 765-779.

[83] SAADANI A, TRAORE O. Orthogonal or Non Orthogonal Amplify and Forward Protocol: How to Cooperate?[C]. 2008 IEEE Wireless Communications and Networking Conference, 2008.

[84] MARIC I, YATES R D. Bandwidth and Power Allocation for Cooperative Strategies in Gaussian Relay Networks[C]. Conference Record of the Thirty-Eighth Asilomar Conference on Signals, Systems and Computers, 2004.

[85] VARDHE K, REYNOLDS D, WOERNER B D. Joint Power Allocation and Relay Selection

for Multiuser Cooperative Communication[J]. IEEE Transactions on Wireless Communications, 2010, 9(4): 1255-1260.

[86] ZHAO Y, ADVE R, LIM T J. Symbol Error Rate of Selection Amplify-and-Forward Relay Systems[J]. IEEE Communications Letters, 2006, 10(11): 757-759.

[87] ZHAO Y, ADVE R, LIM T J. Improving Amplify-and-Forward Relay Networks: Optimal Power Allocation versus Selection[C]. 2006 IEEE International Symposium on Information Theory, 2006.

[88] GOMEZ-VILARDEBO J, PEREZ-NEIRA A I, NAJAR M. Energy Efficient Communications over the AWGN Relay Channel[J]. IEEE Transactions on Wireless Communications, 2010, 9(1): 32-37.

[89] JIN X, NO J S, SHIN D J. Relay Selection for Decode-and-Forward Cooperative Network with Multiple Antennas[J]. IEEE Transactions on Wireless Communications, 2011, 10(12): 4068-4079.

[90] YINGBIN L, VEERAVALLI V V. Gaussian Orthogonal Relay Channels: Optimal Resource Allocation and Capacity[J]. IEEE Transactions on Information Theory, 2005, 51(9): 3284-3289.

[91] NG T C Y, YU W. Joint Optimization of Relay Strategies and Resource Allocations in Cooperative Cellular Networks[J]. IEEE Journal on Selected Areas in Communications, 2007, 25(2): 328-339.

[92] QI Y, HOSHYAR R, IMRAN M A, et al. H2-ARQ-Relaying: Spectrum and Energy Efficiency Perspectives[J]. IEEE Journal on Selected Areas in Communications, 2011, 29(8): 1547-1558.

[93] CHEN Z, FAN P, LETAIEF K B. Subband Division for Gaussian Relay Channel[C]. 2014 IEEE International Conference on Communications (ICC), 2014.

[94] CHEN Z, FAN P, WU D. A hybrid DF and CF Scheme with Adaptive Power Allocation for Half-Duplex Relay Channel[C]. 2015 IEEE International Conference on Communications (ICC), 2015.

[95] CHEN Z, FAN P, WU D, et al. On the Power Allocation for Hybrid DF and CF Protocol with Auxiliary Parameter in Fading Relay Channels[C]. 2015 IEEE Wireless Communications and Networking Conference (WCNC), 2015.

[96] C. -L I, ROWELL C, HAN S, et al. Toward Green and Soft: a 5G perspective[J]. IEEE Communications Magazine, 2014, 52(2): 66-73.

[97] HEINO M, KORPI D, HUUSARI T, et al. Recent Advances in Antenna Design and Interference Cancellation Algorithms for in-Band Full Duplex Relays[J]. IEEE Communications Magazine, 2015, 53(5): 91-101.

[98] SABHARWAL A, SCHNITER P, GUO D, et al. In-Band Full-Duplex Wireless: Challenges and Opportunities[J]. IEEE Journal on Selected Areas in Communications, 2014, 32(9): 1637-1652.

[99] RIIHONEN T, WERNER S, WICHMAN R. Mitigation of Loopback Self-Interference in Full-Duplex MIMO Relays[J]. IEEE Transactions on Signal Processing, 2011, 59(12): 5983-5993.

[100] SURAWEERA H A, KRIKIDIS I, ZHENG G, et al. Low-Complexity End-to-End Performance Optimization in MIMO Full-Duplex Relay Systems[J]. IEEE Transactions on Wireless Communications, 2014, 13(2): 913-927.

[101] RIIHONEN T, WERNER S, WICHMAN R, et al. On the Feasibility of Full-Duplex Relaying in the Presence of Loop Interference[C]. 2009 IEEE 10th Workshop on Signal Processing Advances in Wireless Communications, 2009.

[102] BHARADIA D, KATTI S. Full-duplex Radios [M]. Towards 5G, 2016.

[103] LIU G, YU F R, JI H, et al. In-Band Full-Duplex Relaying: A Survey, Research Issues and Challenges[J]. IEEE Communications Surveys & Tutorials, 2015, 17(2): 500-524.

[104] SHENDE N, GURBUZ O, ERKIP E. Half-duplex or full-duplex relaying: A capacity analysis under self-interference[C]. 2013 47th Annual Conference on Information Sciences and Systems (CISS), 2013.

[105] CHEN L, HAN S, MENG W, et al. Optimal Power Allocation for Dual-Hop Full-Duplex Decode-and-Forward Relay[J]. IEEE Communications Letters, 2015, 19(3): 471-474.

[106] LIU G, JI H, YU F R, et al. Energy-Efficient Resource Allocation in Full-Duplex Relaying Networks[C]. 2014 IEEE International Conference on Communications (ICC), 2014.

[107] WEI Z, ZHU X, SUN S, et al. Full-Duplex Versus Half-Duplex Amplify-and-Forward Relaying: Which is More Energy Efficient in 60-GHz Dual-Hop Indoor Wireless Systems[J]. IEEE Journal on Selected Areas in Communications, 2015, 33(12): 2936-2947.

[108] KRIKIDIS I, SURAWEERA H A, YANG S, et al. Full-Duplex Relaying over Block Fading Channel: A Diversity Perspective[J]. IEEE Transactions on Wireless Communications, 2012, 11(12): 4524-4535.

[109] ALVES H, COSTA D B D, SOUZA R D, et al. Performance of Block-Markov Full Duplex

Relaying with Self Interference in Nakagami-m Fading[J]. IEEE Wireless Communications Letters, 2013, 2(3): 311-314.

[110] KHAFAGY M, ISMAIL A, ALOUINI M S, et al. On the Outage Performance of Full-Duplex Selective Decode-and-Forward Relaying[J]. IEEE Communications Letters, 2013, 17(6): 1180-1183.

[111] KHAFAGY M G, ISMAIL A, ALOUINI M S, et al. Efficient Cooperative Protocols for Full-Duplex Relaying Over Nakagami-m Fading Channels[J]. IEEE Transactions on Wireless Communications, 2015, 14(6): 3456-3470.

[112] OSORIO D P M, OLIVO E E B, ALVES H, et al. Exploiting the Direct Link in Full-Duplex Amplify-and-Forward Relaying Networks[J]. IEEE Signal Processing Letters, 2015, 22(10): 1766-1770.

[113] KRIKIDIS I, SURAWEERA H A, SMITH P J, et al. Full-Duplex Relay Selection for Amplify-and-Forward Cooperative Networks[J]. IEEE Transactions on Wireless Communications, 2012, 11(12): 4381-4393.

[114] HAN J S, BAEK J S, JEON S, et al. Cooperative Networks with Amplify-and-Forward Multiple-Full-Duplex Relays[J]. IEEE Transactions on Wireless Communications, 2014, 13(4): 2137-2149.

[115] LI P, GUO S, ZHUANG W. Optimal Transmission Scheduling of Cooperative Communications with a Full-Duplex Relay[J]. IEEE Transactions on Parallel and Distributed Systems, 2014, 25(9): 2353-2363.

[116] ZHENG G, KRIKIDIS I, OTTERSTEN B O. Full-Duplex Cooperative Cognitive Radio with Transmit Imperfections[J]. IEEE Transactions on Wireless Communications, 2013, 12(5): 2498-2511.

[117] ZHENG G. Joint Beamforming Optimization and Power Control for Full-Duplex MIMO Two-Way Relay Channel[J]. IEEE Transactions on Signal Processing, 2015, 63(3): 555-566.

[118] BOYD S, VANDENBERGHE L. Convex Optimization [M]. Convex Optimization, 2004.

[119] DENG Y, KIM K J, DUONG T Q, et al. Full-Duplex Spectrum Sharing in Cooperative Single Carrier Systems[J]. IEEE Transactions on Cognitive Communications and Networking, 2016, 2(1): 68-82.

[120] MAFRA S B, ALVES H, COSTA D B, et al. On the Performance of Cognitive Full-Duplex Relaying under Spectrum Sharing Constraints[J]. EURASIP Journal on Wireless Communications and Networking, 2015, 1: 169.

[121] ANDREWS J G, BUZZI S, CHOI W, et al. What Will 5G Be[J]. IEEE Journal on Selected Areas in Communications, 2014, 32(6): 1065-1082.

[122] HONG X, ZHENG C, WANG J, et al. Optimal Resource Allocation and EE-SE Trade-off in Hybrid Cognitive Gaussian Relay Channels[J]. IEEE Transactions on Wireless Communications, 2015, 14(8): 4170-4181.

[123] NAKAMURA T, NAGATA S, BENJEBBOUR A, et al. Trends in Small Cell Enhancements in LTE Advanced[J]. IEEE Communications Magazine, 2013, 51(2): 98-105.

[124] WANG J, ZHU H, GOMES N J. Distributed Antenna Systems for Mobile Communications in High Speed Trains[J]. IEEE Journal on Selected Areas in Communications, 2012, 30(4): 675-683.

[125] HUR S, KIM T, LOVE D J, et al. Millimeter Wave Beamforming for Wireless Backhaul and Access in Small Cell Networks[J]. IEEE Transactions on Communications, 2013, 61(10): 4391-4403.

[126] MARIC I, YATES R D. Bandwidth and Power Allocation for Cooperative Strategies in Gaussian Relay Networks[J]. IEEE Transactions on Information Theory, 2010, 56(4): 1880-1889.

[127] GAMAL A E, ZAHEDI S. Capacity of a Class of Relay Channels with Orthogonal Components[J]. IEEE Transactions on Information Theory, 2005, 51(5): 1815-1817.

[128] KIM Y H. Capacity of a Class of Deterministic Relay Channels[J]. IEEE Transactions on Information Theory, 2008, 54(3): 1328-1329.

[129] ALEKSIC M, RAZAGHI P, YU W. Capacity of a Class of Modulo-Sum Relay Channels[J]. IEEE Transactions on Information Theory, 2009, 55(3): 921-930.

[130] LANEMAN J N, WORNELL G W. Distributed Space-Time-Coded Protocols for Exploiting Cooperative Diversity in Wireless Networks[J]. IEEE Transactions on Information Theory, 2003, 49(10): 2415-2425.

[131] WU X, XIE L L. A Unified Relay Framework With Both D-F and C-F Relay Nodes[J]. IEEE Transactions on Information Theory, 2014, 60(1): 586-604.

[132] RODRÍGUEZ L J, TRAN N H, HELMY A, et al. Optimal Power Adaptation for Cooperative AF Relaying With Channel Side Information[J]. IEEE Transactions on Vehicular Technology, 2013, 62(7): 3164-3174.

[133] HSU C N, SU H J, LIN P H. Joint Subcarrier Pairing and Power Allocation for OFDM Transmission With Decode-and-Forward Relaying[J]. IEEE Transactions on Signal Processing, 2011, 59(1): 399-414.

[134] WANG D, LI Z, WANG X. Joint Optimal Subcarrier and Power Allocation for Wireless Cooperative Networks Over OFDM Fading Channels[J]. IEEE Transactions on Vehicular Technology, 2012, 61(1): 249-257.

[135] NG C T K, FOSCHINI G J. Transmit Signal and Bandwidth Optimization in Multiple-Antenna Relay Channels[J]. IEEE Transactions on Communications, 2011, 59(11): 2987-2992.

[136] HELLINGS C, GERDES L, WEILAND L, et al. On Optimal Gaussian Signaling in MIMO Relay Channels With Partial Decode-and-Forward[J]. IEEE Transactions on Signal Processing, 2014, 62(12): 3153-3164.

[137] LI Y, VUCETIC B, ZHOU Z, et al. Distributed Adaptive Power Allocation for Wireless Relay Networks[J]. IEEE Transactions on Wireless Communications, 2007, 6(3): 948-958.

[138] LIU T, SONG L, LI Y, et al. Performance Analysis of Hybrid Relay Selection in Cooperative Wireless Systems[J]. IEEE Transactions on Communications, 2012, 60(3): 779-788.

[139] BAO X, LI J. Decode-Amplify-Forward (DAF): A New Class of Forwarding Strategy for Wireless Relay Channels[C]. IEEE 6th Workshop on Signal Processing Advances in Wireless Communications, 2005.

[140] HAGHIGHAT J, HAMOUDA W. Decode-Compress-and-Forward with Selective-Cooperation for Relay Networks[J]. IEEE Communications Letters, 2012, 16(3): 378-381.

[141] CHEN Z, FAN P, LI T, et al. On the Cooperation Gain in 5G Heterogeneous Networking Systems[C]. 2015 IEEE International Symposium on Information Theory (ISIT), 2015.

缩　略　语

缩　略　语	英　文　全　称	中　文
FM	Frequency Modulation	调频
AM	Amplitude modulation	调幅
GSM	Global System for Mobile Communications	全球移动通信系统
2G	2nd Generation Mobile Communication Technology	第二代移动通信技术
3G	3rd Generation Mobile Communication Technology	第三代移动通信技术
4G	4th Generation Mobile Communication Technology	第四代移动通信技术
5G	5th Generation Mobile Communication Technology	第五代移动通信技术
B5G	Beyond 5th Generation Mobile Communication Technology	后第五代移动通信技术
6G	6th Generation Mobile Communication Technology	第六代移动通信技术
M2M	Machine to Machine	机器与机器通信
VR	Virtual Reality	虚拟现实
AR	Augmented Reality	增强现实
SDN	Software-defined Networking	软件定义网络
NFV	Network Function Virtualization	网络功能虚拟化
MIMO	Multiple-Input Multiple-Output	多输入多输出
THz	Terahertz	太赫兹
VLC	Visible Light Communication	可见光通信
LED	Light Emitting Diode	发光二极管
H-UDN	Heterogeneous Ultra-Dense Network	异构超密集网络
SE	Spectral Efficiency	频谱效率
NOMA	Non-Orthogonal Multiple Access	非正交多址接入
QAM	Quadrature Amplitude Modulation	正交振幅调制
OFDM	Orthogonal Frequency Division Multiplexing	正交频分复用
LDPC	Low-Density Parity-Check Code	低密度奇偶校验码
SIC	Successive Interference Cancellation	串行干扰消除
FD	Full Duplex	全双工
SI	Self-Interference	自干扰
IAB	Integrated Access and Backhaul	接入回传一体化
HD	Half Duplex	半双工

续表

缩略语	英文全称	中文
RSI	Residual Self-Interference	残余自干扰
DF	Decode-Forward	解码转发
CF	Compress-Forward	压缩转发
AWGN	Additive White Gaussian Noise	加性高斯白噪声
AF	Amplify-Forward	放大转发
URLLC	Ultra-Reliable Low-Latency Communications	超可靠低时延通信
EE	Energy Efficiency	能量效率
SD	SNR Decomposition	信噪比分解
RC	Relay Channel	中继信道
PASS	Power Allocation and Strategy Selection	功率分配和策略选择
REE	Relay Energy Efficiency	中继能效
RFDRC	Receiver Frequency Division Relay Channel	接收机频分中继信道
S	Source	信源
R	Relay	中继
D	Destination	信宿
DM-RC	Discrete Memoryless Relay Channel	离散无记忆中继信道
DT	Direct Transmission	直接传输
RO	Receive-Only	仅接收
TO	Transmit-Only	仅发送
HyD	Hybrid-Duplex	混合双工
SNR-RD	SNR of the relay-destination channel	中继—信宿信道信噪比
SBD	Simultaneous Backward Decoding	同步反向解码
TS	Time Sharing	时分共享
SNR	Signal to noise ratio	信噪比
HDC	Hybrid DF-CF	混合 DF-CF
HDA	Hybrid DF-AF	混合 DF-AF
WLAN	Wireless Local Area Net-work，WLAN	无线局域网
RFB	Relay Frequency Band	中继频带
SFB	Source Frequency Band	信源频带